北部湾渔业资源与环境

何雄波　颜云榕　冯　波等　著

海洋出版社

2022年·北京

图书在版编目 (CIP) 数据

北部湾渔业资源与环境 / 何雄波等著. —北京：
海洋出版社, 2022.10
  ISBN 978-7-5210-1029-9

  Ⅰ. ①北… Ⅱ. ①何… Ⅲ. ①北部湾－海洋渔业－水
产资源－研究－广西 Ⅳ. ①S931

  中国版本图书馆CIP数据核字(2022)第203936号

责任编辑：项　翔　江　波
责任印制：安　淼

海洋出版社 出版发行
http://www.oceanpress.com.cn
北京市海淀区大慧寺路 8 号　　邮编：100081
鸿博昊天科技有限公司印刷　　新华书店北京发行所经销
2022年11月第1版　　2022年11月第1次印刷
开本：787 mm×1092 mm　　1 / 16　　印张：17.5
字数：260千字　　定价：158.00元
发行部：010-62100090　　总编室：010-62100034
海洋版图书印、装错误可随时退换

《北部湾渔业资源与环境》
编写人员

何雄波　颜云榕　冯　波　李　波

招春旭　邓裕坚　王锦溪　凌炜琪

前　言

　　北部湾位于南海西北部，属于中越两国共有的国际渔场，该海域自然条件十分优越，渔业资源丰富，是广东、广西和海南三省区海洋渔业捕捞的主要渔场，在我国海洋渔业生产中发挥着重要作用，其生物多样性水平及渔业资源可持续利用状况关系到环北部湾生态系统是否稳定与优质海洋蛋白能否高效供给。自20世纪80年代以来，环北部湾经济圈快速发展，人类活动显著增强，各种污染相继出现。同时，海洋捕捞强度也在逐年增加，对该海域的渔业资源群落结构和生物多样性造成了直接影响，北部湾海洋渔业资源和生态环境问题也日益凸显。因此，开展北部湾渔业资源专项科学考察，厘清该海域渔业生物多样性、渔业食物网结构特征、资源时空分布及其与生态环境的关系等关键科学问题，对促进区域生物资源和生态环境的综合利用、治理和保护，实现渔业资源的可持续发展具有重要的理论价值和现实意义。

　　本书是本课题组2010—2011年和2018年对北部湾渔业资源调查的主要成果之一。通过对北部湾渔业资源现状进行分析，结合过往调查数据，对比分析该海域渔业资源的变动情况，具体分为五章进行阐述。第一章概述北部湾地理位置和生态环境状况（何雄波、招春旭、凌炜琪）；第二章对调查与研究方法进行了介绍（冯波、李波）；第三章从物种组成和多样性角度，重点分析了北部湾渔业生物群落结构及变化以及该海域重要经济鱼类渔业资源时空分布特征（何雄波、李波）；第四章重点分析了北部湾重要渔获种类的渔业生物学特征（何雄波、邓裕坚）；第五章利用胃含物分析和碳氮稳定同位素技术，对北部湾重要渔获种类的食性和食物网结构特征进行了探讨（颜云榕、何雄波、王锦溪）。

　　本书在撰写过程中，得到了专家和同行的大力支持和帮助。感谢陶雅晋、易木荣、易晓英等同学在出海采样、样品处理、资料整理中的辛勤付出，本书得到了广东省科技计划项目（2018B030320006）、国家自然科学基金区域创新发展联合基金项目（U20A2087）、国家重点研发计划项目（2018YFD0900905）资助。书中错漏和不足之处恳请读者批评指正。

著　者

2021年9月

目 录

第四章　鱼类优势种群体结构 ……………………………… 183

第五章 北部湾常见渔获种类营养结构 ················ 227

第一章

北部湾概况

第一节　地理位置

　　北部湾（Beibu Gulf，旧称东京湾）位于中国南海的西北部（17°00′—22°00′N，105°40′—110°00′E），东边是中国广东雷州半岛和海南岛，北边是广西壮族自治区，西边是越南，与琼州海峡和中国南海相连，被中越两国陆地与中国海南岛所环抱。海域总面积约12.8万平方千米，油气和海洋生物资源丰富，是南海西北部一个美丽富饶的海湾，是我国大西南的海上通道，也是我国传统著名四大渔场之一。

　　北部湾沿岸区域具有得天独厚的地理优势，拥有很多条件优越的天然港湾，中越两国均在北部湾沿岸建造了很多重要港口，为海洋渔业资源开发提供了极大的便利。中国区域内重要渔港，广西段有钦州港、防城企沙港、北海港和铁山港等，广东段有江洪港、企水渔港、乌石港和流沙港等，以及海南岛的临高港、洋浦港、八所港和三亚崖州港等。这些海湾海港就是我国北部湾沿岸的重要渔港，是环北部湾渔民从事海洋渔业生产活动的重要港口。

第二节　地质地貌

一、海岸带

　　海岸带既是高生产力地区，又是生态保护的重点区域。北部湾由广西、广东和海南三个省区的海岸线组成，共长约5 427 km，北部湾广西段海岸线东部较平缓，主要为平原台地型海岸，西部海岸带曲折，由众多的溺谷湾组成，属于丘陵山地型海岸；北部湾广东段海岸带则主要是溺谷湾海岸；北部湾海南岛段海岸带主要以砂质为主，属于砂质海岸；近年来，随着社会发展，近海海洋工程的建设和海洋资源的大力开发使得人工岸线的比例也在逐渐增大（丁小芹，2018；包萌，2014）。

　　北部湾近岸海域在地质、岩石及构造的共同作用下，以大风江口为界，北部湾海岸的东、西两侧呈现出不同的地貌特征（何东艳，2013）。大风江口以东区域主要为第四系湛江组、砂泥志留系以及中生界侏罗系的砂岩、粉砂岩、泥岩和不同期次侵入岩体构成的丘陵层组成的古洪积—冲积平原等，具有地势平坦、略向南倾斜的特征；大风江口以西区域主要为下古生界多级基岩剥蚀台地。在潮间带的表层沉积物中，粗粒砂质沉积物分布较为广泛，其中，细砂分布最广，然后是粗砂；细粒泥质沉积物中以泥质分布最广泛。

二、海底地貌

北部湾的渔场分布和各渔区鱼类资源的分布与湾内的地形地貌特征和底质分布特点有密切关系。北部湾属于一个底部平坦的海盆地形，在近岸浅水区域有大量入海河口、红树林和珊瑚礁等生境，适合鱼类育肥，为鱼类的繁衍生息和渔场的形成提供了先天优越条件。

北部湾整体位于大陆架之上，三面由陆地环抱，水深由三侧的陆地边界向中央和南侧逐渐变深，平均水深约40 m，最深处约100 m，主要水深范围在10～50 m。海底较平坦，从湾口向湾内地势逐渐上升，表面主要是来自陆地的泥沙沉积。北部湾湾内海底表面主要是矿质沉积物，粗砂、中砂、粉砂和细砂均有分布，主要以粉砂为主，岸边沉积物粒度较细，中间较深海域沉积物粒度相对较粗。其中表层沉积物主要分布在东南侧水深较深区域，以粉砂质黏土软泥为主。夜莺岛附近主要是细砂沉积物，海南岛以西区域以中砂沉积呈弧状向湾中更深处延伸；北部和西南部区域主要以粉砂为主（乔延龙等，2007）。整个北部湾海底属于新生代大型沉积盆地，沉积层较厚，达数千米，蕴藏着丰富的油气资源。

第三节　气候

一、气温

北部湾地处热带和亚热带，冬季受大陆冷空气的影响，多东北风，海面气温约20℃；夏季，风从热带海洋上来，多西南风，海面气温高达30℃，时常受到台风袭击，一般每年约有5次台风经过这里。北部湾年平均日照时数为1 560.9～2 252.9 h，太阳辐射量为90～110 kcal/cm^2，气温地理分布南高北低，年平均气温22.0～23.4℃，其中1月气温最低为13.4～15.2℃；7月气温最高，月平均气温达到27.9～28.8℃。

据有关统计分析，近60年来，广西北部湾年平均气温变化可分为三个变动期，第一期为20世纪80年代之前呈缓慢下降趋势，第二期为1980—2003年期间呈快速上升趋势，第三期为2004年以后呈快速下降趋势（图1-1；黎树式等，2017）。

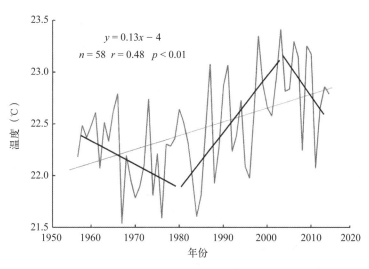

$$y = 0.13x - 4$$
$$n = 58 \quad r = 0.48 \quad p < 0.01$$

图1-1　广西北部湾年平均气温变化（黎树式等，2017）

二、降水量

北部湾海岸带位于北回归线以南，属于南亚热带湿热季风性气候，在季风环流、地质地貌特征以及太阳辐射的共同影响下，气候特征明显，夏季盛行偏南风，而冬季则盛行偏北风。全年阳光充足且雨量充沛，年平均降雨量范围为1 297~3 512 mm，雨量的空间分布极不均匀，西部海岸带明显多于东部海岸带，多雨中心位于防城区附近，年均降雨量约为3 512 mm（何东艳，2013）。近60年来，广西北部湾地区的年平均降雨量变化不大，呈缓慢增长趋势（图1-2；黎树式等，2017）。

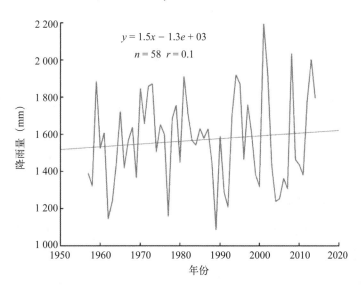

$$y = 1.5x - 1.3e + 03$$
$$n = 58 \quad r = 0.1$$

图1-2　广西北部湾年平均降雨量（黎树式等，2017）

三、光合有效辐射（PAR）

北部湾海域2010—2011年不同季节光合有效辐射强度从强到弱变化依次是春季、夏季、秋季、冬季。春季光合有效辐射范围为9.57 ～ 57.96 $mol \cdot m^{-2} \cdot d^{-1}$，平均值为48.82 $mol \cdot m^{-2} \cdot d^{-1}$。夏季光合有效辐射范围为8.16 ～ 57.92 $mol \cdot m^{-2} \cdot d^{-1}$，平均值为42.54 $mol \cdot m^{-2} \cdot d^{-1}$；秋季光合有效辐射范围为13.51 ～ 40.99 $mol \cdot m^{-2} \cdot d^{-1}$，平均值为30.95 $mol \cdot m^{-2} \cdot d^{-1}$；冬季光合有效辐射范围为10.83 ～ 44.00 $mol \cdot m^{-2} \cdot d^{-1}$，平均值为27.06 $mol \cdot m^{-2} \cdot d^{-1}$（图1-3）。

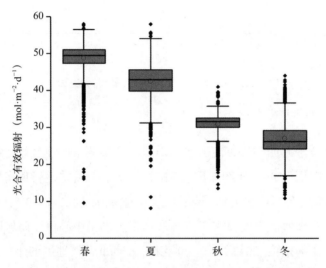

图1-3 2010—2011年北部湾海域光合有效辐射季节变化

注：黑色加粗实线表示中位数；红色空心圈表示均值点

北部湾海域2018年不同季节光合有效辐射强度从强到弱变化依次是夏季、秋季、春季、冬季。北部湾海域2018年春季光合有效辐射范围为11.22 ～ 56.03 $mol \cdot m^{-2} \cdot d^{-1}$，平均值为41.75 $mol \cdot m^{-2} \cdot d^{-1}$；夏季光合有效辐射范围为17.43 ～ 60.96 $mol \cdot m^{-2} \cdot d^{-1}$，平均值为48.83 $mol \cdot m^{-2} \cdot d^{-1}$；秋季光合有效辐射范围为2.19 ～ 56.58 $mol \cdot m^{-2} \cdot d^{-1}$，平均值为45.75 $mol \cdot m^{-2} \cdot d^{-1}$；冬季光合有效辐射范围为6.67 ～ 39.55 $mol \cdot m^{-2} \cdot d^{-1}$，平均值为22.41 $mol \cdot m^{-2} \cdot d^{-1}$（图1-4）。

北部湾海域2010—2011年春季光合有效辐射中心区域强于沿岸区域，且强度为四季中最强；夏季光合有效辐射东南部区域高于西北部区域，沿岸区域与中心区域无明显差异；秋季光合有效辐射北部区域东高于西南部区域，沿岸区域与中心区域无明显差异；冬季光合有效辐射东南部区域高于西北部区域，沿岸区域与中心区域无明显差异（图1-5）。

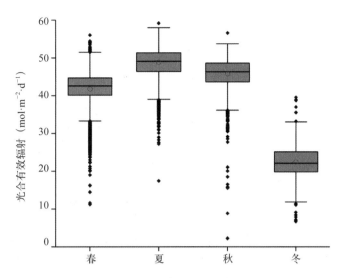

图1-4 2018年北部湾海域光合有效辐射季节变化

注：黑色加粗实线表示中位数；红色空心圈表示均值点

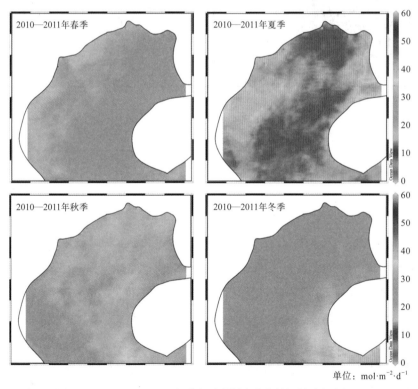

单位：mol·m⁻²·d⁻¹

图1-5 2010—2011年北部湾海域光合有效辐射时空分布

北部湾海域2018年春季光合有效辐射南部区域高于北部区域，且中心区域的光合有效辐射强于沿岸区域；夏季光合有效辐射中心区域的光合有效辐射强于沿岸区域，且强度为四季中最强；秋季光合有效辐射南部区域高于北部区域，且中心区域的光合有效辐射强于沿岸区域；冬季光合有效辐射东南部区域高于西北部区域，沿着西北方向光合有效辐射减弱，且沿岸区域与中心区域无明显差异，强度为四季中最弱（图1-6）。

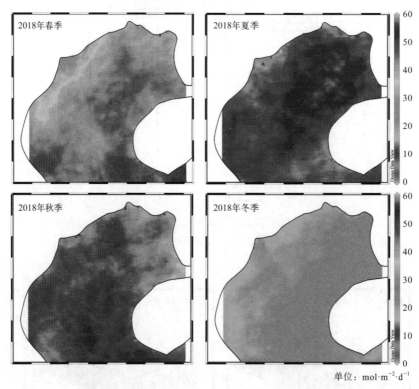

单位：$mol \cdot m^{-2} \cdot d^{-1}$

图1-6　2018年北部湾海域光合有效辐射时空分布

第四节　水文

一、温度与盐度

北部湾海域表层海水温度总体呈自南向北、由近岸向湾中离岸海域逐渐递增的规律。表层水温周年的变化范围为15.7～30.4℃，年平均水温约为24.5℃，各季节呈现夏季>春季>秋季>冬季的特征（付玉等，2012；侍茂崇等，2007）。北部湾的广西沿岸和越南沿岸浅水区，由于水深较浅，受热升温较快，是表层水温高值区的主要分布区。表层水温低值区主要有2个，分别是琼州海峡和海南岛西南侧近海海域（侍茂崇等，2007）。

北部湾盐度周年的变化范围为31.5～35.5，各季节呈现春季>冬季>秋季>夏季的特征；高盐度水主要来自外海，沿着海南岛西南和西北海岸，呈舌状向湾内输入，33.5等值线最北可达到21°N。湾内存在一个上升流区域，形成盐度核心，位于海南岛西南侧近海区域，盐度值范围为34.0～35.5。盐度低值区主要分布于琼州海峡和北部湾沿岸区，其中，琼州海峡低盐区海水主要来源于穿过琼州海峡沿雷州半岛北上的广东沿岸流。在各径流入海口的沿岸区域低盐区存在多个低盐核心，盐度均小于30，主要原因是受径流影响明显，其中，最为显著的是越南马江、宋江入海口及广西南流江入海口区域（付玉等，2012；侍茂崇等，2007）。

北部湾海域2010—2011年春季海表面温度范围为25.00 ~ 28.43℃，平均值为26.53℃；夏季海表面温度范围为28.64 ~ 30.51℃，平均值为29.79℃；秋季海表面温度范围为21.31 ~ 26.42℃，平均值为24.46℃；冬季海表面温度范围为16.87 ~ 23.20℃，平均值为19.42℃（图1-7）。

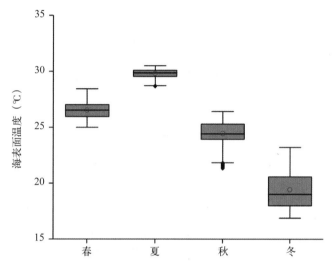

图1-7　2010—2011年北部湾海域海表面温度季节变化

注：黑色加粗实线表示中位数；红色空心圆表示均值点

北部湾海域2018年春季海表面温度范围为22.46 ~ 26.39℃，平均值为24.11℃；夏季海表面温度范围为28.89 ~ 30.94℃，平均值为29.96℃；秋季海表面温度范围为28.62 ~ 30.05℃，平均值为29.40℃；冬季海表面温度范围为16.50 ~ 24.21℃，平均值为20.80℃（图1-8）。

北部湾海域2010—2011年春季海表面温度整体上南部区域高于北部区域；夏季北部区域海表面温度高于南部区域，由于夏季太阳辐射强度为全年最强，导致海表面温度整体较高，温差较小；秋季海表面温度分布趋势与春季相似，温度整体低于春季；冬季海表面温度南部区域明显高于北部区域，且温度有明显随着纬度升高而降低的趋势，整体温差最大（图1-9）。2010—2011年北部湾海域海表面温度整体趋势：除夏季外，南部区域水温都高于北部海域；冬季不同区域温差最大，夏季温差最小。

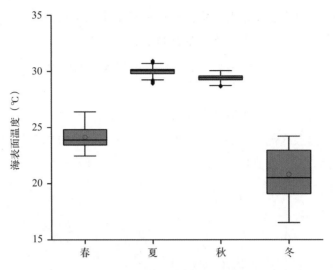

图1-8　2018年北部湾海域海表面温度季节变化

注：黑色加粗实线表示中位数；红色空心圈表示均值点

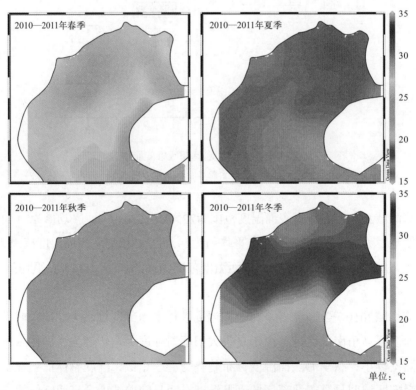

图1-9　2010—2011年北部湾海域海表面温度时空分布

北部湾海域2018年春季海表面温度整体上南部区域高于北部区域；夏季海表面温度北部区域高于南部区域，由于夏季太阳辐射为全年最强，夏季海表面温度整体较高，且温差最小；秋季海表面温度南部区域高于北部区域，整体温度较高，温差较小；冬季海表面温度南部区域明显高于北部区域，且水温有明显随着纬度升高而降低的趋势，整体温差最大（图1-10）。2018年北部湾海域海表面温度的整体趋势：除夏季外，南部区域水温都高于北部海域；冬季温差最大，夏季温差最小。

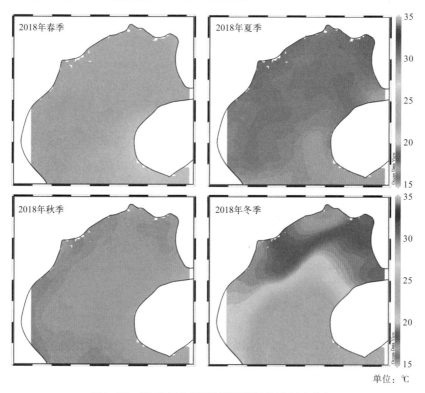

图1-10　2018年北部湾海域海表面温度时空分布

二、河流与河口

北部湾沿岸河流众多，约有300条，年径流量累计约为1 500～2 000×10^8 m^3（俎婷婷，2005），河流中大量的淡水和养分流入海湾，显著影响北部湾的水温、盐分和浮游植物的生长等，特别是在沿海地区（Van Maren，2007，2005）。北部湾中国沿岸的主要入海河流有8条，其中有6条在广西壮族自治区内，分别为南流江、钦江、茅岭江、大风江、防城河、北仑河，广东省和海南省各有1条，分别为九洲江和昌化江。其中广西的北仑河流域面积最大，约1.8×10^4 km^2，河长约 960 km（丁小芹，2018）。越南的入海河流数量非常多，约有2 300条，海岸线上平均每隔 20 km 就有一条主要的入海河口，注入北部湾的主要河流有红河、马江和大江等（丁小芹，2018）。

三、潮汐、余流和波浪

北部湾的海流，在冬季沿逆时针方向转，外海的水沿湾的东侧北上，湾内的水顺着湾的西边南下，形成一个环流；夏季，因西南季风的推动，海流形成一个方向相反的环流。北部湾1天内只有1次潮水涨落，叫全日潮。涨落的潮差，从湾口向湾顶逐步增大，在北海附近海域，最大潮差可达7米。潮流大体上沿着海岸方向，一来一往地来回流转，被称为往复流。

北部湾是一个半封闭的水体，具有复杂的水动力，通过海湾的南入口和琼州海峡与南海主干道相连。北部湾海岸带的潮波最初来源于太平洋，经南海后再进入到北部湾，形成原因主要是地理条件和反射潮波的共同影响作用。维持北部湾潮波正常运动的能量主要来自于湾口潮波。北部湾海岸的潮差较大，据观测，东部铁山港附近海岸的潮差最大可达6.25 m，平均潮差约为2.42 m；西部龙门港附近海岸潮差最大，可达5.52 m，平均潮差约为2.48 m（何东艳，2013）。沿岸潮流具有明显的往复流特征，涨潮与落潮时的流速差异较大，且在各湾口处流速会明显增大。余流系统受风场的影响最大，在偏北风的影响下，海流流向会向南偏（流速一般处在20～40 cm·s^{-1}之间）；在偏南风的作用下，海流流向会向北偏。冬季，主干海流的势力相对较弱，且偏向湾口的东部；夏季，主干海流的势力相对强劲，流向偏向湾口的西部，总的趋势是冬、春季为逆时针方向环流，夏、秋季则为顺时针方向环流（何东艳，2013）。

四、海水漫衰减系数［$K_d(490)$］

北部湾海域2010—2011年春季海水漫衰减系数［$K_d(490)$］范围为0.02～0.41 m^{-1}，平均值为0.08 m^{-1}；夏季海水漫衰减系数［$K_d(490)$］范围为0.03～0.61 m^{-1}，平均值为0.09 m^{-1}；秋季海水漫衰减系数［$K_d(490)$］的范围为0.04～0.46 m^{-1}，平均值为0.13 m^{-1}；冬季海水漫衰减系数［$K_d(490)$］的范围为0.04～3.24 m^{-1}，平均值为0.32 m^{-1}（图1-11）。

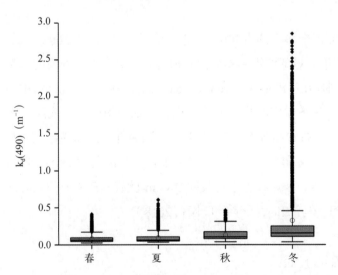

图1-11　2010—2011年北部湾海域海水漫衰减系数$K_d(490)$季节变化

注：黑色加粗实线表示中位数；红色空心圈表示均值点

北部湾海域2018年春季海水漫衰减系数［$K_d(490)$］范围为0.03～0.40 m^{-1}，平均值为0.11 m^{-1}；夏季海水漫衰减系数［$K_d(490)$］范围为0.02～3.10 m^{-1}，平均值为0.10 m^{-1}；秋季海水漫衰减系数［$K_d(490)$］范围为0.03～2.20 m^{-1}，平均值为0.12 m^{-1}；冬季海水漫衰减系数［$K_d(490)$］范围为0.02～0.41 m^{-1}，平均值为0.08 m^{-1}（图1-12）。

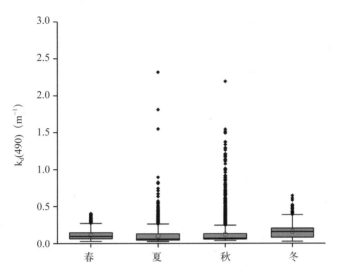

图1-12　2018年北部湾海域海水漫衰减系数$K_d(490)$季节变化

注：黑色加粗实线表示中位数；红色空心圈表示均值点

北部湾海域2010—2011年春季沿岸区域海水漫衰减系数［$K_d(490)$］高于中心区域；夏季沿岸区域海水漫衰减系数［$K_d(490)$］高于中心区域；秋季沿岸区域海水漫衰减系数［$K_d(490)$］高于中心区域 冬季海水漫衰减系数［$K_d(490)$］在东部区域出现极大值区域，与叶绿素a浓度高值区重合，说明两个参数间相关。由于数据缺失，导致秋季和冬季海水漫衰减系数［$K_d(490)$］有较大范围的空白缺失（图1-13）。

北部湾海域2018年春季东北部区域的海水漫衰减系数［$K_d(490)$］高于西南部区域，且沿岸区域的海水漫衰减系数［$K_d(490)$］高于中心区域；夏季沿岸区域的海水漫衰减系数［$K_d(490)$］高于中心区域，极大值区在西北部沿岸区域；秋季沿岸区域的海水漫衰减系数［$K_d(490)$］高于中心区域，最大值区在北部沿岸区域；冬季海水漫衰减系数［$K_d(490)$］沿岸区域的高于中心区域（图1-14）。

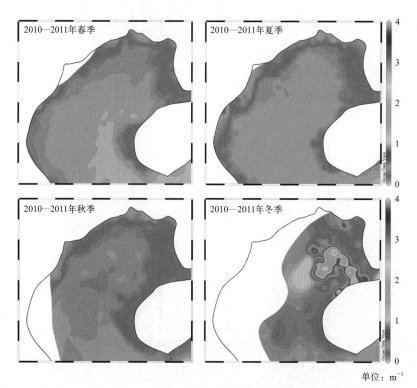

单位：m⁻¹

图1-13　2010—2011年北部湾海域海水漫衰减系数K_d(490)时空分布

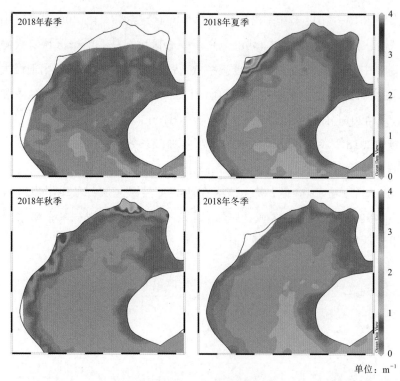

单位：m⁻¹

图1-14　2018年北部湾海域海水漫衰减系数K_d(490)时空分布

五、海表面风场

北部湾属于亚热带海洋性季风气候，夏半年（4—9月）主要受热带高压、强风和偏南风影响，盛行偏南风，冬半年（10月至次年3月）主要受偏北季风控制，盛行偏北风。4月和9月为冬夏季风交替期。4月由冬季风转为夏季风，风向由偏北向偏南过渡；9月由夏季风转为冬季风，风向由偏南逐渐转为偏北（张淑平等，2015；Shen et al.，2018）（图1-15）。

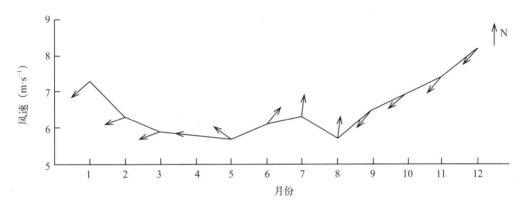

图1-15　北部湾气候每月平均风速2002年7月至2014年12月（Shen et al.，2018）

箭头指示风向，风向北为上升

北部湾春季（3月、4月、5月），处于风向转换季节。3月整体风向仍为东北风，风速高值区出现在海南岛西部海域；4月的整体风向为东风，风速高值区出现在海南岛西部海域；5月整体风向为东南风，风速高值区出现在海南岛西部海域。夏季（6月、7月、8月），北部湾整体风向属于偏南风，6月风速高值区出现在海南岛西部海域；7月风速高值区出现在海南岛西北部的；8月整体风速较弱，没有明显的风速高值区。秋季（9月、10月、11月）属于换风期，北部湾整体风向为东北风，随着月份推移，整体风速增加，9月风速高值区出现在北部湾北部海域，10月风速高值区出现在海南岛南部海域；11月风速高值区出现在海南岛西北部海域以及海南岛南部。冬季（12月、1月、2月）北部湾风向为东北风，其中12月风速最强，随着月份推移，北部湾整体风速降低；12月与1月的风速高值区均出现在北部湾北部海域以及海南岛南部，12月风速高值区面积大于1月；2月风速高值区出现在海南岛西北部以及南部海域（Shen et al.，2018）（图1-16）。

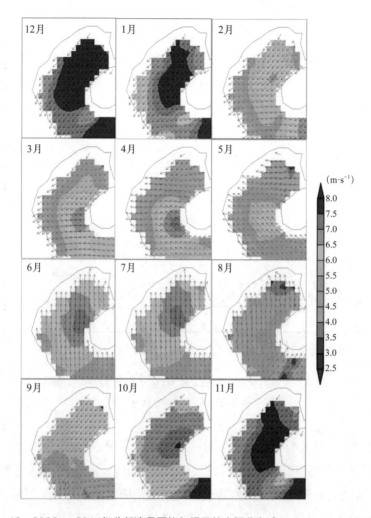

图1-16　2003 — 2014年北部湾月平均气候风的空间分布（Shen et al., 2018）

六、海表面流场

北部湾由于三面为陆地环抱，与外海水交换相对较弱，其海表面海环流明显受到陆地影响。北部湾地处东亚季风区，湾内环流受季风的影响明显，9月到次年4月，盛行强劲的东北风，而夏季盛行西南风。同时，北部湾海表面环流受到海水密度层结、季风、地形、陆地径流及外海环流的影响，环流形态比较复杂（丁扬，2015）。

假设北部湾环流只受到风场影响，冬季北部湾在东北风及地形的作用下，形成一个逆时针环流；夏季湾内盛行西南风，季风作用使湾内形成一个顺时针风生环流（夏华永等，2001）。已有研究证实，北部湾冬季为逆时针流流（徐锡祯等，1981），而对于夏季北部湾是否由顺时针环流控制，很多学者持有不同观点（俞慕耕等，1993；Xia et al.，2001；杨士瑛等，2003）。

北部湾春季海表面环流整体流速相对较缓，海表面平均流速范围为$15 \sim 30 \text{ cm} \cdot \text{s}^{-1}$（钟欢良，1995）。研究表明，在北部为封闭逆时针环流，南部为非封闭的逆时针环流（苏纪兰，2005）。北部湾海表面春季环流路径：南海洋流通过海南岛南岸侵入北部湾，并在海南岛西南角分岔，这股洋流的一个分支向西转，延伸出湾，穿过越南南部海岸，随后在南部形成一个逆时针环流；另一支沿海南岛西北海岸向东北延伸，然后在广西沿海向西延伸，最后沿越南海岸出湾，形成逆时针环流（苏纪兰，2005；张国荣等，2009；陈振华，2013）。相关研究认为，影响北部湾春季海表面环流的主要因素为季风、潮汐混合以及密度梯度（钟欢良，1995；苏纪兰，2005；陈振华，2013）。

北部湾夏季海表面环流结构复杂，受季风、密度梯度和河流的综合作用（方雪原，2014）。不同学者对于夏季北部湾海表面环流的成因以及主要影响因素有不同的看法，提出以下三个结构来解释北部湾夏季海表面环流：①夏季北部湾海表面环流为顺时针环流（中越联合调查，1964；孙洪亮等，2001）；②夏季北部湾海表面环流为逆时针环流结构（俎婷婷，2005；Wu et al.，2008）；③夏季北部湾海表面环流为双环流结构，北部湾北部为逆时针环流和北部湾南部顺时针环流（Ding et al.，2013；陈振华，2013；Yang et al.，2003；徐锡祯等，1981）。

大部分研究者（刘凤树等，1980；Manh et al.，2000）认为影响北部湾夏季环流以季风为主，也有其他研究（Ding et al.，2013；Shi et al.，2002）表明潮汐、密度梯度以及相邻区域海流运动也会影响夏季北部湾海表面环流。

对于北部湾秋季海表面环流特征有两种说法：①认为北部湾北部为西南方向海流，北部湾南部为逆时针环流（国家科委海洋组海洋综合调查办公室，1964；中越北部湾海洋综合调查队，1965）；②认为北部湾海表面环流与冬季环流基本相似，北部湾南部的逆时针环流相较于冬季更为北侵，越南海岸和海南岛西北海岸的逆时针环流与冬季相比相对较弱（俎婷婷，2005；陈振华，2013；高劲松等，2014）。

针对北部湾冬季海表面环流，有关学者提出以下冬季流环结构：①北部湾冬季海表面环流结构为逆时针环流（国家科委海洋组海洋综合调查办公室，1964；谭光华，1987；苏纪兰，2005）；②北部湾冬季海表面环流结构为一个封闭在湾内的反气旋环流（刘凤树等，1980；方雪良，2014）；③冬季北部湾北部海表面环流结构为闭合的逆时针环流，北部湾南部海表面环流为顺时针环流（刘凤树等，1980）；④北部湾冬季海表面环流结构为两个顺时针环流（Manh et al.，2000）。

大多数研究表明（Gao et al.，2017），东北季风是北部湾冬季环流中最重要的影响因素，潮汐、南海环流入侵和密度驱动对于北部湾冬季海表面环流的影响相对较小。

第五节　生物资源与环境要素

北部湾是典型的热带亚热带海域，初级生产力处于一个较高的水平，孕育了大量的海洋生物资源，海洋生物品种繁多，海洋生态系统多样。北部湾区域气候温和、河流众多，光热资源充足，地貌类型复杂，适合多种动、植物生长和繁衍，是中越两国海洋生物多样性最丰富的地区之一。

一、渔业资源

北部湾渔业资源丰富（鱼类、头足类和甲壳类等），盛产二长棘犁齿鲷（*Parargyrops edita*）、日本金线鱼（*Nemipterus japonicus*）、多齿蛇鲻（*Saurida tumbil*）、蓝圆鲹（*Decapterus maruadsi*）、日本带鱼（*Trichiurus japonicus*）等具有高经济价值的鱼类50余种，同时还有丰富的头足类和甲壳类资源（李显森等，1987；黄世耿等，1987），是中国优良的渔场之一，在我国海洋渔业生产中发挥着重要作用（孙典荣，2008；罗春业等，1999）。同时，北部湾沿岸河口滩涂较多，河口地区有许多红树林，浅海和滩涂广阔，是发展海水养殖的优良场所，贝类有牡蛎、珍珠贝、日月贝、泥蚶、文蛤等，是天然的对虾和珍珠养殖场，古今中外享有盛名的珍珠——南珠，就是产自这里。

海湾为凹入陆地的明显水曲，连接陆地和海洋，是鱼类的重要栖息地和繁育场，在海洋生态系统中具有关键的作用。然而，海湾毗邻人口密集区，由于城市化与工业化进程迅速，加上无节制发展、监管薄弱以及科学监测缺失，其生态系统与功能日益受到严重威胁，并成为受人类活动影响最显著的区域之一，海湾渔业资源也因此受到影响（Obregón et al., 2018；Cressey，2011；Halpern et al., 2008）。相关研究表明，近40年来，环北部湾人类活动密集，环境变化显著，渔业资源过度开发和海洋环境变化的影响，引起北部湾渔业生物群落（鱼类、头足类和甲壳类等游泳动物）结构和种类组成发生了较大变化，渔业资源严重衰退，种类更替明显，鱼类功能性状发生适应性演变以及营养动力学过程失衡（牛泽瑶等，2018；孙龙启等，2016；颜云榕，2010）。

北部湾大规模的海洋科学考察始于20世纪60年代中华人民共和国国家科学技术委员会（国家科委）组织的中越合作北部湾海洋综合调查，随后国家海洋局在80年代开展了20 m水深以浅的海岸带和滩涂资源综合调查，90年代开展了海洋灾害防护、海域使用与渔业资源专题调查以及2006—2007年的"908专项"调查（胡建宇等，2008）。中国水产科学院南海水产研究所、广东海洋大学等科研院所也分别独立开展了北部湾多航次的季节性渔业生物调查（王雪辉等，2012；颜云榕，2010）。研究表明，北部湾沿岸海域的渔业资源在70年代就已达到充分利用的状态，而中南部海域在90年代也已充分利用，全湾渔业资源均处捕捞过度状态，沿岸海域资源衰退的情况更为严重，现存资源密度大致只有最适密度的1/3（孙典荣，2008）。研究发现90年代初期北部湾渔业资源密度比1962年下降了1.3倍，因为北部湾内渔业生物具有明显的暖温带和亚热带特点，在资源密度下降到一定程度以后，就处于相对稳定的状态（陈再超等，1982；袁蔚文，1995），但主要渔获种类和数量发生了显著变化，生物多样性明显下降（牛泽瑶等，2018；乔延龙等，2008）。

北部湾的渔业资源捕捞过度非常明显，沿岸海域渔业资源衰退更为严重，已有的伏季休渔和渔民转产转业措施对北部湾渔业资源的恢复起到了积极作用，但仍无法扭转渔业资源衰退和渔业环境恶化的趋势，针对北部湾的渔业资源保护，除继续调整完善和执行原有的渔业资源保护政策和制度外，还应大力推进海洋牧场建设，开辟修复北部湾渔业资源的新途径，并要重视统筹规划与科学论证，同时要加强生态环境的修复和保护，为渔业资源修复和保护提供良好的环境和场所，科学选择增殖放流种类，加强管理与评价。

二、浮游植物

浮游植物是海洋的初级生产者，是一类具有色素或者色素体、能够进行光合作用并且制造有机物的滋养型浮游生物，它们利用光能摄取营养盐，把无机碳转化为有机碳，从而直接或间接地为海洋其他生物提供赖以生存的物质基础，在海洋生态系统的物质循环和能量转化过程中起着重要作用，是海洋生态系统中必不可少的重要组成部分，其生物数量多寡、种类的丰富度、群落是否稳定都直接或间接地影响着整个海洋生态系统的生产力和活力（沈国英等，2002）。北部湾的浮游植物种类丰富，群落稳定。根据调查研究，北部湾有380余种浮游植物，隶属于80属27科12目，主要有硅藻6目260余种，甲藻100余种以及蓝藻和金藻等，主要优势种为细弱海链藻（*Thalassiosira subtilis*）和小舟形藻（*Navicula subminuscula*）（高东阳等，2001）。北部湾有经济价值的海藻约90种，包括1种蓝藻，11种绿藻，25种褐藻，42种红藻等。

三、浮游动物

浮游动物是海洋生态系统中重要的次级生产者，其群落结构的动态变化通过"下行效应"制约着浮游植物的群落结构，"上行效应"则影响着鱼、虾和贝类等海洋生物资源的结构和总量，在海洋生态系统的物质循环和能量流动中起着重要的作用。

北部湾属典型的南亚热带海洋季风气候，区域内有北仑河口国家级自然保护区和二长棘鲷和长毛对虾国家级水产种质资源保护区，拥有北仑河等多条入海河流的注入，给近海生态系统带来大量陆源营养物质，同时，潮汐相对缓和，利于泥沙、碎屑物质的沉积，构成了独特的地形地貌，形成了该海域特有的浮游动物群落。据调查显示，北部湾近岸海域浮游动物种类比较丰富，主要以终身性浮游动物为主，其中桡足类的种类数最多；根据调查，北部湾约有终身性浮游动物251种，其他种类数较常见的类群依次为水螅水母类、毛颚类和端足类，种类数为17~68种；少数种类为介形类、被囊类、浮游螺类、糠虾类、管水母类、枝角类、樱虾类等，均不超过10种（庞碧剑等，2019）。北部湾近岸海域浮游动物丰度年均值为789.95个·m^{-3}，表现为枯水期丰度明显高于平水期和丰水期丰度的时间变化特征；浮游动物生物量年均值约为252.40 mg·m^{-3}，与丰度时间变化特征不同，平水期生物量高于枯水期和丰水期（庞碧剑等，2019）。丰富的浮游动物为北部湾鱼类提供了充足的食物饵料。

四、叶绿素 a 浓度（Chl-a）

叶绿素a是浮游植物光合作用的主要色素，其含量是表征海域浮游植物现存量和反映海水肥瘠程度的重要指标。北部湾的生物学和生态学研究始于20世纪60年代，自20世纪卫星技术时代出现以来，由于星载观测平台所提供的广泛空间覆盖，卫星遥感已成为进行大规模空间海洋研究的理想方法。通过实地和卫星数据观测到的北部湾的Chl-a的季节性变化表明，在海南岛附近的北部湾北部，色素浓度很高（吴易超等，2014；黄以琛等，2008；Tang et al., 2003；Liu et al., 1998）。通过卫星图像分析发现，在冬季的东北风期间，海湾中部出现浮游植物的爆发（黄以琛等，2008），而Chl-a浓度和SST的季节变化可能与季风逆转有关（Tang et al., 2003）。此外，东北风季风可能会在北部湾北部沿海南岛西侧引起强烈的上升流，而夏季，西南季风可能会在西部海湾发生沿海上升（黄以琛等，2008；Tang et al., 2003）。北部湾表层Chl-a浓度有明显的空间分布规律，呈自东向西、由近岸向湾中部逐渐递减的规律。沿海区域浓度相对较高，离岸值较低；高值区有4个，在西北沿海区，雷州半岛以西，海南岛以西以及在海湾西侧沿海水域，Chl-a浓度总体上仍保持较高水平（＞2 mg·m^{-3}），高值区面积逐月增加；低值区域为水深大于50 m的"深水区"（侍茂崇等，2019；Shen et al., 2018）。

北部湾海域2010—2011年春季Chl-a浓度范围为0.09 ~ 6.27 mg·m^{-3}，平均值为0.77 mg·m^{-3}；夏季Chl-a浓度范围为0.14 ~ 9.30 mg·m^{-3}，平均值为0.95 mg·m^{-3}；秋季Chl-a浓度范围为0.19 ~ 7.12 mg·m^{-3}，平均值为1.46 mg·m^{-3}；冬季Chl-a浓度范围为0.20 ~ 36.11 mg·m^{-3}，平均值为4.17 mg·m^{-3}（图1-17）。由于在海南岛西北部沿海出现了Chl-a浓度局部异常偏高的现象，导致2010—2011年冬季Chl-a浓度异常值偏多。

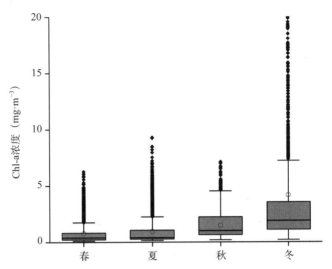

图1-17 2010—2011年北部湾海域Chl-a浓度季节变化

注：黑色加粗实线表示中位数；红色空心圈表示均值点

北部湾海域2018年春季Chl-a浓度范围为0.11 ~ 6.15 mg·m^{-3}，平均值为1.20 mg·m^{-3}；夏季叶Chl-a浓度范围为0.12 ~ 34.70 mg·m^{-3}，平均值为1.08 mg·m^{-3}；秋季Chl-a浓度范围为0.17 ~ 28.11 mg·m^{-3}，平均值为1.36 mg·m^{-3}；冬季Chl-a浓度范围为0.15 ~ 9.79 mg·m^{-3}，平均值为1.96 mg·m^{-3}（图1-18）。

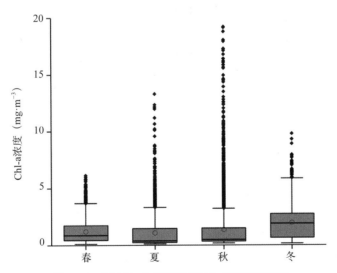

图1-18 2018年北部湾海域Chl-a浓度季节变化

注：黑色加粗实线表示中位数；红色空心圈表示均值点

北部湾海域2010—2011年春季沿岸区域的Chl-a浓度高于中心区域，高值区出现在北部沿岸区域；夏季沿岸区域的Chl-a浓度高于中心区域，高值区出现在西部沿岸区域；秋季Chl-a浓度整体的时空分布特征与春季相似，沿岸区域的Chl-a浓度明显高于中心区域，高值区出现在北部沿岸区域。冬季沿岸区域的Chl-a浓度高于中心区域，极大值区出现在东部区域，区域间的水平差异较大。由于数据的缺失，导致部分区域Chl-a浓度出现空白。此外，冬季Chl-a浓度水平为四季中最高（图1-19）。

北部湾海域2010—2011年Chl-a浓度的整体趋势：各季节Chl-a浓度水平沿岸区域均高于中心区域；除冬季外，各季节区域间的差异不大。

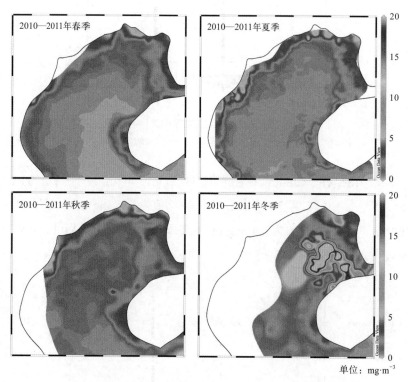

单位：mg·m⁻³

图1-19　2010—2011年北部湾海域Chl-a浓度时空分布
注：由于数据库中部分数据缺失，部分区域Chl-a浓度出现空白

北部湾海域2018年春季沿岸区域的Chl-a浓度高于中心区域。由于数据的缺失，导致部分区域Chl-a浓度出现空白；夏季沿岸区域的Chl-a浓度高于中心区域，高值区出现在北部沿岸区域；秋季沿岸区域的Chl-a浓度高于中心区域，极大值区出现在北部沿岸区域；冬季沿岸区域的Chl-a浓度高于中心区域，高值区出现在北部沿岸区域（图1-20）。

北部湾海域2018年Chl-a浓度的整体趋势：各季节Chl-a浓度水平沿岸区域均高于中心区域；除秋季外，各季节区域间的差异不大。

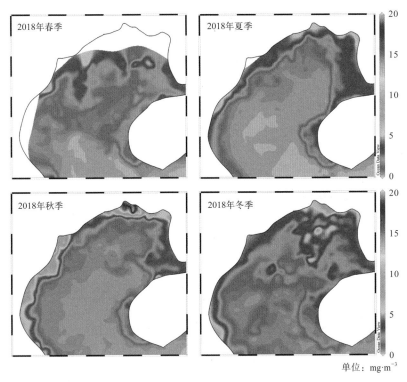

图1-20 2018年北部湾海域Chl-a浓度时空分布

参考文献

包萌, 2014. 近40年间海南岛海岸线遥感监测与变迁分析[D]. 呼和浩特: 内蒙古师范大学.

陈再超, 刘继兴, 1982. 南海经济鱼类[M]. 广州: 广东科技出版社.

陈振华, 2013. 北部湾环流季节变化的数值模拟与动力机制分析[D]. 青岛:中国海洋大学.

丁扬, 2015. 南海北部流和陆架陷波研究[D].青岛:中国海洋大学.

丁小芹, 2018. 中越北部湾海洋生物多样性保护跨国界合作机制初探[D]. 厦门: 国家海洋局第三海洋研究所.

付玉, 颜云榕, 卢伙胜, 等, 2012. 北部湾长肋日月贝的生物学性状与资源时空分布[J]. 水产学报, 36(11):1694-1705.

方雪原, 2014. 北部湾冬夏季环流及其水交换的数值模拟研究[D]. 青岛:中国海洋大学.

高劲松, 陈波, 2014. 北部湾冬半年环流特征及驱动机制分析[J]. 广西科学, 21(1): 64-72.

高劲松, 陈波, 侍茂崇, 2015. 北部湾夏季环流结构及生成机制[J]. 中国科学:地球科学, 45(1): 99-112.

高东阳, 李纯厚, 刘广锋, 等, 2001. 北部湾海域浮游植物的种类组成与数量分布[J]. 湛江海洋大学学报, (3): 13-18.

国家科委海洋组海洋综合调查办公室, 1964. 中越合作北部湾海洋综合调查报告[R]. 北京: 国家科委.

黄以琛, 李炎, 邵浩, 等, 2008. 北部湾夏冬季海表温度、叶绿素和浊度的分布特征及调控因素[J].厦门大学学报(自然科学版)(6):856-863.

黄世耿, 罗继璋, 李武全, 1987. 北部湾的水产资源与广西海洋捕捞生产的前景[J]. 广西科学院学报,
　　(2):45-48.

何东艳, 2013. 北部湾海岸带生态系统健康遥感监测与评价[D]. 桂林: 广西师范学院.

胡建宇, 杨圣云, 2008. 北部湾海洋科学研究论文集（第1辑）[C]. 北京: 海洋出版社.

李显森, 梁志辉, 1987. 北部湾北部沿海头足类的初步调查[J]. 广西科学院学报, (2):31-44.

黎树式, 黄鹄, 戴志军, 2017. 近60年来广西北部湾气候变化及其适应研究[J]. 海洋开发与管理,
　　34(4):50-55.

刘凤树, 于天常, 1980. 北部湾环流的初步探讨[J]. 海洋湖沼通报, (1): 9-14.

罗春业, 李英, 1999. 广西北部湾鱼类区系的再研究[J]. 广西师范大学学报(自然科学版), (2):85-89.

牛泽瑶, 许尤厚, 王鹏良, 等, 2018. 中越北部湾共同渔区秋季渔获鱼类多样性[J]. 水产科学, 37(5):
　　640-646.

庞碧剑, 蓝文陆, 黎明民, 等, 2019. 北部湾近岸海域浮游动物群落结构特征及季节变化[J]. 生态学报,
　　39(19):7014-7024.

乔延龙, 陈作志, 林昭进, 2008. 北部湾春、秋季渔业生物群落结构的变化[J]. 中国水产科学,
　　15(5):816-821.

乔延龙, 林昭进, 2007. 北部湾地形、底质特征与渔场分布的关系[J]. 海洋湖沼通报, (S1):232-238.

沈国英, 施并章, 2002. 海洋生态学[M]. 第2版. 北京: 科学出版社.

侍茂崇, 陈妍宇, 陈波, 等, 2019. 2007年夏季北部湾生态与环境要素分布规律研究[J]. 广西科学,
　　26(6):614-625.

苏纪兰, 2005. 中国近海水文[M]. 北京: 海洋出版社.

孙洪亮, 黄卫民, 赵俊生, 2001. 北部湾潮致、风生和热盐余流的三维数值计算[J]. 海洋与湖沼,
　　32(05):561-568.

孙典荣, 2008. 北部湾渔业资源与渔业可持续发展研究[D]. 青岛: 中国海洋大学.

孙冬芳, 朱文聪, 艾红, 等, 2010. 北部湾海域鱼类物种分类多样性研究[J]. 广东农业科学, 37(6): 4-7.

孙龙启, 林元烧, 陈俐骁, 等, 2016. 北部湾北部生态系统结构与功能研究Ⅶ：基于Ecopath模型的营养
　　结构构建和关键种筛选[J]. 热带海洋学报, 35(4):51-62.

谭光华, 1987. 北部湾海区水文结构及其特征的初步分析[J]. 海洋湖沼通报, 9(4):9-15.

吴易超, 郭丰, 黄凌风, 等, 2014. 北部湾夏季浮游植物叶绿素a含量的分布特征[J]. 广州化工,
　　42(8):144-146.

王雪辉, 邱永松, 杜飞雁, 等, 2012. 北部湾秋季底层鱼类多样性和优势种数量的变动趋势[J]. 生态学
　　报 32(2):331-342.

夏华永, 李树华, 侍茂崇, 2001. 北部湾三维风生流及密度流模拟[J]. 海洋学报, 6: 11-23.

徐锡祯, 邱章, 陈惠昌, 1981. 南海水平环流的概述[C]. 中国海洋与湖沼学会水文气象学研讨会论文
　　集. 北京: 科学出版社, 137-147.

杨士瑛, 鲍献文, 陈长胜, 等, 2003. 夏季粤西沿岸流特征及其产生机制[J]. 海洋学报, 25(6):1-8.

俞慕耕, 刘金芳, 1993. 南海海流系统与环流形势[J]. 海洋预报, 10(2):13-17.

颜云榕, 2010. 北部湾主要鱼类摄食生态及食物关系的研究[D]. 青岛: 中国科学院研究生院（海洋研究所）.

袁蔚文, 1995. 北部湾底层渔业资源的数量变动和种类更替[J]. 中国水产科学, 2(2):57-64.

俎婷婷, 2005. 北部湾环流及其机制的分析[D]. 青岛: 中国海洋大学.

张国荣, 潘伟然, 等, 2009. 北部湾东部和北部近海冬、春季水体输运特征[C]. 北部湾海洋科学研究论文集 第二辑. 北京: 海洋出版社, 127-138.

钟欢良, 1995. 北部湾北部春季环流分析[J]. 海洋通报, 81-87.

张淑平, 王静, 赵辉, 2015. 季风影响下北部湾颗粒无机碳浓度时空变化特征[J]. 广东海洋大学学报, 35(3):78-86.

中越北部湾海洋综合调查队, 1965. 中越北部湾海洋综合调查报告[R]. 北京：国家科委.

CRESSEY D, 2011. Gulf ecology hit by coastal development[J]. Nature, 479(7373):277.

DING Y, CHEN CS, BEARDSLEY RC, et al., 2013. Observational and model studies of the circulation in the Beibu Gulf, South China Sea[J]. Journal of Geophysical Research: Oceans, 118(12), 6495-6510.

GAO JS, WU GD, YA HZ, 2017. Review of the circulation in the Beibu Gulf, South China Sea[J]. Continental Shelf Research, 138:106-119.

HALPERN BS, MCLEOD KL, ROSENBERG AA, et al., 2008. Managing for cumulative impacts in ecosystem-based management through ocean zoning[J]. Ocean and Coastal Management, 51(3):201-211.

LIU ZL, NING XR, CAI YM, 1998. Distribution characteristies of size-fractionated chlorophyll-a and productivity of phytoplankton in the Beibu Gulf[J]. Acta Oceanologica Sinica. 20(1):50-57.

MANH DV, YANAGI T, 2000. A study on residual flow in the gulf of Tongking[J]. Journal of Oceanography, 56(1):59-68.

TANG DL, KAWAMURA H, LEE MA, et al., 2003. Seasonal and spatial distribution of chlorophyll-a concentrations and water conditions in the Gulf of Tonkin, South China Sea[J]. Remote Sensing of Environment, 85(3):475-483.

SHI MC, CHEN CS, XU QC, et al., 2002. The role of Qiongzhou Strait in the seasonal variation of the South China Sea circulation[J]. Journal of Physical Oceanography, 32(1):103-121.

SHEN CY, YAN YR, ZHAO H, et al., 2018. Devlin. AInfluence of monsoonal winds on chlorophy II -α distribution in the Beibu Gulf. PLoS ONE, 13(1): e0191051.

SHANON C, WEINER W, 1949. The mathematical theory of communication: unknown distance function[M]. Urbana: University Illinois Press.

OBREGÓN C, LYNDON A R, BARKER J, et al., 2018. Valuing and understanding fish populations in the Anthropocene: key questions to address[J]. Journal of Fish Biology, 92(3):828.

PIELOU EC, 1966. Shannon's formula as a measure of specific diversity: its use and misuse[J]. American Naturalist, 100(914): 463-465.

VAN MAREN DS, HOEKSTRA P, 2005. Dispersal of suspended sediments in the turbid and highly stratified Red River plume[J]. Continental Shelf Research. 25(4):503-519.

VAN MAREN DS, 2007. Water and sediment dynamics in the Red River mouth and adjacent coastal zone[J]. Journal of Asian Earth Sciences. 29(4):508-522.

WU DX, WANG Y, LIN XP, et al., 2008. On the mechanism of the cyclonic circulation in the Gulf of Tonkin in the summer[J]. Journal of Geophysical Research Oceans, 113(C09):1-10.

XIA HY, LI SH, SI MC, 2001. Three-D numerical simulation of wind-driven current and density current in the Beibu Gulf[J]. Acta Oceanologica Sinica, 20(4):455-472.

YANG SY, BAO XW, CHEN CS, et al., 2003. Analysis on characteristics and mechanism of current system in west coast of Guangdong Province in the summer[J]. Acta Oceanologica Sinica, 25(6):1-8.

第二章

调查与研究方法

第一节　北部湾渔业资源科学考察的背景及意义

北部湾位于南海西北部，属于中越两国共有的半封闭海湾，该海域自然条件十分优越，渔业资源丰富，是广东、广西和海南省（区）海洋渔业捕捞的主要渔场。其中有资料记载的鱼类种类共626种，主要经济鱼类有80余种，在我国海洋渔业生产中发挥着重要作用（罗春业等，1999；孙冬芳等，2010）。自20世纪80年代以来，环北部湾经济圈快速发展，人类活动显著增强，各种污染和环境破坏相继出现，同时，海洋捕捞强度也在逐年增加，对该海域的渔业资源群落结构和生物多样性造成了直接影响（牛泽瑶等，2018；王雪辉等，2011；孙典荣，2008）。北部湾海岸带和近海生态系统敏感且脆弱，在高强度的海洋捕捞等人类活动影响下，其鱼类群落结构、区系分布、食物网结构和生态环境条件产生剧烈波动，渔业资源呈现逐年衰退趋势（颜云榕，2014）。

北部湾是中越两国共有的国际渔场，其生物多样性水平及渔业资源可持续利用状况关系到环湾生态系统稳定与优质海洋蛋白的高效供给。在生物多样性显著下降、渔业资源持续衰退的背景下，为了解北部湾的渔业资源状况，中国水产科学院南海水产研究所、广东海洋大学和厦门大学等单位在北部湾多次开展了较大规模的渔业资源调查，积累了大量的渔业数据。相关学者对北部湾的渔业资源状况及主要经济鱼类的生长、死亡参数进行了研究并提出保护对策，同时对该海域鱼类的群落格局进行划分并分析群落与环境因子的关系，对北部湾局部海域鱼类的多样性也有过探讨。以往的调查研究对于北部湾渔业资源和生态环境的开发利用和保护提供了非常重要的依据，但仍未能很好地解析目前北部湾渔业资源衰退的现状，资源衰退依然没有得到有效的控制。近年来，北部湾渔业资源仍处于过度捕捞状态，传统经济优势种类逐渐被低值小型种类所替代，资源群体呈小型化、低龄化，这严重威胁到我国海洋渔业的可持续发展。

海洋不仅作为国家重要的安全保障和主权象征，更是国家自然资源的延伸地带。随着环北部湾经济与城市规模的不断发展扩大，北部湾海洋渔业资源和生态环境问题也日益凸显。因此，非常有必要对该海域开展专项渔业资源科学考察，查明北部湾鱼类、头足类、甲壳类和贝类等种类的组成、时空分布及其变化规律，摸清北部湾渔业资源现状，解析重要渔业种群变动规律等关键科学问题，并提出有效的渔业保护和管理对策，促进区域生物资源和生态环境的综合利用、治理和保护，助力海洋强国建设。

第二节 北部湾渔业资源科学考察的目标

本次科学考察拟在多年来对北部湾渔业资源调查的基础上，进一步对北部湾渔业资源进行周年系统调查（图2-1），为北部湾渔业可持续发展提供科学依据。

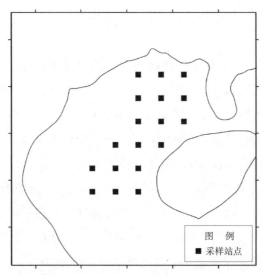

图2-1 北部湾调查站点示意图（站位19-21为2018增加的站点）

第三节 调查船信息

调查用船为广西北海底拖网渔船"北渔60011"和"北渔69010"，渔船及网具各项指标信息如下表。

表2-1 调查船各项指标参数

序号	技术指标	参数	
		北渔60011	北渔69010
1	船长度	36.8 m	37 m
2	型宽	6.8 m	7 m
3	主机功率	514.5 kW	441 kW
4	总吨位	253 t	258 t
6	网口周长	84 m	88 m
7	最小网目尺寸	4 cm	4 cm

第四节 渔业资源生物调查内容

一、调查依据

游泳动物拖网调查内容及方法是依照中华人民共和国国家标准《海洋调查规范 第六部分：海洋生物调查》（GB/T 12763.6—2007）的相关技术标准实施。

二、样品采集

采样时准确测定船位，综合拖速、拖向、流向、流速、风向和风速等多种因素进行拖网采样，拖网时尽可能保持方向朝着口标站位，详细记录水层、经纬度和拖网速度的变化，起网时准确测定船位；本次调查设定的底层拖网网具渔获鱼类、甲壳类、头足类等生物的逃逸率均为0.5，每站拖网1~2 h，拖网速度平均为3 n mile·h^{-1}。

若出现不正常拖网时，应立即起网；如遇严重破网等鱼捞事故导致渔获物种类和产量不正常时，重新拖网操作。

三、样品处理

将网具里的全部渔获物倒在甲板上，记录总重量，若渔获物总重量少于40 kg时，全部保留进行分析；若渔获物总重量大于40 kg时，挑出大型和稀有样本进行现场拍照处理，余下渔获物在船上先进行大类群的分类，如鱼类、甲壳类（包括虾类、蟹类、虾蛄类）和头足类，然后分别放入封口袋内，写好标签，放进冷库中冷冻保存，调查结束后带回实验室进行物种鉴定和生物学测定等后续实验。

进行物种鉴定和测定的工具和资料有：解剖镜、显微镜、电子天平、电子秤、提秤、量鱼板、卷尺、托盘、游标卡尺、解剖刀、解剖剪以及《中国鱼类系统检索》（成庆泰等，1987）、《台湾鱼类志》（沈世杰等，1993）和《南海鱼类志》（中国科学院动物研究所等，1962）相关书籍资料。

四、调查与测量要素

调查要素主要包括游泳动物的种类组成、数量分布、群体组成。测量要素主要为生物学和生态学特征。记录每个站点的网产量，对渔获物中的每个物种进行种类鉴定、照片采集、总重量和总尾数统计，并进行生物学测定。每个种类少于50尾的全部进行生物学测定，大于50尾的则随机取出50尾进行生物学测定。主要生物形态生物学测量指标如下。

（1）鱼类的测定指标为全长（cm）、体长（cm）、叉长（cm）、肛长（cm）、体盘长（cm）和体重（g）。

- 全长：吻端至尾鳍末端的距离；
- 体长：吻端至尾椎骨末端的距离，适用于尾椎骨末端易于观察的种类，如石首鱼科、蝴科、鲆鲽类；
- 叉长：吻端至尾叉的距离，适用于尾叉明显的鱼类，如鲱科的大部分鱼类；
- 肛长：吻端至肛门前缘的距离，适用于尾鳍、尾椎骨不易测量的物种，如鳘、海鳗、带鱼等；
- 体盘长：吻端至胸鳍后基的距离。此类鱼胸鳍扩大与头相连，构成宽大的体盘，如鳐、魟类；
- 体重：鱼体的总重量。

（2）虾类测定指标为头胸甲长（cm）、体长（cm）、体重（g）。

- 头胸甲长：眼窝后缘至头胸甲后缘的距离；
- 体长：眼窝后缘至尾节末端的距离；
- 体重：虾体总重量。

（3）蟹类测定指标为体长（cm）、头胸甲长（cm）、头胸甲宽（cm）、体重（g）。

- 头胸甲长：头胸甲的中央刺前端至头胸甲后缘的垂直距离；
- 头胸甲宽：头胸甲两侧刺之间的距离；
- 体重：蟹体总重量。

（4）头足类的测定指标为胴体长（cm）、头长（cm）和体重（g）。

- 胴长：胴体背部中线的长度。另外，无针乌贼胴长为胴体前端至后缘凹陷处，有针乌贼胴长为胴体前端至螵蛸后端的长度，柔鱼、枪乌贼的胴长为胴体前端至胴体末端的距离；
- 头长：自头部最后端至腕的最后端；
- 体重：头足类个体总重量。

（5）贝类测定指标为壳长（cm）、壳高（cm）、壳宽（cm）、绞合线长（cm）和体重（g）。

- 壳长：前后缘鳞片基部与铰合线平行的最大距离；
- 壳高：从壳顶至腹缘鳞片基部与铰合线垂直的最大距离；
- 壳宽：捏紧两边贝壳使壳宽不再变小时两壳的最大距离；
- 铰合线长：前后耳边缘的最大距离；
- 体重：倒去壳内多余水分后用纱布吸去表面及壳缘水分后的个体总重量。

第五节 调查评价指标

一、资源量与资源密度

游泳生物的绝对资源密度采用拖网扫海面积法计算，拖网扫海面积法是通过测定拖网时网具扫过面积内捕获的游泳生物的数量，计算单位面积内的现存资源密度（詹秉义，1995）。公式如下。

$$D = C/a\,(1-E)$$

式中：D为资源量（$kg \cdot km^{-2}$）；C为渔获率（$kg \cdot h^{-1}$）；E为逃逸率取0.5；a为调查船每小时的扫海面积（km^2），扫海宽度取上纲长的1/2，拖速取平均拖速3 n mile$\cdot h^{-1}$。

二、相对重要性指数

从各种类在数量、重量中所占比例和出现频率3个方面进行优势度的综合评价，判断其在群落中的重要程度，Pinkas相对重要性指数是判断生物种类重要性的参考指标（Pianka, 1971），即：

$$IRI = (N + W) \times F$$

式中，IRI为相对重要性指数；N为某个种类的尾数在总渔获尾数中所占的比例（%）；W为某个种类的重量在总渔获重量中所占的比例（%）；F为某个种类出现的站点数与总调查站点数之比；$IRI > 500$的种类为优势种，$500 > IRI \geqslant 100$时，该种类为重要种。

三、生物多样性指数

物种多样性是衡量一个海区生物资源丰富程度的客观指标。

（1）Shannon-Wiener多样性指数（Shannon et al., 1949）：

$$H' = -\sum P_i \ln P_i$$

（2）Margalef丰富度指数（Margalef, 1958）：

$$D = (S-1) / \ln N$$

（3）Pielou均匀性指数（Pielou, 1966）：

$$J = H' / \ln S$$

式中，S为种类数；N为生物量或总密度，$P_i = n_i / N$为第i种游泳动物占总生物量或个体数的比例。

第六节 渔业生物学分析

一、体长、体重关系

体长、体重等作为鱼类最基本的生物学数据，可采用线性回归（幂函数拟合）求体长和体重之间的关系（Froese et al., 2006）：

$$W = a L^{b}$$

式中，W为样品个体质量，L为样品个体体长，a、b为估算的生长参数。

二、性成熟度和初次性成熟肛长

使用性腺成熟指数（Gonad somatic index：GSI, %）判断生物个体或种群的性腺发育情况（Sturm, 1978）：

$$GSI\,(\%) = \frac{性腺重量}{去内脏体重} \times 100$$

采用50%性成熟体长（$L_{50\%}$）作为鱼类种群的初次性成熟体长，根据不同鱼类种类种群结构设定合理的体长组距，对不同体长组的性成熟个体（性腺成熟度为Ⅲ、Ⅳ、Ⅴ期个体）百分比拟合Logistic曲线，确定初次性成熟体长（詹秉义，1995）：

$$P_i = \frac{1}{1 + e^{-(A + BL_i)}}$$

式中，P_i为性成熟个体在组内样本中所占的百分比；L_i为第i组平均体长（mm）；A、B为估算参数；初次性成熟体长$L_{50\%} = -A/B$。

三、摄食习性分析

采用相对重要性指数（IRI, index of relative importance）评价饵料生物的重要性（Pianka, 1971），计算公式如下：

$$IRI = (N + W) \times F$$

式中，N为物种个数百分比；W为渔获质量百分比；F为出现频率百分比。

摄食强度利用平均饱满指数（Repletion index）和空胃率（Vacuity index）进行分析：

$$R\,(\%) = \frac{食物重量}{去内脏体重} \times 100$$

$$VC\,(\%) = \frac{空胃数}{总胃数} \times 100$$

四、摄食生态位与摄食营养级

鱼类摄食生态位宽度，即鱼类食物种类多样性，用Shannon-Wiener多样性指数H'（Shannon et al., 1949）和Pielou均匀度指数J（Pielou et al., 1966）表示，计算公式如下：

$$H' = - \sum_{i=1}^{s} P_i \times \ln P_i$$

$$J = H' / \ln S$$

式中，S为饵料生物种数；P_i为饵料生物i在食物中所占的个数百分比。

五、稳定同位素测定与分析

1. 样品处理

取鱼类背部肌肉适量，混合相同长度组肌肉（5尾），虾取腹部肌肉，贝类取闭壳肌，头足类取胴体背部肌肉，所有样品处理完后在人工气候箱（HPG-400HX）55℃下48 h恒温烘干至恒重，最后用石英研钵充分研磨直至将肌肉成粉末状；完成研磨后，使用百万分之一精密天平（德国Sartorius，M4）对每一个样品称量0.6～0.8 mg装入锡囊并按规范包裹严密，以备稳定同位素测定。

2. 同位素测定

实验样品碳、氮稳定同位素比值用德国Thermo Finnigan公司的Flash EA1112元素仪与Delta Plus XP稳定同位素质谱仪通过Conflo Ⅱ相连进行测定。为保证结果的准确性，同一样品的碳、氮稳定同位素分别进行测定。每种生物测定3个平行样，为保证实验结果的准确性和仪器的稳定性，每测定5个样品后插测1个标准样，并且对个别样品进行2～3次复测。碳、氮稳定同位素比值精密度为±0.2‰。

3. 数据处理分析

稳定同位素质谱仪分析生物样品中$^{15}N/^{14}N$和$^{13}C/^{12}C$的比值，$\delta^{15}N$和$\delta^{13}C$按以下公式计算得出（Post, 2002）：

$$\delta^{15}N = \left(\frac{^{15}N/^{14}N_{样品}}{^{15}N/^{14}N_{大气}} - 1 \right) \times 1\,000$$

$$\delta^{13}C = \left(\frac{^{13}C/^{12}C_{样品}}{^{13}C/^{12}C_{箭石}} - 1 \right) \times 1\,000$$

$$TL = \frac{\delta^{15}N_{样品} - \delta^{15}N_0}{^{15}N_c} + 2.0$$

式中，$^{15}N/^{14}N_{大气}$为标准大气氮同位素比值（Mariotti A, 1983）；$^{13}C/^{12}C_{箭石}$为国际标准物质

箭石（peedee belemnite limestone）的碳同位素比例（Vander Zanden et al., 2001）；TL为某种鱼类的营养级；T_i为饵料的营养级。$\delta^{15}N_{样品}$为鱼类样品测量所得的δ值；$\delta^{15}N_0$为营养等级的基线，$\delta^{15}N_c$为营养等级富集度。一般采用生态系统中常年存在、食性简单的浮游动物或底栖生物等消费者作为基线生物。在本研究中采用北部湾常见贝类——长肋日月贝作为基线生物，以其氮稳定同位素平均值（$\delta^{15}N_0$）作为计算营养级的基线值（baseline value），营养等级富集度取经验值3.4‰（Minagawa et al., 1984；Post, 2002），长肋日月贝的营养级定为2.0。

4. 基于R语言的营养生态位分析

使用R语言软件，分别以$\delta^{13}C$和$\delta^{15}N$为横、纵坐标，绘制碳、氮稳定同位素比值二维点集，利用稳定同位素混合模型SIAR（stable isotope analysis in R）数据分析包绘制二维点集所围成的凸多边形和核心标准椭圆，并计算各个营养结构参数（CR、NR、TA、SEA、CD），以SEA作为衡量营养生态位宽度的度量指标（Jackson et al., 2011；Layman et al., 2007）。

（1）食物来源多样性（CR, range of $\delta^{13}C$）：碳稳定同位素值的极差。

（2）营养长度（NR, range of $\delta^{15}N$）：氮稳定同位素值的极差。

（3）生态位总面积（TA, total area）：在碳氮稳定同位素双位图中，所有个体代表的坐标点组成的凸多边形面积，表示物种所占据的营养生态位空间总量，代表物种在食物网中营养多样性的总体范围；TA易受$\delta^{13}C$或$\delta^{15}N$轴（或两者）上具有极端值的个体影响。

（4）核心生态位（SEA, standard ellipse area）：标准椭圆的面积，更为精准描述群落中物种的生态位（一般需要符合正态分布，且样本量大于30）。

（5）营养多样性（CD, mean distance to centroid）：平均离心距离，每一个个体所代表的坐标点到碳氮稳定同位素质心的平均欧氏距离，质心是物种所有的$\delta^{13}C$和$\delta^{15}N$的平均值，表示物种平均营养多样性。

（6）营养密度（MNND, mean nearest neighbor distance）：平均最近相邻距离，即碳氮稳定同位素双位图中，每个个体所代表的坐标点与最近相邻坐标点的欧氏距离平均值是度量种群营养相似性的指标。

（7）营养均匀度（SDNND, standard deviation of nearest neighbor distance）：最近相邻距离的标准差，碳氮稳定同位素双位图中，个体所代表的坐标点与其最近相邻坐标点欧氏距离标准偏差，衡量双位图中种群营养均匀度。

第七节　生态环境分析

北部湾地处亚热带地区，属于半封闭海湾，西、北、东三面均为陆地和岛屿，仅有南部湾口以及东岸的琼州海峡与南海相连，海水间的物质交换相对受限，有南流江、红河等陆地河流注入，且受季风影响。由于北部湾特定自然条件的影响，北部湾海域的环境理化因子、海表面风场以及海表面环流呈现季节性差异。受到季风影响，北部湾海域海表面风速和风向在不同季节有明显差异；北部湾海域属于较为封闭的海湾，因此易受多种因素的影响，在不同季节海表面流环流的流向流速有所变化。环境理化因子以及环流情况对该区域渔业资源有重要影响。

本书中海表面温度、叶绿素a浓度、光合有效辐射以及海水漫衰减系数的数据均来源于美国国家海洋和大气管理局（NOAA，https://oceanwatch.pifsc.noaa.gov/）。在数据处理的过程中，对数据中的空值进行剔除。

为对应北部湾渔业资源调查时间，2010—2011年春季相关参数使用2011年5月数据进行描述；2010—2011年夏季相关参数使用2010年8月数据进行描述；2010—2011年秋季相关参数使用2010年11月数据进行描述；2010—2011年冬季相关参数使用2011年2月数据进行描述；2018年春季相关参数使用2018年4月数据进行描述；2018年夏季相关参数使用2018年6月数据进行描述；2018年秋季相关参数使用2018年9月数据进行描述；2018年冬季相关参数使用2018年1月数据进行描述。

表2-2 北部湾海域相关环境参数

数据指标	英文全称	英文缩写	时间分辨率	空间分辨率
海表面温度	Sea Surface Temperature	SST	月	0.05×0.05
叶绿素a浓度	Chlorophyll a Concentration	Chla	月	0.04×0.04
光合有效辐射	Photosynthetically Available Radiation	PAR	月	0.04×0.04
海水漫衰减系数	$K_d(490)$	$K_d(490)$	月	0.04×0.04

利用Origin 软件，以春、夏、秋、冬为横坐标，分别以海表面温度、叶绿素a浓度、光合有效辐射、海水漫衰减系数为纵坐标，绘制箱型图。直观展示2010—2011年、2018年不同季节、不同参数的数据范围。

利用Ocean Date View软件，绘制海表面温度、叶绿素a浓度、光合有效辐射、海水漫衰减系数参数在2010—2011年、2018年不同季节的平面分布图。

参考文献

国家质量监督检验检疫局, 国家标准化管理委员会, 2007. GB/T 12763.6—2007 海洋调查规范第6部分: 海洋生物调查[S]. 北京: 中国标准出版社.

罗春业, 李英, 1999. 广西北部湾鱼类区系的再研究[J]. 广西师范大学学报(自然科学版), (2):85-89.

牛泽瑶, 许尤厚, 王鹏良, 等, 2018. 中越北部湾共同渔区秋季渔获鱼类多样性[J]. 水产科学, 37(5): 640-646.

孙冬芳, 朱文聪, 艾红, 等, 2010. 北部湾海域鱼类物种分类多样性研究[J]. 广东农业科学, 37(6): 4-7.

孙典荣, 2008. 北部湾渔业资源与渔业可持续发展研究[D]. 博士学位论文, 青岛: 中国海洋大学.

王雪辉, 邱永松, 杜飞雁, 等, 2011. 北部湾鱼类多样性及优势种的时空变化[J]. 中国水产科学, 18(2): 427-436.

颜云榕, 2014. 应用碳氮稳定同位素研究北部湾鱼类食物网营养结构及其时空变化[R]. 博士后报告, 厦门: 厦门大学.

詹秉义, 1995. 渔业资源评估[M]. 北京: 中国农业出版社.

FROESE R, 2006. Cube law, condition factor and weight-length relationships: history, meta-analysis and recommendations[J]. Journal of Applied Ichthyology, 22(4): 241-253.

JACKSON A L, INGER R, PARNELL A C, et al., 2011. Comparing isotopic niche widths among and within communities: SIBER - Stable Isotope Bayesian Ellipses in R[J]. Journal of Animal Ecology, 80(3): 595-602.

LAYMAN C A, ARRINGTON D A, 2007. Montana C G, et al. Can stable isotope ratios provide for community-wide measures of trophic structure?[J]. Ecology, 88(1): 42-48.

MARGALEF R, 1958. Information theory in Ecology[J]. International Journal of General Systems, 3: 36-71.

MARIOTTI A, 1983. Atmospheric nitrogen is a reliable standard for natural 15N abundance measurements[J]. Nature, 303(5919): 685-687.

MINAGAWA M, WADA E, 1984. Stepwise enrichment of 15N along food chains: further evidence and the relation between δ15N and animal age[J]. Geochimica et Cosmochimica Acta, 48(5): 1 135-1 140.

PIANKA E R, 1971. Ecology of the agamid lizard Amphibolurus isolepis in Western Australia[J]. Copeia, 3: 527-536.

PIELOU E C, 1966. Shannon's formula as a measure of specific diversity: its use and misuse[J]. American Naturalist, 100(914): 463-465.

POST D M, 2002. Using stable isotopes to estimate trophic position: models, methods, and assumptions[J]. Ecology, 83(3): 701-718.

SHANNON C E, WEAVER W, 1949. The Mathematical Theory of Communication[M]. Illinois: Urbana University of Illinois Press.

STURM MGDL, 1978. Aspects of the biology of Scomberomorus maculatus (Mitchill) in Trinidad[J]. Journal of Fish Biology, 13(2): 155-172.

VANDER ZANDEN J, RASMUSSEN J, 2001. Variation in δ^{15}N and δ^{13}C trophic fractionation: implications for aquatic food web studies[J]. Limnology and Oceanography, 46(8): 2061-2066.

第三章

渔业资源种群结构

第一节　渔业资源概况

一、渔获组成

2010—2011年渔获组成

根据2010—2011年4个季节底拖网海上定点调查，北部湾渔业生物群落以鱼类、甲壳类和头足类为主（图3-1）。其中，鱼类所占全年渔获物总重量比例达77.83%，各个季节的比例，由春季（91.17%）至冬季（62.44%）呈逐渐降低趋势；头足类所占全年渔获物总重量比例为12.66%，各个季节中，秋季头足类占比最高，为23.86%，春季最低，为4.36%；甲壳类所占全年渔获物总重量比例为9.51%，于冬季和秋季达到最高与最低值，比例分别为21.92%和1.83%。

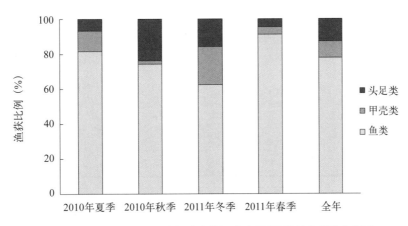

图3-1　2010—2011年北部湾渔获组成（重量百分比）季节变化图

以尾数比例计算，北部湾渔业生物群落中同样以鱼类、甲壳类和头足类为主（图3-2）。其中，鱼类所占全年渔获物总数量比例为92.57%，各个季节中，分别于夏季和冬季达到最高值与最低值，为97.85%和79.78%；甲壳类所占全年尾数比例为5.23%，冬季比例最高，为15.78%，夏季最低，为1.34%；头足类所占全年渔获物数量比例为2.20%，各个季节中，分别于秋季和夏季达到最高值与最低值，为5.38%和0.81%。

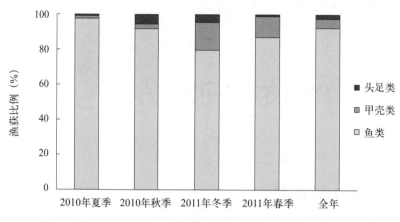

图3-2　2010—2011年北部湾渔获组成（数量百分比）季节变化图

2018年渔获组成

根据2018年春季、秋季、冬季底拖网海上定点调查，北部湾渔业生物群落以鱼类、甲壳类和头足类为主（图3-3）。其中，渔获鱼类重量占全年渔获物总重量比例达82.86%，各季节中，春季比例最高，为86.59%，夏季次之，秋季最低，为79.47%；甲壳类所占全年渔获物总重量比例为13.41%，各季节中，秋季占比最高，为28.10%，冬季次之，春季最低，为9.33%；头足类所占全年渔获物总重量比例为3.72%，于冬季和秋季达到最高值与最低值，比例分别为5.07%和2.43%。

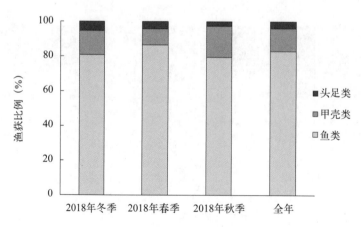

图3-3　2018年北部湾底层渔获资源重量组成及季节变化图

以尾数比例计算（图3-4），鱼类所占全年渔获物总数量比例为76.11%，各个季节中，于春季和冬季达到最高值与最低值，比例分别为83.90%和55.67%；甲壳类所占全年渔获物总数量比例为22.22%，各个季节中，以冬季比例最高，为43.00%，春季最低，为13.86%；头足类所占全年渔获物总数量比例为1.67%，各个季节中，于春季和秋季达到最高值与最低值，比例分别为2.24%和0.98%。

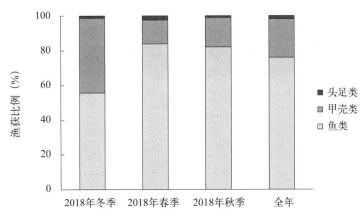

图3-4　2018年北部湾底层渔获资源数量组成及季节变化图

对比两个时期的调查结果，鱼类资源在北部湾渔业资源中所占的比例依然具有绝对优势，其中渔获重量组成，鱼类所占比例略微上升，头足类在各个季节所占比例显著下降，甲壳类所占比例上升；在数量组成中，鱼类占比有显著下降，甲壳类在各个季节所占比例显著上升。

二、资源密度

2010—2011年资源密度

全年各调查航次渔获物重量共8 017.86 kg，平均资源密度为737.94 kg·km^{-2}，各站点资源密度范围为38.49~2 099.20 kg·km^{-2}（表3-1、图3-5）。春季渔获物重量共1 573.75 kg，平均资源密度为652.24 kg·km^{-2}，各站点资源密度范围为75.51~2 642.77 kg·km^{-2}；夏季渔获物重量共2 701.29 kg，平均资源密度为1 834.90 kg·km^{-2}，各站点资源密度范围为734.25~4 757.37 kg·km^{-2}；秋季渔获物重量共2 251.07 kg，平均资源密度为871.35 kg·km^{-2}，各站点资源密度范围为288.72~1 985.79 kg·km^{-2}；冬季渔获物重量共1 491.74 kg，平均资源密度为495.35 kg·km^{-2}，各站点资源密度范围为109.21~1 459.16 kg·km^{-2}（图3-6）。

表3-1　2010—2011年北部湾渔业资源密度时空分布

站点	资源密度（kg·km^{-2}）				
	2010年夏	2010年秋	2011年冬	2011年春	全年
361	1 564.29	412.88	184.77	2 642.77	1 201.18
362	1 214.37	288.72	109.21	166.67	444.74
363	—	—	153.98		38.49

站点	资源密度（kg·km⁻²）				
	2010年夏	2010年秋	2011年冬	2011年春	全年
388	1 341.21	573.33	368.65	105.30	597.12
389	1 122.02	1 211.43	379.31	706.82	854.89
390	1 523.30	373.55	229.73	83.85	552.61
415	2 181.89	678.85	460.13	79.13	850.00
416	2 094.34	1 439.32	248.85	172.98	988.87
417	—	—	184.43	75.51	64.99
442	1 190.48	505.95	507.10	405.76	652.32
443	734.25	446.83	285.47	842.32	577.22
444	—	—	307.84	472.60	195.11
465	1 683.28	1 985.79	754.52	882.07	1 326.42
466	4 757.37	1 834.26	1 430.74	374.41	2 099.20
467	—	—	280.57	1 852.33	533.23
488	—	—	1 459.16	306.18	441.33
489	2 612.04	705.22	1 047.41	882.57	1 311.81
490	—	—	524.48	1 689.11	553.40

注：表中"—"表示在该站点未采集到渔获物。

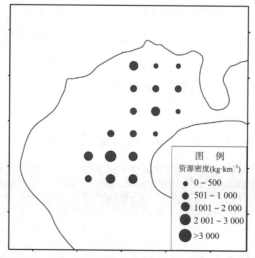

图3-5　2010—2011年北部湾全年平均资源密度分布图

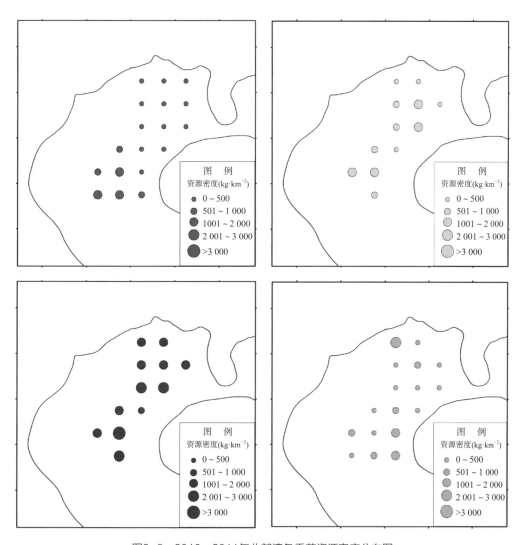

图3-6　2010—2011年北部湾各季节资源密度分布图

2010—2011年北部湾渔业生物资源分布具季节性特征，资源密度在各季节间波动（图3-7），全年以鱼类资源密度为最高，占总渔获比例的77.83%，夏季鱼类资源密度最高，为1 620.78 kg·km^{-2}，春、秋季较均衡，而冬季最低，为376.78 kg·km^{-2}；甲壳类资源密度也在夏季达最高值（143.00 kg·km^{-2}），而头足类资源密度的最高值出现在秋季（193.90 kg·km^{-2}）。

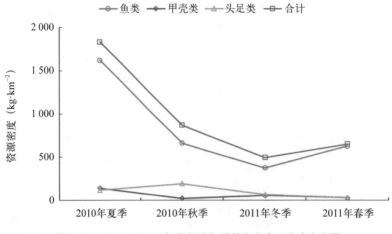

图3-7　2010—2011年北部湾各季节渔业资源密度变化图

2018年资源密度

2018年全年拖网渔获物总重量共4 203.12 kg，平均资源密度为1 165.51 kg·km^{-2}，各站点资源密度范围为350.38～2 087.12 kg·km^{-2}（表3-2、图3-8）。春季拖网渔获物重量共1 811.65 kg，平均资源密度为1 434.49 kg·km^{-2}，各站点资源密度范围为269.32～2 980.23 kg·km^{-2}；秋季拖网渔获物重量共1 456.15 kg，平均资源密度为1 147.85 kg·km^{-2}，各站点资源密度范围为341.81～2 585.50 kg·km^{-2}；冬季拖网渔获物重量共935.32 kg，平均资源密度为900.78 kg·km^{-2}，各站点资源密度范围为122.72～3 514.30 kg·km^{-2}（图3-9）。

表3-2　2018年北部湾渔业资源密度时空分布

站点	资源密度（kg·km^{-2}）			
	2018年冬	2018年春	2018年秋	全年
361	460.93	2 072.94	1 778.30	1 437.39
362	411.51	797.50	519.44	576.15
363	225.31	1 073.53	1 200.80	833.21
364	—	466.65	829.81	648.23
388	393.19	2 980.23	861.43	1 411.62
389	373.06	2 369.27	906.34	1 216.22
390	122.72	1 881.34	928.06	977.37
391	—	1 436.78	353.22	895.00
415	665.78	2 378.76	341.81	1 128.78

续表

站点	资源密度（kg·km^{-2}）			
	2018年冬	2018年春	2018年秋	全年
416	473.03	2 914.79	1 214.20	1 534.01
417	299.43	269.32	482.40	350.38
418	—	1 165.65	1 716.00	1 440.83
442	844.62	434.75	480.19	586.52
443	579.39	453.73	1 403.40	812.17
444	678.87	1 613.98	2 006.10	1 432.98
465	1 502.72	1 047.35	1 393.20	1 314.42
466	1 599.25	725.01	1491.40	1 271.89
467	962.92	2 168.01	2 585.50	1 905.48
488	1 110.67	973.89	1 436.40	1 173.65
489	1 996.37	1 840.93	489.70	1 442.33
490	3 514.30	1 059.95	1 687.10	2 087.12

注：表中"—"表示在该站点未采集到渔获物。

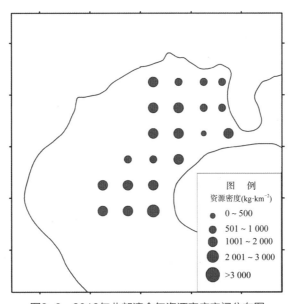

图3-8 2018年北部湾全年资源密度空间分布图

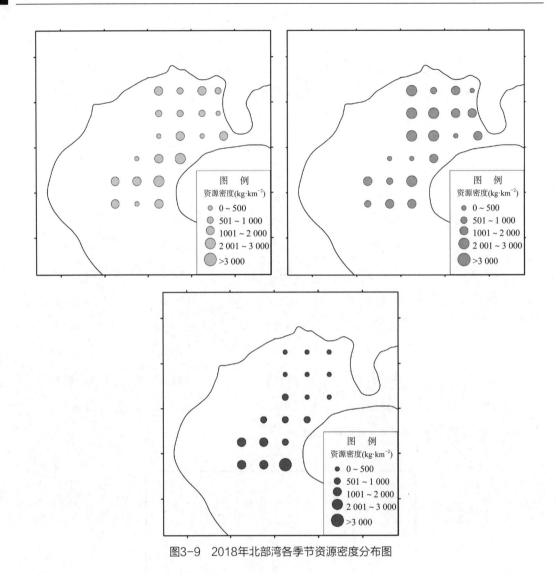

图3-9　2018年北部湾各季节资源密度分布图

2018年北部湾渔业生物资源具有明显的季节性特征（图3-10），春季鱼类资源密度最高，为1 328.02 kg·km^{-2}，秋、冬季较均衡，分别为888.82 kg·km^{-2}和731.02 kg·km^{-2}；甲壳类资源密度在秋季最高，为230.83 kg·km^{-2}，头足类资源密度的最高值出现在冬季（44.31 kg·km^{-2}）。

从两个时期的渔业资源密度来看，北部湾冬季资源密度一直是全年中资源密度最低的季节，该季节高资源密度区域分布于北部湾海域西南部的深水区域；而其他资源密度较高的季节，高资源密度区域分布于北部湾海域湾内东北部区域。

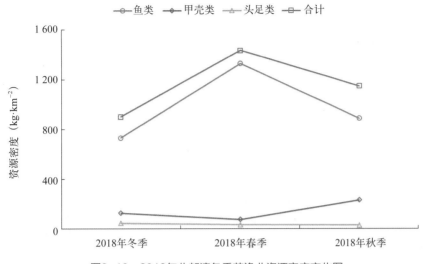

图3-10　2018年北部湾各季节渔业资源密度变化图

第二节　鱼类资源结构

一、鱼类种类组成

1. 2010—2011年种类组成

对底拖网调查的鱼类进行分类统计，鉴定到种的种类数为253种，隶属于17目87科153属。其中，以鲈形目种数最多，共有134种，隶属40科78属；其余119种分属于软骨鱼纲的真鲨目、鳐形目、鳐形目，硬骨鱼纲的鳗鲡目、鲱形目、仙女鱼目、金眼鲷目、鳕形目、鮟鱇目、鲻形目、鼬鳚目、刺鱼目、鲉形目、鲇形目、鲈形目、鲽形目、鲀形目（表3-3）。物种组成在目级水平上，以鲈形目（134种）为主，占总体的55.89%，其次为鳗鲡目（26种）、鲉形目（24种）和鲱形目（13种），分别占总体9.18%、8.78%和4.79%；在科级水平上，以鲹科（21种）为主，占总体的8.98%（图3-11、表3-3）。

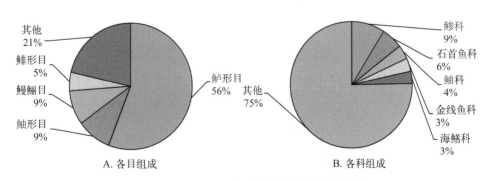

图3-11　2010—2011年北部湾渔获鱼类种类组成

表3-3　2010—2011年北部湾渔获鱼类种类目录

序号	种名	拉丁名	属	科	目
1	黑鮟鱇	*Lophiomus setigerus*	黑鮟鱇属	鮟鱇科	鮟鱇目
2	棘茄鱼	*Halieutaea stellata*	棘茄鱼属	蝙蝠鱼科	鮟鱇目
3	鳞烟管鱼	*Fistularia petimba*	烟管鱼属	烟管鱼科	刺鱼目
4	毛烟管鱼	*Fistularia villosa*	烟管鱼属	烟管鱼科	刺鱼目
5	黑斑双鳍电鳐	*Narcine maculata*	双鳍电鳐属	双鳍电鳐科	电鳐目
6	双斑瓦鲽	*Poecilopsetta plinthus*	瓦鲽属	鲽科	鲽形目
7	冠鲽	*Samaris cristatus*	冠鲽属	冠鲽科	鲽形目
8	短鲽	*Brachypleura novaezeelandiae*	短鲽属	棘鲆科	鲽形目
9	大口鳒	*Psettodes erumei*	鳒属	鳒科	鲽形目
10	三眼斑鲆	*Pseudorhombus triocellatus*	斑鲆属	鲆科	鲽形目
11	少牙斑鲆	*Pseudorhombus oligodon*	斑鲆属	鲆科	鲽形目
12	多牙缨鲆	*Crossorhombus kanekonis*	缨鲆属	鲆科	鲽形目
13	青缨鲆	*Crossorhombus azureus*	缨鲆属	鲆科	鲽形目
14	矛状左鲆	*Laeops lanceolata*	左鲆属	鲆科	鲽形目
15	少鳞舌鳎	*Cynoglossus oligolepis*	舌鳎属	舌鳎科	鲽形目
16	印度舌鳎	*Cynoglossus arel*	舌鳎属	舌鳎科	鲽形目
17	少鳞舌鳎	*Brachirus orientalis*	少鳞舌鳎属	鳎科	鲽形目
18	带纹条鳎	*Zebrias zebra*	条鳎属	鳎科	鲽形目
19	缨鳞条鳎	*Zebrias crossolepis*	条鳎属	鳎科	鲽形目
20	宝刀鱼	*Chirocentrus dorab*	宝刀鱼属	宝刀鱼科	鲱形目
21	斑鰶	*Konosirus punctatus*	斑鰶属	鲱科	鲱形目
22	金色小沙丁鱼	*Sardinella aurita*	小沙丁鱼属	鲱科	鲱形目
23	裘氏小沙丁鱼	*Sardinella jussieu*	小沙丁鱼属	鲱科	鲱形目
24	黄带圆腹鲱	*Dussumieria elopsoides*	圆腹鲱属	鲱科	鲱形目
25	鳓	*Ilisha elongate*	鳓属	锯腹鳓科	鲱形目
26	印度鳓	*Ilisha melastoma*	鳓属	锯腹鳓科	鲱形目
27	尖吻小公鱼	*Encrasicholina heteroloba*	侧带小公鱼属	鳀科	鲱形目

续表

序号	种名	拉丁名	属	科	目
28	黄鲫	*Setipinna tenuifilis*	黄鲫属	鳀科	鲱形目
29	杜氏棱鳀	*Thryssa dussumieri*	棱鳀属	鳀科	鲱形目
30	汉氏棱鳀	*Thryssa hamiltonii*	棱鳀属	鳀科	鲱形目
31	长颌棱鳀	*Thryssa setirostris*	棱鳀属	鳀科	鲱形目
32	中颌棱鳀	*Thryssa mystax*	棱鳀属	鳀科	鲱形目
33	赤魟	*Hemitrygon akajei*	魟属	魟科	鲼形目
34	黄魟	*Hemitrygon bennettii*	魟属	魟科	鲼形目
35	齐氏魟	*Maculabatis gerrardi*	魟属	魟科	鲼形目
36	尖吻魟	*Dasyatis acutirostra*	尖吻魟属	魟科	鲼形目
37	条尾鸢魟	*Aetoplatea zonura*	鸢魟属	燕魟科	鲼形目
38	红双棘鳂	*Sargocentron rubrum*	双棘鳂属	鳂科	金眼鲷目
39	少鳞	*Sillago japonica*	属	科	鲈形目
40	日本䲢	*Uranoscopus japonicus*	䲢属	䲢科	鲈形目
41	燕鱼	*Platax teira*	燕鱼属	白鲳科	鲈形目
42	粗纹鲾	*Leiognathus lineolatus*	鲾属	鲾科	鲈形目
43	短棘鲾	*Leiognathus equulus*	鲾属	鲾科	鲈形目
44	短吻鲾	*Leiognathus brevirostris*	鲾属	鲾科	鲈形目
45	条鲾	*Leiognathus rivulatus*	鲾属	鲾科	鲈形目
46	黄斑鲾	*Photopectoralis bindus*	光胸鲾属	鲾科	鲈形目
47	鹿斑鲾	*Secutor ruconius*	仰口鲾属	鲾科	鲈形目
48	银鲳	*Pampus argenteus*	鲳属	鲳科	鲈形目
49	珍鲳	*Pampus minor*	鲳属	鲳科	鲈形目
50	中国鲳	*Pampus chinensis*	鲳属	鲳科	鲈形目
51	赤刀鱼	*Cepola macrophthalma*	赤刀鱼属	赤刀鱼科	鲈形目
52	克氏棘刺刀鱼	*Acanthocepola krusensternii*	棘赤刀鱼属	赤刀鱼科	鲈形目
53	短尾大眼鲷	*Priacanthus macracanthus*	大眼鲷属	大眼鲷科	鲈形目
54	长尾大眼鲷	*Priacanthus tayenus*	大眼鲷属	大眼鲷科	鲈形目
55	短带鱼	*Trichiurus brevis*	带鱼属	带鱼科	鲈形目
56	南海带鱼	*Trichiurus nanhaiensis*	带鱼属	带鱼科	鲈形目

续表

序号	种名	拉丁名	属	科	目
57	日本带鱼	*Trichiurus japonicas*	带鱼属	带鱼科	鲈形目
58	沙带鱼	*Lepturacanthus savala*	沙带鱼属	带鱼科	鲈形目
59	小带鱼	*Eupleurogrammus muticus*	小带鱼属	带鱼科	鲈形目
60	红鳍笛鲷	*Lutjanus erythropterus*	笛鲷属	笛鲷科	鲈形目
61	画眉笛鲷	*Lutjanus vitta*	笛鲷属	笛鲷科	鲈形目
62	勒氏笛鲷	*Lutjanus russellii*	笛鲷属	笛鲷科	鲈形目
63	马拉巴笛鲷	*Lutjanus malabaricus*	笛鲷属	笛鲷科	鲈形目
64	二长棘犁齿鲷	*Parargyrops edita*	犁齿鲷属	鲷科	鲈形目
65	红鲷	*Pagrus pagrus*	鲷属	鲷科	鲈形目
66	黄鲷	*Dentex tumifrons*	黄鲷属	鲷科	鲈形目
67	黑鲷	*Acanthopagrus schlegelii*	棘鲷属	鲷科	鲈形目
68	黄鳍鲷	*Acanthopagrus latus*	棘鲷属	鲷科	鲈形目
69	灰鳍棘鲷	*Acanthopagrus berda*	棘鲷属	鲷科	鲈形目
70	高体四长棘鲷	*Argyrops spinifer*	长棘属	鲷科	鲈形目
71	真鲷	*Pagrus major*	真鲷属	鲷科	鲈形目
72	短鳄齿鱼	*Champsodon snyderi*	鳄齿鱼属	鳄齿鱼科	鲈形目
73	日本发光鲷	*Acropoma japonicum*	发光鲷属	发光鲷科	鲈形目
74	斑鳍方头鱼	*Branchiostegus auratus*	方头鱼属	方头鱼科	鲈形目
75	银方头鱼	*Branchiostegus argentatus*	方头鱼属	方头鱼科	鲈形目
76	朴蝴蝶鱼	*Chaetodon modestus*	前齿蝴蝶鱼属	蝴蝶鱼科	鲈形目
77	六带拟鲈	*Parapercis sexfasciata*	拟鲈属	虎科	鲈形目
78	斑点鸡笼鲳	*Drepane punctata*	鸡笼鲳属	鸡笼鲳科	鲈形目
79	金线鱼	*Nemipterus virgatus*	金线鱼属	金线鱼科	鲈形目
80	裴氏金线鱼	*Nemipterus peronii*	金线鱼属	金线鱼科	鲈形目
81	日本金线鱼	*Nemipterus japonicus*	金线鱼属	金线鱼科	鲈形目
82	深水金线鱼	*Nemipterus bathybius*	金线鱼属	金线鱼科	鲈形目
83	长体金线鱼	*Nemipterus zysron*	金线鱼属	金线鱼科	鲈形目
84	双线眶棘鲈	*Scolopsis bilineatus*	眶棘鲈属	金线鱼科	鲈形目
85	犬牙稚齿鲷	*Pentapodus caninus*	锥齿鲷属	金线鱼科	鲈形目

续表

序号	种名	拉丁名	属	科	目
86	线尾稚齿鲷	*Pentapodus setosus*	锥齿鲷属	金线鱼科	鲈形目
87	军曹鱼	*Rachycentron canadum*	军曹鱼属	军曹鱼科	鲈形目
88	条纹鯻	*Terapon theraps*	鯻属	鯻科	鲈形目
89	细鳞鯻	*Terapon jarbua*	鯻属	鯻科	鲈形目
90	褐斑篮子鱼	*Siganus fuscescens*	篮子鱼属	篮子鱼科	鲈形目
91	黄斑篮子鱼	*Siganus canaliculatus*	篮子鱼属	篮子鱼科	鲈形目
92	六指马鲅	*Polydactylus sextarius*	马鲅属	马鲅科	鲈形目
93	双带梅鲷	*Pterocaesio digramma*	梅鲷属	梅鲷科	鲈形目
94	花鲈	*Lateolabrax japonicas*	花鲈属	鮨科	鲈形目
95	红带拟花鮨	*Pseudanthias rubrizonatus*	拟花鮨属	鮨科	鲈形目
96	宝石石斑鱼	*Epinephelus areolatus*	石斑鱼属	鮨科	鲈形目
97	橙点石斑鱼	*Epinephelus bleekeri*	石斑鱼属	鮨科	鲈形目
98	点带石斑鱼	*Epinephelus coioides*	石斑鱼属	鮨科	鲈形目
99	褐带石斑鱼	*Epinephelus bruneus*	石斑鱼属	鮨科	鲈形目
100	六带石斑鱼	*Epinephelus sexfasciatus*	石斑鱼属	鮨科	鲈形目
101	青石斑鱼	*Epinephelus awoara*	石斑鱼属	鮨科	鲈形目
102	双棘石斑鱼	*Epinephelus diacanthus*	石斑鱼属	鮨科	鲈形目
103	斑点马鲛	*Scomberomorus guttatus*	马鲛属	鲭科	鲈形目
104	康氏马鲛	*Scomberomorus commerson*	马鲛属	鲭科	鲈形目
105	日本鲭	*Scomber japonicus*	鲭属	鲭科	鲈形目
106	羽鳃鲐	*Rastrelliger kanagurta*	羽鳃鲐属	鲭科	鲈形目
107	乳香鱼	*Lactarius lactarius*	乳香鱼属	乳香鱼科	鲈形目
108	脂眼凹肩鲹	*Selar crumenophthalmus*	凹肩鲹属	鲹科	鲈形目
109	长颌鰤鲹	*Scomberoides lysan*	鰤鲹属	鲹科	鲈形目
110	大甲鲹	*Megalaspis cordyla*	大甲鲹属	鲹科	鲈形目
111	黑鳍副叶鲹	*Alepes melanoptera*	副叶鲹属	鲹科	鲈形目
112	克氏副叶鲹	*Alepes kleinii*	副叶鲹属	鲹科	鲈形目
113	沟鲹	*Atropus atropos*	沟鲹属	鲹科	鲈形目
114	高体若鲹	*Carangoides equula*	若鲹属	鲹科	鲈形目

续表

序号	种名	拉丁名	属	科	目
115	海德兰若鲹	*Carangoides hedlandensis*	若鲹属	鲹科	鲈形目
116	马拉巴若鲹	*Carangoides malabaricus*	若鲹属	鲹科	鲈形目
117	平线若鲹	*Carangoides ferdau*	若鲹属	鲹科	鲈形目
118	长吻若鲹	*Carangoides chrysophrys*	若鲹属	鲹科	鲈形目
119	高体鰤	*Seriola dumerili*	鰤属	鲹科	鲈形目
120	五条鰤	*Seriola quinqueradiata*	鰤属	鲹科	鲈形目
121	短吻丝鲹	*Alectis ciliaris*	丝鲹属	鲹科	鲈形目
122	长吻丝鲹	*Alectis indica*	丝鲹属	鲹科	鲈形目
123	金带细鲹	*Selaroides leptolepis*	细鲹属	鲹科	鲈形目
124	黑纹条鰤	*Seriolina nigrofasciata*	小条鰤属	鲹科	鲈形目
125	游鳍叶鲹	*Atule mate*	叶鲹属	鲹科	鲈形目
126	颌圆鲹	*Decapterus russelli*	圆鲹属	鲹科	鲈形目
127	蓝圆鲹	*Decapterus maruadsi*	圆鲹属	鲹科	鲈形目
128	竹荚鱼	*Trachurus japonicus*	竹荚鱼属	鲹科	鲈形目
129	条纹胡椒鲷	*Plectorhinchus lineatus*	胡椒鲷属	石鲈科	鲈形目
130	鳃斑石鲈	*Pomadasys argyreus*	石鲈属	石鲈科	鲈形目
131	三带石鲈	*Pomadasys trifasciatus*	石鲈属	石鲈科	鲈形目
132	横带髭鲷	*Hapalogenys analis*	髭鲷属	石鲈科	鲈形目
133	大斑石鲈	*Pomadasys maculatus*	石鲈科	石鲈属	鲈形目
134	白姑鱼	*Pennahia argentata*	白姑鱼属	石首鱼科	鲈形目
135	斑鳍白姑鱼	*Pennahia pawak*	白姑鱼属	石首鱼科	鲈形目
136	大头白姑鱼	*Pennahia macrocephalus*	白姑鱼属	石首鱼科	鲈形目
137	截尾白姑鱼	*Pennahia anea*	白姑鱼属	石首鱼科	鲈形目
138	鮸状黄姑鱼	*Argyrosomus amoyensis*	黄姑鱼属	石首鱼科	鲈形目
139	杜氏叫姑鱼	*Johnius dussumieri*	叫姑鱼属	石首鱼科	鲈形目
140	叫姑鱼	*Johnius grypotus*	叫姑鱼属	石首鱼科	鲈形目
141	皮氏叫姑鱼	*Johnius belangerii*	叫姑鱼属	石首鱼科	鲈形目
142	湾鰔	*Wak sina*	湾鰔属	石首鱼科	鲈形目
143	红牙鰔	*Otolithes ruber*	牙鰔属	石首鱼科	鲈形目

续表

序号	种名	拉丁名	属	科	目
144	少鳞䲢	*Uranoscopus oligolepis*	䲢属	䲢科	鲈形目
145	双斑䲢	*Uranoscopus bicinctus*	䲢属	䲢科	鲈形目
146	细条天竺鲷	*Jaydia lineata*	银口天竺鲷属	天竺鲷科	鲈形目
147	黑边银口天竺鲷	*Jaydia ellioti*	银口天竺鲷属	天竺鲷科	鲈形目
148	黑鳃银口天竺鲷	*Jaydia truncata*	银口天竺鲷属	天竺鲷科	鲈形目
149	宽条天竺鲷	*Jaydia striata*	银口天竺鲷属	天竺鲷科	鲈形目
150	半线天竺鲷	*Ostorhinchus semilineatus*	鹦天竺鲷属	天竺鲷科	鲈形目
151	宽带鹦天竺鲷	*Ostorhinchus fasciatus*	鹦天竺鲷属	天竺鲷科	鲈形目
152	带鳚	*Xiphasia setifer*	带鳚属	鳚科	鲈形目
153	乌鲳	*Parastromateus niger*	乌鲳属	乌鲳科	鲈形目
154	印度无齿鲳	*Ariomma indicum*	无齿鲳属	无齿鲳科	鲈形目
155	多鳞	*Sillago sihama*	属	科	鲈形目
156	尖尾虾虎鱼	*Gobionellus oceanicus*	尖尾虾虎鱼属	虾虎鱼科	鲈形目
157	孔虾虎鱼	*Trypauchen vagina*	孔虾虎鱼属	虾虎鱼科	鲈形目
158	矛尾虾虎鱼	*Chaeturichthys stigmatias*	矛尾虾虎鱼属	虾虎鱼科	鲈形目
159	拟矛尾虾虎鱼	*Parachaeturichthys polynema*	拟矛尾虾虎鱼属	虾虎鱼科	鲈形目
160	长丝虾虎鱼	*Myersina filifer*	丝虾虎鱼属	虾虎鱼科	鲈形目
161	小鳞沟虾虎鱼	*Oxyurichthys microlepis*	虾虎鱼属	虾虎鱼科	鲈形目
162	美尾䲗	*Callionymus japonicus*	美尾䲗属	䲗科	鲈形目
163	基岛䲗	*Bathycallionymus kaianus*	䲗属	䲗科	鲈形目
164	里氏䲗	*Callionymus rivatoni*	䲗属	䲗科	鲈形目
165	眼镜鱼	*Mene maculata*	眼镜鱼属	眼镜鱼科	鲈形目
166	斑尾绯鲤	*Upeneus tragula*	绯鲤属	羊鱼科	鲈形目
167	黄带绯鲤	*Upeneus sulphureus*	绯鲤属	羊鱼科	鲈形目
168	马六甲绯鲤	*Upeneus moluccensis*	绯鲤属	羊鱼科	鲈形目
169	条尾绯鲤	*Upeneus japonicus*	绯鲤属	羊鱼科	鲈形目
170	长棘银鲈	*Gerres filamentosus*	银鲈属	银鲈科	鲈形目
171	斑条鲟	*Sphyraena jello*	鲟属	鲟科	鲈形目
172	刺鲳	*Psenopsis anomala*	长鲳属	长鲳科	鲈形目

序号	种名	拉丁名	属	科	目
173	海鳗	*Muraenesox cinereus*	海鳗属	海鳗科	鳗鲡目
174	山口海鳗	*Muraenesox yamaguchiensis*	海鳗属	海鳗科	鳗鲡目
175	鹤海鳗	*Congresox talabonoides*	鹤海鳗属	海鳗科	鳗鲡目
176	斑点裸胸鳝	*Gymnothorax meleagris*	裸胸鳝属	海鳝科	鳗鲡目
177	淡网纹裸胸鳝	*Gymnothorax pseudothyrsoideus*	裸胸鳝属	海鳝科	鳗鲡目
178	豆点裸胸鳝	*Gymnothorax favagineus*	裸胸鳝属	海鳝科	鳗鲡目
179	褐环裸胸鳝	*Gymnothorax chlamydatus*	裸胸鳝属	海鳝科	鳗鲡目
180	密花裸胸鳝	*Gymnothorax thyrsoideus*	裸胸鳝属	海鳝科	鳗鲡目
181	蠕纹裸胸鳝	*Gymnothorax kidako*	裸胸鳝属	海鳝科	鳗鲡目
182	网纹裸胸鳝	*Gymnothorax reticularis*	裸胸鳝属	海鳝科	鳗鲡目
183	异纹裸胸鳝	*Gymnothorax richardsoni*	裸胸鳝属	海鳝科	鳗鲡目
184	匀斑裸胸鳝	*Gymnothorax reevesii*	裸胸鳝属	海鳝科	鳗鲡目
185	长身裸胸鳝	*Gymnothorax prolatus*	裸胸鳝属	海鳝科	鳗鲡目
186	长尾弯牙海鳝	*Strophidon sathete*	弯牙海鳝属	海鳝科	鳗鲡目
187	尖尾鳗	*Uroconger lepturus*	尖尾鳗属	康吉鳗科	鳗鲡目
188	黑边康吉鳗	*Congrina retrotincta*	康吉鳗属	康吉鳗科	鳗鲡目
189	尼氏吻鳗	*Gnathophis nystromi*	突吻鳗属	康吉鳗科	鳗鲡目
190	黑尾吻鳗	*Rhynchoconger ectenurus*	吻鳗属	康吉鳗科	鳗鲡目
191	穴美体鳗	*Ariosoma anago*	美体鳗属	糯鳗科	鳗鲡目
192	前肛鳗	*Dysomma anguillare*	前肛鳗属	前肛鳗科	鳗鲡目
193	克氏褐蛇鳗	*Bascanichthys kirkii*	褐蛇鳗属	蛇鳗科	鳗鲡目
194	艾氏蛇鳗	*Ophichthus lithinus*	蛇鳗属	蛇鳗科	鳗鲡目
195	尖尾蛇鳗	*Ophichthus apicalis*	蛇鳗属	蛇鳗科	鳗鲡目
196	棕背蛇鳗	*Echidna delicatula*	蛇鳗属	蛇鳗科	鳗鲡目
197	线尾蜥鳗	*Saurenchelys fierasfer*	蜥鳗属	鸭嘴鳗科	鳗鲡目
198	食蟹豆齿鳗	*Pisodonophis cancrivorus*	豆齿鳗属	蚓鳗科	鳗鲡目
199	硬头海鲇	*Plicofollis nella*	海鲇属	海鲇科	鲇形目
200	中华海鲇	*Tachysurus sinensis*	海鲇属	海鲇科	鲇形目

续表

序号	种名	拉丁名	属	科	目
201	线鳗鲇	*Plotosus lineatus*	鳗鲇属	鳗鲇科	鲇形目
202	中华单角鲀	*Monacanthus chinensis*	单角鲀属	单角鲀科	鲀形目
203	单角革鲀	*Aluterus monoceros*	革鲀属	革鲀科	鲀形目
204	黄鳍马面鲀	*Thamnaconus hypargyreus*	马面鲀属	革鲀科	鲀形目
205	缰纹多棘鳞鲀	*Sufflamen fraenatum*	多棘鳞鲀属	鳞鲀科	鲀形目
206	铅点东方鲀	*Takifugu alboplumbeus*	东方鲀属	鲀科	鲀形目
207	星点东方鲀	*Takifugu niphobles*	东方鲀属	鲀科	鲀形目
208	月腹刺鲀	*Gastrophysus lunaris*	腹刺鲀属	鲀科	鲀形目
209	棕斑腹刺鲀	*Gastrophysus spadiceus*	腹刺鲀属	鲀科	鲀形目
210	黑鳃兔头鲀	*Lagocephalus inermis*	兔头鲀属	鲀科	鲀形目
211	大头狗母鱼	*Synodus myops*	狗母鱼属	狗母鱼科	仙女鱼目
212	肩斑狗母鱼	*Synodus hoshinonis*	狗母鱼属	狗母鱼科	仙女鱼目
213	龙头鱼	*Harpadon nehereus*	龙头鱼属	狗母鱼科	仙女鱼目
214	多齿蛇鲻	*Saurida tumbil*	蛇鲻属	狗母鱼科	仙女鱼目
215	花斑蛇鲻	*Saurida undosquamis*	蛇鲻属	狗母鱼科	仙女鱼目
216	长蛇鲻	*Saurida elongata*	蛇鲻属	狗母鱼科	仙女鱼目
217	少鳞犀鳕	*Bregmaceros rarisquamosus*	犀鳕属	犀鳕科	鳕形目
218	中国团扇鳐	*Platyrhina sinensis*	团扇鳐属	团扇鳐科	鳐形目
219	斑鳐	*Okamejei kenojei*	鳐属	鳐科	鳐形目
220	何氏鳐	*Okamejei hollandi*	鳐属	鳐科	鳐形目
221	尖吻鳐	*Dipturus oxyrinchus*	鳐属	鳐科	鳐形目
222	单棘豹鲂鮄	*Dactyloptena peterseni*	飞角鱼属	豹鲂鮄科	鲉形目
223	毛躄鱼	*Antennarius hispidus*	躄鱼属	躄鱼科	鲉形目
224	钱斑躄鱼	*Antennarius nummifer*	躄鱼属	躄鱼科	鲉形目
225	鬼鲉	*Inimicus japonicus*	鬼鲉属	毒鲉科	鲉形目
226	居氏鬼鲉	*Inimicus cuvieri*	鬼鲉属	毒鲉科	鲉形目
227	无备虎鲉	*Minous inermis*	虎鲉属	毒鲉科	鲉形目
228	狮头鲉	*Erosa erosa*	狮头鲉属	毒鲉科	鲉形目
229	日本红娘鱼	*Lepidotrigla japonica*	红娘鱼属	鲂鮄科	鲉形目

续表

序号	种名	拉丁名	属	科	目
230	琉球角鲂鮄	*Pterygotrigla ryukyuensis*	角鲂鮄属	鲂鮄科	鲉形目
231	日本红鲬	*Bembras japonica*	红鲬属	红鲬科	鲉形目
232	短鳍红娘鱼	*Lepidotrigla microptera*	红娘鱼属	角鱼科	鲉形目
233	翼红娘鱼	*Lepidotrigla alata*	红娘鱼属	角鱼科	鲉形目
234	大鳞鳞鲬	*Onigocia macrolepis*	鳞鲬属	鲬科	鲉形目
235	日本瞳鲬	*Inegocia japonicus*	瞳鲬属	鲬科	鲉形目
236	鲬	*Platycephalus indicus*	鲬属	鲬科	鲉形目
237	褐菖鲉	*Sebastiscus marmoratus*	菖鲉属	鲉科	鲉形目
238	棘鲉	*Hoplosebastes armatus*	棘鲉属	鲉科	鲉形目
239	锯蓑鲉	*Brachypterois serrulata*	锯蓑鲉属	鲉科	鲉形目
240	大鳞鳞头鲉	*Sebastapistes megalepis*	鳞头鲉	鲉科	鲉形目
241	驼背拟鲉	*Scorpaenopsis gibbosa*	拟鲉属	鲉科	鲉形目
242	须拟鲉	*Scorpaenopsis cirrosa*	拟鲉属	鲉科	鲉形目
243	环纹蓑鲉	*Pterois lunulata*	蓑鲉属	鲉科	鲉形目
244	勒氏蓑鲉	*Pterois russelii*	蓑鲉属	鲉科	鲉形目
245	须蓑鲉	*Apistus carinatus*	须蓑鲉属	鲉科	鲉形目
246	仙鼬鳚	*Sirembo imberbis*	仙鼬鳚属	鼬鳚科	鼬鳚目
247	多须须鼬鳚	*Brotula multibarbata*	须鼬鳚属	鼬鳚科	鼬鳚目
248	路氏双髻鲨	*Sphyrna lewini*	双髻鲨属	双髻鲨科	真鲨目
249	尖头斜齿鲨	*Scoliodon laticaudus*	斜齿鲨属	真鲨科	真鲨目
250	钝魣	*Sphyraena obtusata*	魣属	魣科	鲻形目
251	油魣	*Sphyraena pinguis*	魣属	魣科	鲻形目
252	前鳞骨鲻	*Osteomugil ophuyseni*	骨鲻属	鲻科	鲻形目
253	鲻	*Mugil cephalus*	鲻属	鲻科	鲻形目

在各季节的鱼类分布（表3-4）中可以看出，以春季渔获的种类最多，共138种，隶属于16目66科107属，在目级水平上，鲈形目种类最多（76种），占总体的55.07%；在科级水平上鰺科种类最多（9种），占总体的6.52%。夏季渔获的种类为111种，隶属14目62科76属，在目级水平上，鲈形目种类最多（63种），占总体的56.76%；在科级水平上鰺

科种类最多（14种），占总体的12.61%。秋季渔获的种类为123种，隶属15目62科92属，在目级水平上，鲈形目种类最多（78种），占总体的63.41%；在科级水平上天竺鲷科种类最多（16种），占总体的13.01%。冬季渔获的种类为129种，隶属15目65科94属，在目级水平上，鲈形目种类最多（63种），占总体的48.84%；在科级水平上石首鱼科种类较多（共8种），占总体的6.20%。

表3-4　2010—2011年北部湾鱼类物种各阶元季节分布表

目	科				属				种			
	春季	夏季	秋季	冬季	春季	夏季	秋季	冬季	春季	夏季	秋季	冬季
真鲨目	1	1	1	1	1	1	1	1	1	1	1	1
鳐形目	2	1	2	3	2	1	2	3	3	2	2	3
鲼形目	1	1	1	2	1	2	2	3	1	3	2	4
鳗鲡目	5	6	5	7	9	7	5	9	11	15	6	12
鳕形目	1	0	0	0	1	0	0	0	1	0	0	0
鲱形目	4	4	2	3	5	5	4	5	5	7	5	5
仙女鱼目	1	1	1	1	2	1	2	3	4	2	3	6
鮟鱇目	2	1	1	1	1	1	1	1	2	1	1	1
金眼鲷目	0	1	0	0	0	1	0	0	0	1	0	0
鲻形目	2	1	1	1	2	1	1	1	3	2	1	2
刺鱼目	1	1	1	1	1	1	1	1	2	1	2	1
鲉鲽目	1	0	1	1	2	0	2	1	2	0	2	1
鲉形目	5	6	6	5	13	7	11	11	15	8	11	12
鲇形目	2	6	2	2	2	0	2	2	2	0	3	2
鲈形目	32	29	33	29	55	44	53	44	76	63	78	63
鲽形目	4	0	3	4	5	0	3	4	5	0	4	7
鲀形目	2	3	2	4	4	4	2	5	5	5	3	7
合计	66	62	62	65	107	76	92	94	138	111	123	129

2.2018年种类组成

对底拖网调查的鱼类进行分类统计，鉴定到种的种类数为218种，隶属16目78科140属；其中，以鲈形目种数最多，共有121种，隶属38科73属，其余97种分属于软骨鱼纲的真鲨目、鳐形目、鲼形目，硬骨鱼纲的鳗鲡目、鲱形目、仙女鱼目、鳕形目、鮟鱇目、鲻形目、鲉鲔目、刺鱼目、鲉形目、鲇形目、鲈形目、鲽形目、鲀形目（表3-5）。物种组成在目级水平上，以鲈形目（121种）为主，占总体的55.50%，其次为鲉形目（23种）、鲽形目（21种）、鳗鲡目（13种）和鲱形目（12种），分别占总体10.55%、9.63%、5.96%和5.50%；在科级水平上，以鲹科（13种）为主，占总体的5.96%（图3-12、表3-5）。

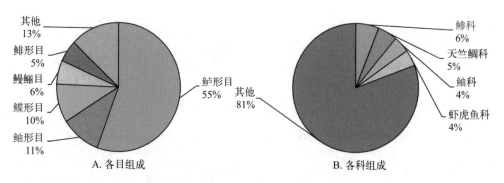

图3-12　2018年北部湾渔获鱼类种类组成

表3-5　2018年北部湾渔获鱼类种类目录

序号	种名	拉丁名	属	科	目
1	黑鮟鱇	*Lophiomus setigerus*	黑鮟鱇属	鮟鱇科	鮟鱇目
2	毛躄鱼	*Antennarius hispidus*	躄鱼属	躄鱼科	鮟鱇目
3	三斑海马	*Hippocampus trimaculatus*	海马属	海龙科	刺鱼目
4	鳞烟管鱼	*Fistularia petimba*	烟管鱼属	烟管鱼科	刺鱼目
5	瓦鲽	*Poecilopsetta plinthus*	瓦鲽属	鲽科	鲽形目
6	短颌沙鲽	*Samariscus inornatus*	沙鲽属	管鲽科	鲽形目
7	冠鲽	*Samaris cristatus*	冠鲽属	冠鲽科	鲽形目
8	胡氏沙鲽	*Samariscus huysmani*	沙鲽	冠鲽科	鲽形目
9	短鲽	*Brachypleura novaezeelandiae*	短鲽属	棘鲆科	鲽形目
10	桂皮斑鲆	*Pseudorhombus cinnamomeus*	斑鲆属	鲆科	鲽形目
11	圆鳞斑鲆	*Pseudorhombus levisquamis*	斑鲆属	鲆科	鲽形目
12	南海斑鲆	*Pseudorhombus neglectus*	斑鲆属	鲆科	鲽形目
13	少牙斑鲆	*Pseudorhombus oligodon*	斑鲆属	鲆科	鲽形目
14	小眼新左鲆	*Neolaeops microphthalmus*	新左鲆属	鲆科	鲽形目
15	长冠羊舌鲆	*Arnoglossus macrolophus*	羊舌鲆属	鲆科	鲽形目

续表

序号	种名	拉丁名	属	科	目
16	多斑羊舌鲆	*Arnoglossus polyspilus*	羊舌鲆属	鲆科	鲽形目
17	纤羊舌鲆	*Arnoglossus tenuis*	羊舌鲆属	鲆科	鲽形目
18	青缨鲆	*Crossorhombus azureus*	缨鲆属	鲆科	鲽形目
19	大鳞舌鳎	*Cynoglossus macrolepidotus*	舌鳎属	舌鳎科	鲽形目
20	黑鳍舌鳎	*Cynoglossus nigropinnatus*	舌鳎属	舌鳎科	鲽形目
21	印度舌鳎	*Cynoglossus arel*	舌鳎属	舌鳎科	鲽形目
22	黑鳃舌鳎	*Cynoglossus roulei*	舌鳎属	舌鳎科	鲽形目
23	角鳎	*Aesopia cornuta*	角鳎属	鳎科	鲽形目
24	褐斑栉鳞鳎	*Aseraggodes kobensis*	栉鳞鳎属	鳎科	鲽形目
25	高体大鳞鲆	*Tarphops oligolepis*	大鳞鲆属	牙鲆科	鲽形目
26	宝刀鱼	*Chirocentrus dorab*	宝刀鱼属	宝刀鱼科	鲱形目
27	日本海鰶	*Nematalosa japonica*	海鰶属	鲱科	鲱形目
28	金色小沙丁鱼	*Sardinella aurita*	小沙丁鱼属	鲱科	鲱形目
29	圆腹鲱	*Dussumieria elopsoides*	圆腹鲱属	鲱科	鲱形目
30	印度鳓	*Ilisha melastoma*	鳓属	锯腹鳓科	鲱形目
31	鳓	*Ilisha elongata*	鳓属	锯腹鳓科	鲱形目
32	杜氏棱鳀	*Thryssa dussumieri*	棱鳀属	鳀科	鲱形目
33	中颌棱鳀	*Thryssa mystax*	棱鳀属	鳀科	鲱形目
34	汉氏棱鳀	*Thryssa hamiltonii*	棱鳀属	鳀科	鲱形目
35	长颌棱鳀	*Thryssa setirostris*	棱鳀属	鳀科	鲱形目
36	中华小公鱼	*Stolephorus chinensis*	小公鱼属	鳀科	鲱形目
37	康氏侧带小公鱼	*Stolephorus commersonnii*	小公鱼属	鳀科	鲱形目
38	赤魟	*Dasyatis akajei*	魟属	魟科	鲼形目
39	尖吻魟	*Dasyatis zugei*	魟属	魟科	鲼形目
40	古氏魟	*Neotrygon kuhlii*	魟属	魟科	鲼形目
41	圆白鲳	*Ephippus orbis*	白鲳属	白鲳科	鲈形目
42	短棘鲾	*Leiognathus equulus*	鲾属	鲾科	鲈形目
43	粗纹鲾	*Leiognathus lineolatus*	鲾属	鲾科	鲈形目
44	细纹鲾	*Leiognathus berbis*	鲾属	鲾科	鲈形目

续表

序号	种名	拉丁名	属	科	目
45	短吻鲾	*Leiognathus brevirostris*	鲾属	鲾科	鲈形目
46	颈斑鲾	*Nuchequula nuchalis*	鲾属	鲾科	鲈形目
47	黄斑鲾	*Photopectoralis bindus*	光胸鲾属	鲾科	鲈形目
48	鹿斑鲾	*Secutor ruconius*	仰口鲾属	鲾科	鲈形目
49	银鲳	*Pampus argenteus*	鲳属	鲳科	鲈形目
50	中国鲳	*Pampus chinensis*	鲳属	鲳科	鲈形目
51	北鲳	*Pampus punctatissimus*	鲳属	鲳科	鲈形目
52	克氏棘赤刀鱼	*Acanthocepola krusensternii*	棘赤刀鱼属	赤刀鱼科	鲈形目
53	印度棘赤刀鱼	*Acanthocepola indica*	棘赤刀鱼属	赤刀鱼科	鲈形目
54	背点棘赤刀鱼	*Acanthocepola limbata*	棘赤刀鱼属	赤刀鱼科	鲈形目
55	短尾大眼鲷	*Priacanthus macracanthus*	大眼鲷属	大眼鲷科	鲈形目
56	长尾大眼鲷	*Priacanthus tayenus*	大眼鲷属	大眼鲷科	鲈形目
57	短带鱼	*Trichiurus brevis*	带鱼属	带鱼科	鲈形目
58	日本带鱼	*Trichiurus japonicus*	带鱼属	带鱼科	鲈形目
59	南海带鱼	*Trichiurus nanhaiensis*	带鱼属	带鱼科	鲈形目
60	沙带鱼	*Lepturacanthus savala*	沙带鱼属	带鱼科	鲈形目
61	小带鱼	*Eupleurogrammus muticus*	小带鱼属	带鱼科	鲈形目
62	窄颅带鱼	*Tentoriceps cristatus*	窄额带鱼属	带鱼科	鲈形目
63	勒氏笛鲷	*Lutjanus russellii*	笛鲷属	笛鲷科	鲈形目
64	黄线紫鱼	*Pristipomoides multidens*	紫鱼属	笛鲷科	鲈形目
65	黄鳍棘鲷	*Acanthopagrus latus*	棘鲷属	鲷科	鲈形目
66	黑鲷	*Acanthopagrus schlegelii*	棘鲷属	鲷科	鲈形目
67	二长棘犁齿鲷	*Parargyrops edita*	犁齿鲷属	鲷科	鲈形目
68	真鲷	*Pagrus major*	真鲷属	鲷科	鲈形目
69	弓背鳄齿鱼	*Champsodon atridorsalis*	鳄齿鱼属	鳄齿鱼科	鲈形目
70	日本发光鲷	*Acropoma japonicum*	发光鲷属	发光鲷科	鲈形目
71	银方头鱼	*Branchiostegus argentatus*	方头鱼属	方头鱼科	鲈形目
72	白方头鱼	*Branchiostegus albus*	方头鱼属	方头鱼科	鲈形目
73	六带拟鲈	*Parapercis sexfasciata*	拟鲈属	拟鲈科	鲈形目

续表

序号	种名	拉丁名	属	科	目
74	深水金线鱼	*Nemipterus bathybius*	金线鱼属	金线鱼科	鲈形目
75	金线鱼	*Nemipterus virgatus*	金线鱼属	金线鱼科	鲈形目
76	赤黄金线鱼	*Nemipterus aurora*	金线鱼属	金线鱼科	鲈形目
77	横斑金线鱼	*Nemipterus furcosus*	金线鱼属	金线鱼科	鲈形目
78	日本金线鱼	*Nemipterus japonicus*	金线鱼属	金线鱼科	鲈形目
79	缘金线鱼	*Nemipterus marginatus*	金线鱼属	金线鱼科	鲈形目
80	红棘金线鱼	*Nemipterus nemurus*	金线鱼属	金线鱼科	鲈形目
81	细鳞鯻	*Terapon jarbua*	鯻属	鯻科	鲈形目
82	条纹鯻	*Terapon theraps*	鯻属	鯻科	鲈形目
83	列牙鯻	*Pelates quadrilineatus*	列牙鯻属	鯻科	鲈形目
84	褐篮子鱼	*Siganus fuscescens*	篮子鱼属	篮子鱼科	鲈形目
85	蓝猪齿鱼	*Choerodon azurio*	猪齿鱼属	隆头鱼科	鲈形目
86	黑斑多指马鲅	*Polydactylus sextarius*	马鲅属	马鲅科	鲈形目
87	金带梅鲷	*Pterocaesio chrysozona*	梅鲷属	梅鲷科	鲈形目
88	中国花鲈	*Lateolabrax maculatus*	花鲈属	鮨科	鲈形目
89	姬鮨	*Tosana niwae*	姬鮨属	鮨科	鲈形目
90	宝石石斑鱼	*Epinephelus areolatus*	石斑鱼属	鮨科	鲈形目
91	青石斑鱼	*Epinephelus awoara*	石斑鱼属	鮨科	鲈形目
92	橙点石斑鱼	*Epinephelus bleekeri*	石斑鱼属	鮨科	鲈形目
93	六带石斑鱼	*Epinephelus sexfasciatus*	石斑鱼属	鮨科	鲈形目
94	南海石斑鱼	*Epinephelus stictus*	石斑鱼属	鮨科	鲈形目
95	褐石斑鱼	*Epinephelus bruneus*	石斑鱼属	鮨科	鲈形目
96	斑点马鲛	*Scomberomorus guttatus*	马鲛属	鲭科	鲈形目
97	羽鳃鲐	*Rastrelliger kanagurta*	羽鳃鲐属	鲭科	鲈形目
98	乳香鱼	*Lactarius lactarius*	乳香鱼属	乳香鱼科	鲈形目
99	卵形鲳鲹	*Trachinotus ovatus*	鲳鲹属	鲹科	鲈形目
100	大甲鲹	*Megalaspis cordyla*	大甲鲹属	鲹科	鲈形目
101	及达副叶鲹	*Alepes djedaba*	副叶鲹属	鲹科	鲈形目
102	克氏副叶鲹	*Alepes kleinii*	副叶鲹属	鲹科	鲈形目

序号	种名	拉丁名	属	科	目
103	黑鳍叶鲹	*Alepes melanoptera*	副叶鲹属	鲹科	鲈形目
104	沟鲹	*Atropus atropos*	沟鲹属	鲹科	鲈形目
105	马拉巴若鲹	*Carangoides malabaricus*	若鲹属	鲹科	鲈形目
106	长吻丝鲹	*Alectis indica*	丝鲹属	鲹科	鲈形目
107	金带细鲹	*Selaroides leptolepis*	细鲹属	鲹科	鲈形目
108	黑纹小条鰤	*Seriolina nigrofasciata*	小条鰤属	鲹科	鲈形目
109	游鳍叶鲹	*Atule mate*	叶鲹属	鲹科	鲈形目
110	蓝圆鲹	*Decapterus maruadsi*	圆鲹属	鲹科	鲈形目
111	竹䇲鱼	*Trachurus japonicus*	竹䇲鱼属	鲹科	鲈形目
112	斑石鲷	*Oplegnathus punctatus*	石鲷属	石鲷科	鲈形目
113	若眶棘鲈	*Parascolopsis eriomma*	眶棘鲈属	石鲈科	鲈形目
114	三带石鲈	*Pomadasys trifasciatus*	石鲈属	石鲈科	鲈形目
115	横带髭鲷	*Hapalogenys analis*	髭鲷属	石鲈科	鲈形目
116	截尾白姑鱼	*Pennahia anea*	白姑鱼属	石首鱼科	鲈形目
117	白姑鱼	*Pennahia argentata*	白姑鱼属	石首鱼科	鲈形目
118	大头白姑鱼	*Pennahia macrocephalus*	白姑鱼属	石首鱼科	鲈形目
119	斑鳍白姑鱼	*Pennahia pawak*	白姑鱼属	石首鱼科	鲈形目
120	突吻叫姑鱼	*Johnius coitor*	叫姑鱼属	石首鱼科	鲈形目
121	红牙鰔	*Otolithes ruber*	牙鰔属	石首鱼科	鲈形目
122	少鳞䲢	*Uranoscopus oligolepis*	䲢属	䲢科	鲈形目
123	黑鳃银口天竺鲷	*Jaydia poeciloptera*	银口天竺鲷属	天竺鲷科	鲈形目
124	史密斯银口天竺鲷	*Jaydia smithi*	银口天竺鲷属	天竺鲷科	鲈形目
125	黑边银口天竺鲷	*Jaydia truncata*	银口天竺鲷属	天竺鲷科	鲈形目
126	斑鳍银口天竺鲷	*Jaydia carinatus*	银口天竺鲷属	天竺鲷科	鲈形目
127	细条天竺鲷	*Jaydia lineata*	银口天竺鲷属	天竺鲷科	鲈形目
128	横带银口天竺鲷	*Jaydia striata*	银口天竺鲷属	天竺鲷科	鲈形目
129	印度洋天竺鲷	*Jaydia striatodes*	银口天竺鲷属	天竺鲷科	鲈形目
130	中线鹦天竺鲷	*Ostorhinchus kiensis*	鹦天竺鲷属	天竺鲷科	鲈形目
131	半线天竺鲷	*Ostorhinchus semilineatus*	鹦天竺鲷属	天竺鲷科	鲈形目

序号	种名	拉丁名	属	科	目
132	宽带鹦天竺鲷	*Ostorhinchus angustatus*	鹦天竺鲷属	天竺鲷科	鲈形目
133	贪食鹦天竺鲷	*Ostorhinchus gularis*	鹦天竺鲷属	天竺鲷科	鲈形目
134	带鳚	*Xiphasia setifer*	带鳚属	鳚科	鲈形目
135	乌鲳	*Parastromateus niger*	乌鲳属	乌鲳科	鲈形目
136	印度无齿鲳	*Ariomma indicum*	无齿鲳属	无齿鲳科	鲈形目
137	少鳞	*Sillago japonica*	属	科	鲈形目
138	巴布亚沟虾虎鱼	*Oxyurichthys papuensis*	沟虾虎鱼属	虾虎鱼科	鲈形目
139	孔虾虎鱼	*Trypauchen vagina*	孔虾虎鱼属	虾虎鱼科	鲈形目
140	红狼牙虾虎鱼	*Odontamblyopus rubicundus*	狼虾虎鱼属	虾虎鱼科	鲈形目
141	矛尾虾虎鱼	*Chaeturichthys stigmatias*	矛尾虾虎鱼属	虾虎鱼科	鲈形目
142	拟矛尾虾虎鱼	*Parachaeturichthys polynema*	拟矛尾虾虎鱼属	虾虎鱼科	鲈形目
143	红丝虾虎鱼	*Cryptocentrus russus*	丝虾虎鱼属	虾虎鱼科	鲈形目
144	长丝虾虎鱼	*Myersina filifer*	丝虾虎鱼属	虾虎鱼科	鲈形目
145	犬牙细棘虾虎鱼	*Acentrogobius caninus*	细棘虾虎鱼	虾虎鱼科	鲈形目
146	绿斑细棘虾虎鱼	*Acentrogobius chlorostigmatoides*	细棘虾虎鱼属	虾虎鱼科	鲈形目
147	横带寡鳞虾虎鱼	*Oligolepis fasciatus*	寡鳞虾虎鱼属	虾虎鱼科	鲈形目
148	美尾鳚	*Callionymus japonicus*	美尾鳚属	鳚科	鲈形目
149	基岛鳚	*Bathycallionymus kaianus*	鳚属	鳚科	鲈形目
150	弯棘鳚	*Callionymus curvicornis*	鳚属	鳚科	鲈形目
151	斑臀鳚	*Callionymus enneactis*	鳚属	鳚科	鲈形目
152	丝棘鳚	*Callionymus valenciennei*	鳚属	鳚科	鲈形目
153	香鳚	*Repomucenus olidus*	鳚属	鳚科	鲈形目
154	丝鳍鳚	*Repomucenus virgis*	鳚属	鳚科	鲈形目
155	印度副绯鲤	*Parupeneus indicus*	副绯鲤属	须鲷科	鲈形目
156	条尾绯鲤	*Upeneus japonicus*	绯鲤属	羊鱼科	鲈形目
157	黄带绯鲤	*Upeneus sulphureus*	绯鲤属	羊鱼科	鲈形目
158	马六甲绯鲤	*Upeneus moluccensis*	绯鲤属	羊鱼科	鲈形目
159	长棘银鲈	*Gerres filamentosus*	银鲈属	银鲈科	鲈形目
160	奥奈银鲈	*Gerres oyena*	银鲈属	银鲈科	鲈形目

序号	种名	拉丁名	属	科	目
161	刺鲳	*Psenopsis anomala*	长鲳属	长鲳科	鲈形目
162	海鳗	*Muraenesox cinereus*	海鳗属	海鳗科	鳗鲡目
163	印度褐海鳗	*Muraenesox bagio*	海鳗属	海鳗科	鳗鲡目
164	鹤海鳗	*Congresox talabonoides*	鹤海鳗属	海鳗科	鳗鲡目
165	匀斑裸胸鳝	*Gymnothorax reevesii*	裸胸鳝属	海鳝科	鳗鲡目
166	网纹裸胸鳝	*Gymnothorax reticularis*	裸胸鳝属	海鳝科	鳗鲡目
167	异纹裸胸鳝	*Gymnothorax richardsonii*	裸胸鳝属	海鳝科	鳗鲡目
168	银色突吻鳗	*Gnathophis nystromi*	突吻鳗属	康吉鳗科	鳗鲡目
169	前肛鳗	*Dysomma anguillare*	前肛鳗属	前肛鳗科	鳗鲡目
170	食蟹豆齿鳗	*Pisodonophis cancrivorus*	豆齿鳗属	蛇鳗科	鳗鲡目
171	西里伯蛇鳗	*Ophichthus celebicus*	蛇鳗属	蛇鳗科	鳗鲡目
172	裾鳍蛇鳗	*Ophichthus urolophus*	蛇鳗属	蛇鳗科	鳗鲡目
173	野蜥鳗	*Saurenchelys fierasfer*	草鳗属	丝鳗科	鳗鲡目
174	大头蚓鳗	*Moringua macrocephalus*	蚓鳗属	蚓鳗科	鳗鲡目
175	中华海鲇	*Tachysurus sinensis*	海鲇属	海鲇科	鲇形目
176	中华单角鲀	*Monacanthus chinensis*	单角鲀属	革鲀科	鲀形目
177	单角革鲀	*Aluterus monoceros*	革鲀属	革鲀科	鲀形目
178	日本副单角鲀	*Paramonacanthus nipponensis*	线鳞鲀属	革鲀科	鲀形目
179	棕斑腹刺鲀	*Gastrophysus spadiceus*	腹刺鲀属	鲀科	鲀形目
180	肩斑狗母鱼	*Synodus hoshinonis*	狗母鱼属	狗母鱼科	仙女鱼目
181	大头狗母鱼	*Synodus myops*	狗母鱼属	狗母鱼科	仙女鱼目
182	龙头鱼	*Harpadon nehereus*	龙头鱼属	狗母鱼科	仙女鱼目
183	长蛇鲻	*Saurida elongata*	蛇鲻属	狗母鱼科	仙女鱼目
184	多齿蛇鲻	*Saurida tumbil*	蛇鲻属	狗母鱼科	仙女鱼目
185	花斑蛇鲻	*Saurida undosquamis*	蛇鲻属	狗母鱼科	仙女鱼目
186	麦氏犀鳕	*Bregmaceros macclellandii*	犀鳕属	犀鳕科	鳕形目
187	少鳞犀鳕	*Bregmaceros rarisquamosus*	犀鳕属	犀鳕科	鳕形目
188	黑斑双鳍电鳐	*Narcine maculata*	双鳍电鳐属	双鳍电鳐科	鳐形目
189	何氏鳐	*Okamejei hollandi*	鳐属	鳐科	鳐形目

续表

序号	种名	拉丁名	属	科	目
190	鲍氏鳐	*Okamejei boesemani*	鳐属	鳐科	鳐形目
191	多须多指鲉	*Choridactylus multibarbus*	多指鲉属	毒鲉科	鲉形目
192	无备虎鲉	*Minous inermis*	虎鲉属	毒鲉科	鲉形目
193	鰧头鲉	*Trachicephalus uranoscopus*	鰧头鲉属	毒鲉科	鲉形目
194	贡氏红娘鱼	*Lepidotrigla guentheri*	红娘鱼属	鲂鮄科	鲉形目
195	日本红娘鱼	*Lepidotrigla japonica*	红娘鱼属	鲂鮄科	鲉形目
196	翼红娘鱼	*Lepidotrigla alata*	红娘鱼属	鲂鮄科	鲉形目
197	康氏马鲛	*Scomberomorus commerson*	马鲛属	鲭科	鲉形目
198	凹鳍鲬	*Kumococius rodericensis*	凹鳍鲬属	鲬科	鲉形目
199	倒棘鲬	*Rogadius patriciae*	倒棘鲬属	鲬科	鲉形目
200	棘线鲬	*Grammoplites scaber*	棘线鲬属	鲬科	鲉形目
201	大鳞鳞鲬	*Onigocia macrolepis*	鳞鲬属	鲬科	鲉形目
202	斑瞳鲬	*Inegocia guttatus*	瞳鲬属	鲬科	鲉形目
203	日本瞳鲬	*Inegocia japonica*	瞳鲬属	鲬科	鲉形目
204	鲬	*Platycephalus indicus*	鲬属	鲬科	鲉形目
205	褐菖鲉	*Sebastiscus marmoratus*	菖鲉属	鲉科	鲉形目
206	锯棱短棘蓑鲉	*Brachypterois serrulata*	短棘蓑鲉属	鲉科	鲉形目
207	棘鲉	*Hoplosebastes armatus*	棘鲉属	鲉科	鲉形目
208	魔拟鲉	*Scorpaenopsis neglecta*	拟鲉属	鲉科	鲉形目
209	须拟鲉	*Scorpaenopsis cirrosa*	拟鲉属	鲉科	鲉形目
210	勒氏蓑鲉	*Pterois russelii*	蓑鲉属	鲉科	鲉形目
211	须蓑鲉	*Apistus carinatus*	须蓑鲉属	鲉科	鲉形目
212	圆鳞鲉	*Parascorpaena picta*	圆鳞鲉属	鲉科	鲉形目
213	红鳍赤鲉	*Paracentropogon rubripinnis*	赤鲉属	真裸皮鲉科	鲉形目
214	仙鼬鳚	*Sirembo imberbis*	仙鼬鳚属	鼬鳚科	鼬鳚目
215	尖头斜齿鲨	*Scoliodon laticaudus*	斜齿鲨属	真鲨科	真鲨目
216	大眼魣	*Sphyraena barracuda*	魣属	魣科	鲻形目
217	油魣	*Sphyraena pinguis*	魣属	魣科	鲻形目
218	鲻	*Mugil cephalus*	鲻属	鲻科	鲻形目

在各季节的鱼类分布（表3-6）中，以春季渔获的种类最多为159种，隶属于15目70科111属，在目级水平上，鲈形目种类最多（84种），占总体的52.83%；在科级水平上鲆科种类最多（8种），占总体的5.03%。秋季渔获的种类为152种，隶属16目69科109属，在目级水平上，鲈形目种类最多（82种），占总体的53.95%；在科级水平上鲹科种类最多（12种），占总体的7.89%。冬季渔获的种类为155种，隶属16目66科101属，在目级水平上，鲈形目种类最多（91种），占总体的58.71%；在科级水平上鲹科种类较多（9种），占总体的5.81%。

表3-6　2018年北部湾渔获鱼类物种各阶元季节分布表

目	科			属			种		
	春季	秋季	冬季	春季	秋季	冬季	春季	秋季	冬季
真鲨目	1	1	1	1	1	1	1	1	1
鳐形目	2	2	1	2	2	1	3	2	1
鲼形目	1	1	1	1	1	1	2	3	2
鳗鲡目	6	6	6	8	7	6	9	9	7
鲱形目	4	5	5	7	6	6	9	8	10
仙女鱼目	1	1	1	2	3	2	5	6	5
鳕形目	1	1	1	1	1	1	1	2	1
鮟鱇目	2	2	2	2	2	2	2	2	2
鲻形目	2	1	2	2	1	2	3	2	3
鼬鳚目	1	1	1	0	1	1	0	1	1
刺鱼目	1	1	1	1	1	1	1	1	1
鲉形目	5	5	4	16	12	12	19	15	14
鲇形目	1	1	1	1	1	1	1	1	1
鲈形目	34	33	31	52	56	52	84	82	91
鲽形目	6	6	7	12	11	11	16	14	14
鲀形目	2	2	1	3	3	1	3	3	1
合计	70	69	66	111	109	101	159	152	155

对比两个时期的鱼类的种类组成，2018年北部湾鱼类种类数量少了31种，在科、属级别上也略有减少，这可能跟2018年缺少夏季调查数据有关；各个季节种类组成略有不同，2018年个别季节所捕获鱼类组成在科、属、种级别上略微增加，其中秋季种类数增

加最为明显，可见鱼类组成中季节特有种比例降低，所捕获鱼类的季节性不显著。

二、鱼类优势种

根据对鱼类群落优势度的划分标准，以$IRI>1000$为优势种，$50\sim1\ 000$为常见种，而$IRI<10$的列为少见种（朱鑫华，1996）。考虑到南海鱼类种类数较多，且各种类均有一定数量分布，为方便与其他研究进行对比，仍保留IRI值，但在本研究中对上述标准进行修正，不以IRI绝对值作为区分标准，而以IRI相对值即$IRI\%$为标准，其中，$IRI\%\geqslant5\%$为优势种，$5\%>IRI\%\geqslant0.5\%$为常见种，而$IRI<0.5\%$的列为少见种。

1. 2010—2011年鱼类优势种

从全年$IRI\%$来看（表3-7），渔获中共有7种鱼类为优势种，分别是粗纹鲾、日本发光鲷、多齿蛇鲻、二长棘犁齿鲷、竹荚鱼、蓝圆鲹和黄斑鲾；常见种为黄带绯鲤、棕斑腹刺鲀、斑鳍白姑鱼、克氏副叶鲹和大头白姑鱼等共19种；其余为少见种。

渔获中重量组成比例超过10%的种类为日本发光鲷；重量组成比例在1%～10%的种类依次为粗纹鲾、多齿蛇鲻、二长棘犁齿鲷、竹荚鱼和蓝圆鲹等共25种；其余重量组成比例低于1%。渔获中数量组成比例超过10%的种类为粗纹鲾和日本发光鲷；数量组成比例在1%～10%的种类依次为黄斑鲾、蓝圆鲹和竹荚鱼等共8种；其余种类数量组成低于1%。

表3-7 2010—2011年北部湾全年重要鱼类种类组成表

序号	种类	W%	N%	F%	IRI	IRI%
1	粗纹鲾	7.30	41.10	23.71	1 147.7	18.71
2	日本发光鲷	10.31	18.35	23.71	679.5	11.07
3	多齿蛇鲻	5.91	0.95	81.44	558.7	9.10
4	二长棘犁齿鲷	5.26	2.09	67.01	491.9	8.02
5	竹荚鱼	6.79	4.50	43.30	488.7	7.96
6	蓝圆鲹	5.61	2.34	53.61	426.5	6.95
7	黄斑鲾	3.32	9.88	27.84	367.5	5.99
8	黄带绯鲤	2.91	0.68	53.61	192.1	3.13
9	棕斑腹刺鲀	2.24	0.32	71.13	181.6	2.96
10	斑鳍白姑鱼	2.45	0.90	46.39	155.3	2.53
11	克氏副叶鲹	3.80	1.98	22.68	131.0	2.14
12	大头白姑鱼	2.46	0.80	39.18	128.0	2.09

续表

序号	种类	W%	N%	F%	IRI	IRI%
13	日本金线鱼	1.68	0.40	44.33	92.6	1.51
14	条纹鲗	1.92	0.31	40.21	89.7	1.46
15	短带鱼	1.95	0.25	37.11	81.8	1.33
16	白姑鱼	1.70	0.86	27.84	71.1	1.16
17	黑边银口天竺鲷	1.18	1.16	29.90	69.8	1.14
18	少鳞舌鳎	1.25	0.79	32.99	67.1	1.09
19	日本带鱼	1.54	0.11	35.05	57.9	0.94
20	月腹刺鲀	1.21	0.10	43.30	56.9	0.93

从春季IRI%来看（表3-8），渔获中共有3种鱼类为优势种，分别二长棘犁齿鲷、竹荚鱼和蓝圆鲹；常见种为琉球角鲂鮄、多齿蛇鲻、日本发光鲷、黄带绯鲤和短鲽等共14种；其余为少见种。

渔获中重量组成比例超过10%的种类为蓝圆鲹和竹荚鱼；重量组成比例在1%～10%的种类为克氏副叶鲹、二长棘犁齿鲷、日本发光鲷和白姑鱼等共15种；其余重量组成比例低于1%。渔获中数量组成比例超过10%的种类为竹荚鱼和蓝圆鲹；数量组成比例在1%～10%的种类依次为二长棘犁齿鲷、日本发光鲷、鹿斑鲾和琉球角鲂鮄等共9种；其余种类数量组成低于1%。

表3-8　2010—2011年北部湾春季重要鱼类种类组成表

序号	种类	W%	N%	F%	IRI	IRI%
1	竹荚鱼	17.41	27.93	66.67	3 022.67	31.17
2	蓝圆鲹	21.89	15.05	70.37	2 599.56	26.81
3	二长棘犁齿鲷	5.55	9.65	88.89	1 351.80	13.94
4	琉球角鲂鮄	2.26	6.52	37.04	325.30	3.35
5	多齿蛇鲻	2.67	0.59	92.59	301.47	3.11
6	日本发光鲷	4.08	8.89	22.22	288.20	2.97
7	黄带绯鲤	3.61	0.70	62.96	271.23	2.80
8	短鲽	1.58	1.99	66.67	238.50	2.46
9	克氏副叶鲹	5.70	2.03	18.52	143.02	1.47

续表

序号	种类	W%	N%	F%	IRI	IRI%
10	白姑鱼	4.01	3.97	14.81	118.23	1.22
11	条纹鲾	3.02	0.48	33.33	116.65	1.20
12	短鲆	0.82	0.96	55.56	98.89	1.02
13	黄斑鳐	1.00	1.98	29.63	88.36	0.91
14	黑边银口天竺鲷	0.72	0.72	44.44	63.97	0.66
15	海鳗	1.13	0.72	33.33	61.89	0.64
16	粗纹鲾	0.28	4.15	11.11	49.31	0.51
17	花斑蛇鲻	1.55	0.32	25.93	48.50	0.50
18	日本金线鱼	0.76	0.13	51.85	46.18	0.48
19	金线鱼	1.94	0.33	18.52	42.10	0.43
20	斑鳍白姑鱼	0.59	0.41	37.04	37.23	0.38

从夏季IRI%来看（表3-9），渔获中共有3种鱼类为优势种，分别为粗纹鲾、多齿蛇鲻和短带鱼；常见种为二长棘犁齿鲷、黄带绯鲤、日本发光鲷、棕斑腹刺鲀和大头白姑鱼等共20种；其余为少见种。

渔获中重量组成比例超过10%的种类为粗纹鲾和日本发光鲷；重量组成比例在1%～10%的种类为多齿蛇鲻、大头白姑鱼、短带鱼、竹荚鱼和二长棘犁齿鲷等共18种；其余重量组成比例低于1%。渔获中数量组成比例超过10%的种类为粗纹鲾和日本发光鲷；数量组成比例在1%～10%的种类依次为鹿斑鲾、条鲾、克氏副叶鲹和大头白姑鱼共4种；其余种类数量组成低于1%。

表3-9　2010—2011年北部湾夏季重要鱼类种类组成表

序号	种类	W%	N%	F%	IRI	IRI%
1	粗纹鲾	17.38	68.03	27.27	2 329.29	36.73
2	多齿蛇鲻	5.96	0.46	81.82	525.27	8.28
3	短带鱼	5.03	0.43	81.82	446.43	7.04
4	二长棘犁齿鲷	4.02	0.65	63.64	297.31	4.69
5	黄带绯鲤	3.15	0.48	77.27	280.78	4.43

续表

序号	种类	W%	N%	F%	IRI	IRI%
6	日本发光鲷	12.37	17.70	9.09	273.38	4.31
7	棕斑腹刺鲀	2.52	0.23	95.45	263.04	4.15
8	大头白姑鱼	5.70	1.15	36.36	249.09	3.93
9	竹荚鱼	4.20	0.50	45.45	213.24	3.36
10	日本带鱼	3.16	0.11	45.45	148.79	2.35
11	月腹刺鲀	1.58	0.12	86.36	147.05	2.32
12	康氏马鲛	2.55	0.05	54.55	141.40	2.23
13	银口天竺鲷	1.35	0.55	59.09	112.18	1.77
14	条纹鲥	2.18	0.26	45.45	110.88	1.75
15	钝骭	2.28	0.29	31.82	81.92	1.29
16	刺鲳	2.64	0.14	27.27	75.78	1.20
17	海鳗	1.49	0.06	40.91	63.36	1.00
18	克氏副叶鲹	0.59	1.19	31.82	56.73	0.89
19	白姑鱼	1.21	0.27	36.36	53.66	0.85
20	斑鳍白姑鱼	1.32	0.28	31.82	50.95	0.80

从秋季IRI%来看（表3-10），渔获中共有6种鱼类为优势种，分别为黄斑鳐、日本发光鲷、二长棘犁齿鲷、克氏副叶鲹、多齿蛇鲻和少鳞舌鳎；常见种为黑边银口天竺鲷、棕斑腹刺鲀、粗纹鳐、日本金线鱼和竹荚鱼等共13种；其余为少见种。

渔获中重量组成比例超过10%的种类为日本发光鲷；重量组成比例在1%～10%的种类为克氏副叶鲹、二长棘犁齿鲷、黄斑鳐、多齿蛇鲻、竹荚鱼和日本金线鱼等共22种；其余重量组成比例低于1%。渔获中数量组成比例超过10%的种类为黄斑鳐和日本发光鲷；数量组成比例在1%～10%的种类依次为克氏副叶鲹、粗纹鳐、银口天竺鲷和少鳞舌鳎等共11种；其余种类数量组成低于1%。

表3-10 2010—2011年北部湾秋季重要鱼类种类组成表

序号	种类	W%	N%	F%	IRI	IRI%
1	黄斑鳐	7.18	37.78	68.18	3 065.72	30.07
2	日本发光鲷	11.96	24.74	40.91	1 501.61	14.73

续表

序号	种类	W%	N%	F%	IRI	IRI%
3	二长棘犁齿鲷	8.14	1.18	77.27	720.26	7.06
4	克氏副叶鲹	9.04	5.21	45.45	647.69	6.35
5	多齿蛇鲻	5.49	1.80	86.36	629.68	6.18
6	少鳞舌鳎	3.58	3.87	72.73	542.09	5.32
7	黑边银口天竺鲷	2.31	4.33	63.64	422.59	4.14
8	棕斑腹刺鲀	3.95	0.83	81.82	391.19	3.84
9	粗纹鲾	1.49	4.78	59.09	370.61	3.64
10	日本金线鱼	4.14	1.53	63.64	360.93	3.54
11	竹荚鱼	5.01	0.72	50.00	286.34	2.81
12	黄带绯鲤	2.27	1.11	54.55	184.19	1.81
13	斑鳍白姑鱼	3.12	1.37	40.91	183.46	1.80
14	黑鳃银口天竺鲷	1.14	2.12	36.36	118.39	1.16
15	蓝圆鲹	1.34	0.44	63.64	113.04	1.11
16	条纹鲥	1.65	0.48	50.00	106.57	1.05
17	羽鳃鲐	1.99	0.21	31.82	70.12	0.69
18	刺鲳	2.36	0.19	22.73	57.89	0.57
19	月腹刺鲀	1.81	0.12	27.27	52.78	0.52
20	尖嘴𫚉	0.73	0.05	63.64	49.96	0.49

　　从冬季 IRI% 来看（表3-11），渔获中共有7种鱼类为优势种，分别为多齿蛇鲻、斑鳍白姑鱼、日本发光鲷、黑边银口天竺鲷、皮式叫姑鱼和金线鱼；常见种为大头白姑鱼、二长棘犁齿鲷、日本金线鱼、白姑鱼和琉球角鲂鮄等共13种；其余为少见种。

　　渔获中重量组成比例超过10%的种类为多齿蛇鲻和日本发光鲷；重量组成比例在1%～10%的种类为黄斑鲾、斑鳍白姑鱼、金线鱼和皮式叫姑鱼等共20种；其余重量组成比例低于1%。渔获中数量组成比例超过10%的种类为黄斑鲾和日本发光鲷；数量组成比例在1%～10%的种类依次为短棘鲾、黑边银口天竺鲷、斑鳍白姑鱼和粗纹鲾等共11种；其余种类数量组成低于1%。

表3-11　2010—2011年北部湾冬季重要鱼类种类组成表

序号	种类	W%	N%	F%	IRI	IRI%
1	多齿蛇鲻	11.59	2.88	65.38	946.02	17.18
2	斑鳍白姑鱼	7.17	4.77	73.08	872.55	15.84
3	日本发光鲷	11.43	24.42	23.08	827.42	15.02
4	黑边银口天竺鲷	1.92	4.93	53.85	369.08	6.70
5	黄斑鲾	7.74	23.92	11.54	365.31	6.63
6	皮氏叫姑鱼	5.38	2.85	42.31	348.27	6.32
7	金线鱼	5.82	1.46	38.46	279.79	5.08
8	大头白姑鱼	1.34	0.89	80.77	180.27	3.27
9	二长棘犁齿鲷	2.91	0.88	38.46	145.51	2.64
10	日本金线鱼	3.02	0.98	34.62	138.26	2.51
11	白姑鱼	2.41	1.38	34.62	131.21	2.38
12	琉球角魴鮄	2.87	0.79	30.77	112.78	2.05
13	棕斑腹刺鲀	1.47	0.22	61.54	104.30	1.89
14	尖嘴魟	1.28	0.03	61.54	80.70	1.47
15	黄带绯鲤	2.32	0.98	23.08	76.13	1.38
16	日本带鱼	1.10	0.36	38.46	55.98	1.02
17	鲬	0.52	4.20	11.54	54.44	0.99
18	少牙斑鲆	0.66	1.06	30.77	52.71	0.96
19	黄鳍鲷	1.53	0.03	26.92	42.11	0.76
20	孔虾虎鱼	0.17	1.92	15.38	32.14	0.58

2. 2018年鱼类优势种

从全年*IRI*%来看（表3-12），渔获中共有3种鱼类为优势种，分别为二长棘犁齿鲷、日本发光鲷和竹荚鱼；常见种为短鲽、黄斑鲾、瓦鲽和多齿蛇鲻等共22种；其余为少见种。

渔获中重量组成比例超过10%的种类为二长棘犁齿鲷和竹荚鱼；重量组成比例在1%～10%的种类为日本发光鲷、条纹鯻、银色突吻鳗、大头白姑鱼、短鲽、突吻叫姑鱼、瓦鲽和多齿蛇鲻等共17种；其余重量组成比例低于1%。

拖网渔获中数量组成比例超过10%的种类为二长棘犁齿鲷、日本发光鲷和竹荚鱼；数量组成比例在1%～10%的种类依次为黄斑鲾、鹿斑鲾、瓦鲽、短鲽、细条天竺鲷和翼红娘鱼等共12种；其余种类数量组成低于1%。

表3-12 2018年北部湾全年重要鱼类种类组成表

序号	种类	W%	N%	F%	IRI	IRI%
1	二长棘犁齿鲷	21.19	17.55	69.84	2 705.42	28.67
2	日本发光鲷	8.81	31.85	39.68	1 613.29	17.10
3	竹荚鱼	12.26	10.39	60.32	1 366.16	14.48
4	短鲽	2.54	2.58	63.49	325.30	3.45
5	黄斑鲾	1.94	3.94	53.97	317.06	3.36
6	瓦鲽	2.09	2.61	63.49	297.93	3.16
7	多齿蛇鲻	2.59	0.55	66.67	208.89	2.21
8	鹿斑鲾	0.94	3.17	38.10	156.76	1.66
9	黑边银口天竺鲷	1.71	1.34	46.03	140.30	1.49
10	突吻叫姑鱼	2.20	0.92	44.44	138.72	1.47
11	大头白姑鱼	2.74	1.53	31.75	135.36	1.43
12	条纹鲷	4.03	0.91	26.98	133.29	1.41
13	银色突吻鳗	2.82	0.71	34.92	123.36	1.31
14	细条天竺鲷	1.04	2.26	36.51	120.53	1.28
15	花斑蛇鲻	1.28	0.42	63.49	107.54	1.14
16	翼红娘鱼	0.36	2.20	41.27	105.61	1.12
17	黄带绯鲤	1.23	0.48	60.32	103.36	1.10
18	海鳗	1.85	0.06	49.21	94.13	1.00
19	弓背鳄齿鱼	0.54	1.60	42.86	91.80	0.97
20	细纹鲾	0.90	1.29	41.27	90.65	0.96

从春季IRI%来看（表3-13），渔获中共有3种鱼类为优势种，分别为二长棘犁齿鲷、竹荚鱼竹荚鱼和日本发光鲷；常见种为翼红娘鱼、短鲽、多齿蛇鲻、瓦鲽、杜氏棱鳀、细条天竺鲷和弓背鳄齿鱼等共18种；其余为少见种。

渔获中重量组成比例超过10%的种类为二长棘犁齿鲷和竹荚鱼；重量组成比例在1%～10%的种类为日本发光鲷、多齿蛇鲻、大头白姑鱼、短鲽和杜氏棱鳀等共15种；其余重量组成比例低于1%。

拖网渔获中数量组成比例超过10%的种类为二长棘犁齿鲷、日本发光鲷和竹荚鱼；

数量组成比例在1%～10%的种类依次为翼红娘鱼、杜氏棱鳀、瓦鲽、大头白姑鱼、短鲽、细条天竺鲷、黄斑鳐、弓背鳄齿鱼、细纹鲾和鹿斑鳐共10种；其余种类数量组成低于1%。

表3-13　2018年北部湾春季重要鱼类种类组成表

序号	种类	W%	N%	F%	IRI	IRI%
1	二长棘犁齿鲷	33.59	30.23	76.19	4 862.23	40.32
2	竹荚鱼	19.38	18.12	85.71	3 214.33	26.65
3	日本发光鲷	7.02	25.54	38.10	1 240.61	10.29
4	翼红娘鱼	0.50	4.10	52.38	240.81	2.00
5	短鲽	2.14	1.76	57.14	222.77	1.85
6	多齿蛇鲻	2.61	0.51	71.43	222.29	1.84
7	瓦鲽	1.90	1.90	57.14	217.21	1.80
8	杜氏棱鳀	2.11	2.14	47.62	202.76	1.68
9	细条天竺鲷	1.18	1.53	47.62	129.18	1.07
10	弓背鳄齿鱼	0.70	1.43	57.14	121.90	1.01
11	海鳗	1.49	0.04	66.67	102.01	0.85
12	大头白姑鱼	2.27	1.82	23.81	97.30	0.81
13	花斑蛇鲻	1.20	0.29	61.90	92.05	0.76
14	黄斑鳐	1.23	1.53	33.33	91.93	0.76
15	黑鳃银口天竺鲷	1.60	0.58	38.10	83.18	0.69
16	皮式叫姑鱼	1.21	0.50	42.86	73.44	0.61
17	细纹鲾	1.23	1.23	28.57	70.43	0.58
18	巴布亚沟虾虎鱼	0.59	0.44	66.67	68.82	0.57
19	鹿斑鳐	0.85	1.16	33.33	67.06	0.56
20	黄带绯鲤	0.96	0.28	52.38	65.06	0.54

从秋季IRI%来看（表3-14），渔获中共有3种鱼类为优势种，分别为二长棘犁齿鲷和日本发光鲷；常见种为竹荚鱼、短鲽、皮式叫姑鱼、黄斑鳐、鹿斑鳐、刺鲳、瓦鲽、多齿蛇鲻、海鳗和大头白姑鱼等共27种；其余为少见种。

渔获中重量组成比例超过10%的种类为二长棘犁齿鲷、日本发光鲷和竹荚鱼；重量组成比例在1%～10%的种类为刺鲳、突吻叫姑鱼、多齿蛇鲻、大头白姑鱼、海鳗、短鲽和黑边银口天竺鲷等共17种；其余重量组成比例低于1%。

拖网渔获中数量组成比例超过10%的种类为日本发光鲷；数量组成比例在1%～10%的种类依次为鹿斑鲾、二长棘犁齿鲷、黄斑鲾、短鲽、竹䇲鱼、瓦鲽、突吻叫姑鱼、斑鳍白姑鱼、金色小沙丁、黑边银口天竺鲷和大头白姑鱼共10种；其余种类数量组成低于1%。

表3-14　2018年北部湾秋季重要鱼类种类组成表

序号	种类	W%	N%	F%	IRI	IRI%
1	二长棘犁齿鲷	17.47	5.93	100.00	2 340.40	23.56
2	日本发光鲷	12.90	49.53	33.33	2 080.71	20.95
3	竹䇲鱼	10.28	3.10	61.90	827.78	8.33
4	短鲽	3.10	3.65	57.14	385.69	3.88
5	皮式叫姑鱼	4.31	2.00	57.14	360.41	3.63
6	黄斑鲾	0.96	4.52	61.90	339.33	3.42
7	鹿斑鲾	1.23	7.67	33.33	296.59	2.99
8	刺鲳	5.01	0.55	52.38	291.11	2.93
9	瓦鲽	1.83	2.69	61.90	280.00	2.82
10	多齿蛇鲻	3.44	0.47	71.43	279.59	2.82
11	海鳗	3.24	0.14	66.67	224.93	2.26
12	大头白姑鱼	3.26	1.06	47.62	205.67	2.07
13	斑鳍白姑鱼	1.46	1.54	52.38	157.51	1.59
14	黑边银口天竺鲷	2.03	1.10	42.86	133.87	1.35
15	金色小沙丁	0.98	1.41	47.62	113.59	1.14
16	棕斑腹刺鲀	1.21	0.25	71.43	104.14	1.05
17	白方头鱼	1.40	0.45	52.38	96.99	0.98
18	花斑蛇鲻	1.05	0.26	57.14	74.62	0.75
19	细纹鲾	0.32	0.97	57.14	73.42	0.74
20	日本瞳鲬	0.89	0.43	47.62	62.72	0.63

从冬季IRI%来看（表3-15），渔获中共有6种鱼类为优势种，分别为日本发光鲷、黄斑鲾、细条天竺鲷、银色突吻鳗、瓦鲽和短鲽；常见种为黑边银口天竺鲷、弓背鳄齿鱼、条纹鲾、花斑蛇鲻、宽带缨天竺鲷、黄带绯鲤、黑鳃银口天竺鲷和印度鳓等共20种；其余为少见种。

渔获中重量组成比例超过10%的种类为条纹鲬；重量组成比例在1%～10%的种类为银色突吻鳗、日本发光鲷、黄斑鲾、印度鳓和黄带绯鲤等共24种；其余重量组成比例低于1%。

拖网渔获中数量组成比例超过10%的种类为日本发光鲷；数量组成比例在1%～10%的种类依次为黄斑鲾、细条天竺鲷、贪食鹦天竺鲷、弓背鳄齿鱼、瓦鲽和条纹鲬等共20种；其余种类数量组成低于1%。

表3-15 2018年北部湾冬季重要鱼类种类组成表

序号	种类	W%	N%	F%	IRI	IRI%
1	日本发光鲷	6.26	22.57	47.62	1 372.74	17.02
2	黄斑鲾	4.91	9.72	66.67	975.45	12.10
3	细条天竺鲷	2.33	7.74	61.90	623.11	7.73
4	银色突吻鳗	9.15	2.81	47.62	569.54	7.06
5	瓦鲽	2.87	4.43	71.43	521.32	6.47
6	短鲽	2.53	3.24	76.19	439.43	5.45
7	黑边银口天竺鲷	2.26	3.75	61.90	372.36	4.62
8	弓背鳄齿鱼	1.03	4.50	66.67	368.68	4.57
9	条纹鲬	17.52	4.42	9.52	208.99	2.59
10	花斑蛇鲻	1.79	1.02	71.43	200.33	2.48
11	宽带缨天竺鲷	1.80	3.06	38.10	185.12	2.30
12	黄带绯鲤	3.00	1.24	42.86	181.83	2.25
13	黑鳃银口天竺鲷	2.10	1.07	52.38	165.79	2.06
14	印度鳓	3.01	1.95	33.33	165.50	2.05
15	鹿斑鲾	0.69	1.93	47.62	124.67	1.55
16	贪食鹦天竺鲷	1.56	4.61	19.05	117.42	1.46
17	细纹鲾	1.12	1.96	38.10	117.26	1.45
18	多齿蛇鲻	1.23	0.78	57.14	115.11	1.43
19	大头白姑鱼	2.90	1.45	23.81	103.55	1.28
20	巴布亚沟虾虎鱼	0.51	1.70	42.86	94.60	1.17

在北部湾海域底拖网调查鱼类中，对比两个年份的鱼类优势种，可见鱼类优势种由2010—2011年的7种（粗纹鲾、日本发光鲷、多齿蛇鲻、二长棘犁齿鲷、竹荚鱼、蓝圆鲹和黄斑鲾）减少为2018年的3种（二长棘犁齿鲷、日本发光鲷和竹荚鱼），除鱼肥类小型鱼类（粗纹鲾和黄斑鲾）和多齿蛇鲻等*IRI*%略微下降外，其中蓝圆鲹资源的下降最为显著，由优势种变为少见种。

三、鱼类多样性

1. 2010—2011年鱼类多样性

如表3-16所示，2010—2011年全年鱼类的丰富度指数平均值为2.78，变化范围为2.01～4.47，多样性指数平均值为1.50，变化范围为0.49～2.24；物种均匀度指数平均值为0.49，变化范围为0.16～0.80。从多样性分布图来看，北部湾鱼类多样性空间分布相对较为均衡，湾中和湾北区域鱼类多样性相对较高（图3-13）。北部湾作为一个半封闭海湾，沿岸众多河流大量营养盐的输入，为鱼类资源提供良好的产卵及育幼场所，因此也具有相对较高的鱼类多样性分布。

表3-16　2010—2011年北部湾全年鱼类多样性空间变化表

站点	D	H'	J	站点	D	H'	J
361	2.52	1.57	0.50	442	2.68	1.98	0.65
362	3.72	1.30	0.37	443	3.06	2.16	0.69
363	2.01	2.10	0.80	444	2.35	1.22	0.42
388	2.65	1.38	0.43	465	2.66	1.06	0.34
389	4.47	1.53	0.40	466	2.01	0.49	0.16
390	2.42	1.89	0.70	467	2.43	1.72	0.58
415	2.63	1.69	0.56	488	2.27	1.53	0.52
416	2.61	1.25	0.44	489	2.80	1.42	0.45
417	3.21	2.24	0.78	490	2.57	1.40	0.47
平均	2.78	1.50	0.49				

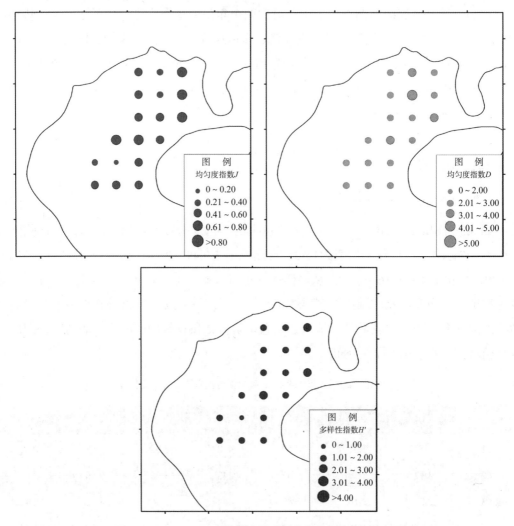

图3-13　2010—2011年北部湾全年鱼类多样性空间分布图

　　北部湾各区域不同季节也有多样性波动，反映出鱼类的洄游分布以及环境因素等对其存在一定的影响。其中春季鱼类多样性相对较高，夏秋两季鱼类多样性比较接近，冬季最低。春季鱼类的丰富度指数平均为3.88，变化范围为2.25～6.45；多样性指数平均为1.62，变化范围为0.50～2.71；物种均匀度指数平均为0.48，变化范围为0.16～0.85（表3-17、图3-14）。夏季鱼类的丰富度指数平均为2.60，变化范围为1.67～4.77；多样性指数平均为1.03，变化范围为0.23～2.39；物种均匀度指数平均为0.33，变化范围为0.07～0.80（表3-18、图3-15）。秋季鱼类的丰富度指数平均为2.68，变化范围为1.07～4.16；多样性指数平均为1.83，变化范围为0.41～2.48；物种均匀度指数平均为0.58，变化范围为0.14～0.77（表3-19、图3-16）。冬季鱼类的丰富度指数平均为1.96，变化范围为1.37～2.90；多样性指数平均为1.52，变化范围为0.22～2.33；物种均匀度指数平均为0.55，变化范围为0.07～0.82（表3-20、图3-17）。

表3-17　2010—2011年北部湾春季鱼类多样性空间变化表

站点	D	H'	J	站点	D	H'	J
361	2.55	1.23	0.37	442	3.01	1.36	0.41
362	6.07	1.60	0.40	443	4.57	2.44	0.68
363	—	—	—	444	3.12	1.17	0.35
388	2.25	0.50	0.16	465	5.19	1.71	0.45
389	6.45	2.03	0.52	466	2.83	0.69	0.21
390	5.55	2.59	0.77	467	3.05	1.53	0.45
415	4.62	2.71	0.85	488	2.87	1.67	0.54
416	2.34	1.07	0.37	489	3.66	1.50	0.44
417	4.37	2.55	0.83	490	3.48	1.25	0.35
平均	3.88	1.62	0.48				

注：表中"—"表示在该站点未采集到渔获物或渔获物种类小于2种。

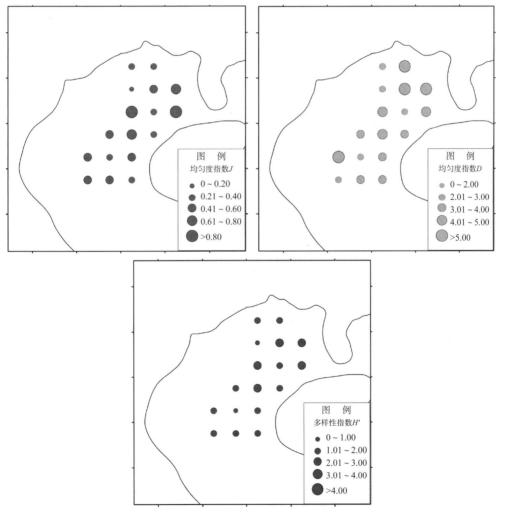

图3-14　2010—2011年北部湾夏季鱼类多样性空间分布图

表3-18　2010—2011年北部湾秋季鱼类多样性空间分布表

站点	D	H'	J	站点	D	H'	J
361	2.48	0.82	0.25	442	2.50	2.26	0.76
362	2.99	0.27	0.07	443	2.79	2.39	0.80
363	—	—	—	444	—	—	—
388	2.27	0.89	0.28	465	2.09	0.23	0.07
389	4.77	1.27	0.32	466	1.99	0.66	0.21
390	1.67	1.72	0.62	467	—	—	—
415	1.85	0.52	0.17	488	—	—	—
416	3.75	0.39	0.11	489	2.06	0.97	0.32
417	—	—	—	490	—	—	—
平均	2.60	1.03	0.33				

注：表中"—"表示在该站点未采集到渔获物或渔获物种类小于2种。

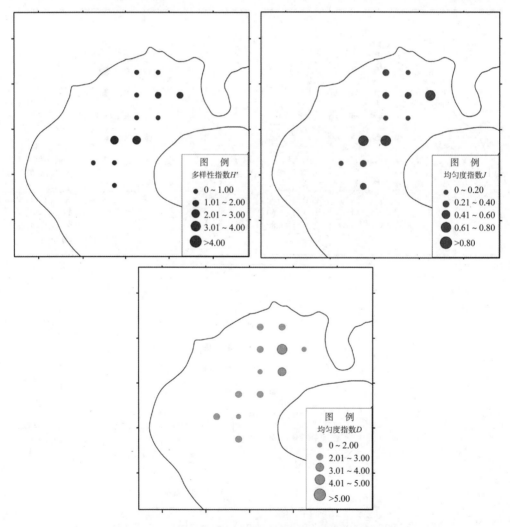

图3-15　2010—2011年北部湾秋季鱼类多样性空间分布图

表3-19　2010—2011年北部湾冬季鱼类多样性空间变化表

站点	D	H'	J	站点	D	H'	J
361	2.89	1.89	0.58	442	2.29	2.06	0.69
362	3.34	2.48	0.72	443	2.18	2.23	0.77
363	—	—	—	444	—	—	—
388	3.68	2.19	0.62	465	1.64	1.20	0.42
389	4.16	2.07	0.53	466	1.59	0.41	0.14
390	1.07	1.57	0.68	467	—	—	—
415	2.56	2.26	0.73	488	—	—	—
416	2.83	1.52	0.45	489	3.86	2.08	0.61
417	—	—	—	490	—	—	—
平均	2.68	1.83	0.58				

注：表中"—"表示在该站点未采集到渔获物或渔获物种类小于2种。

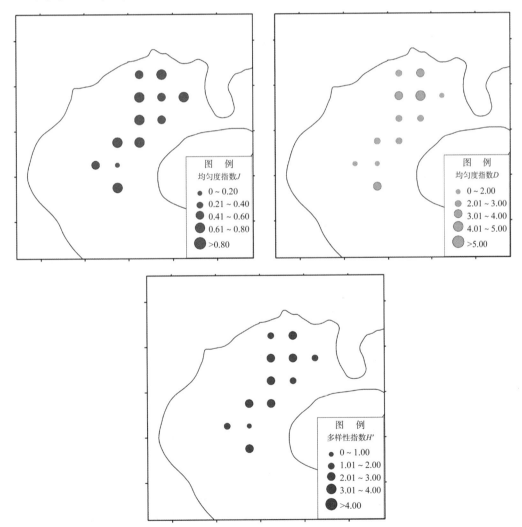

图3-16　2010—2011年北部湾秋季鱼类多样性空间分布图

表3-20 2010—2011年北部湾冬季鱼类多样性空间变化表

站点	D	H′	J	站点	D	H′	J
361	2.17	2.33	0.81	442	2.90	2.25	0.74
362	2.48	0.87	0.28	443	2.71	1.57	0.53
363	2.01	2.10	0.80	444	1.58	1.27	0.48
388	2.40	1.95	0.64	465	1.70	1.09	0.40
389	2.52	0.77	0.24	466	1.63	0.22	0.07
390	1.37	1.66	0.72	467	1.81	1.91	0.71
415	1.49	1.27	0.48	488	1.66	1.40	0.50
416	1.51	2.03	0.82	489	1.61	1.14	0.41
417	2.06	1.92	0.73	490	1.66	1.56	0.59
平均	1.96	1.52	0.55				

注：表中"—"表示在该站点未采集到渔获物或渔获物种类小于2种。

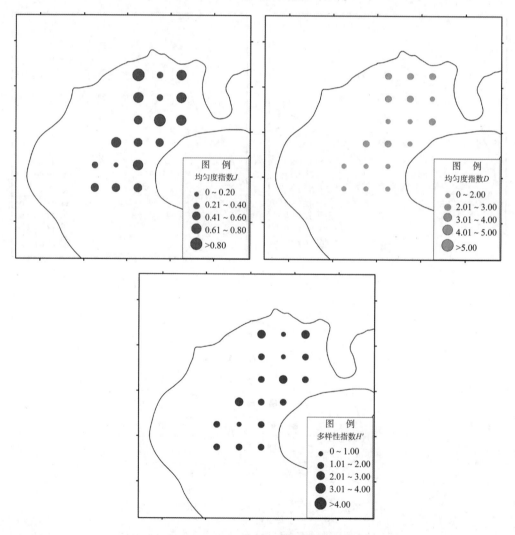

图3-17 2010—2011年北部湾冬季鱼类多样性空间分布图

2. 2018年鱼类多样性

2018年北部湾全年拖网调查区域鱼类的丰富度指数平均值为4.24,各站点丰富度指数变化范围为2.80~5.87;多样性指数平均值为1.94,变化范围为0.75~4.11;物种均匀度指数平均值为0.55,变化范围为0.22~1.12(表3-21、图3-18)。

各区域不同季节也有多样性波动,但波动不大,秋冬两季鱼类多样性相对较高。春季鱼类的丰富度指数平均为3.91,变化范围为1.68~7.08;多样性指数平均值为1.87,变化范围为0.26~9.44;物种均匀度指数平均值为0.52,变化范围为0.08~2.53(表3-22、图3-19)。秋季鱼类的丰富度指数平均值为4.54,变化范围为2.95~6.45;多样性指数平均值为1.88,变化范围为0.66~3.11;物种均匀度指数平均值为0.53,变化范围为0.17~0.83(表3-23、图3-20)。冬季鱼类的丰富度指数平均值为4.27,变化范围为2.68~5.71;多样性指数平均值为2.09,变化范围为1.19~2.78;物种均匀度指数平均值为0.60,变化范围为0.34~0.75(表3-24、图3-21)。

表3-21 2018年北部湾全年鱼类多样性空间变化表

站点	D	H'	J	站点	D	H'	J
361	2.80	1.64	0.53	418	4.30	1.46	0.40
362	3.48	1.67	0.51	442	5.87	2.55	0.68
363	3.27	1.69	0.52	443	5.71	2.32	0.61
364	4.64	2.38	0.67	444	4.88	2.29	0.61
388	4.23	1.75	0.49	465	4.73	4.14	1.12
389	3.68	1.85	0.54	466	4.46	1.86	0.51
390	3.85	1.53	0.45	467	4.07	1.48	0.42
391	3.83	1.92	0.56	488	3.16	0.75	0.22
415	4.88	2.08	0.57	489	3.81	1.79	0.51
416	3.87	1.51	0.42	490	4.33	1.85	0.50
417	5.19	2.23	0.63	平均	4.24	1.94	0.55

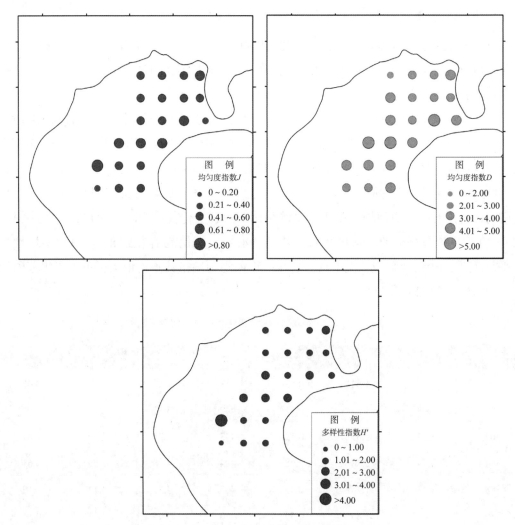

图3-18　2018年北部湾全年鱼类多样性空间分布图

表3-22　2018年北部湾春季鱼类多样性空间变化表

站点	D	H′	J	站点	D	H′	J
361	1.68	1.15	0.40	418	3.74	0.53	0.15
362	4.30	1.53	0.42	442	6.55	2.80	0.74
363	2.52	1.25	0.40	443	7.08	2.40	0.62
364	4.66	2.10	0.59	444	4.35	2.22	0.60
388	2.49	1.00	0.31	465	5.12	9.44	2.53
389	2.33	0.83	0.27	466	5.20	2.16	0.58
390	2.69	1.32	0.41	467	4.12	1.57	0.42
391	3.10	1.47	0.44	488	2.81	0.26	0.08
415	3.76	1.39	0.39	489	3.13	0.65	0.19
416	2.52	0.40	0.12	490	4.87	2.35	0.63
417	5.12	2.50	0.72	平均	3.91	1.87	0.52

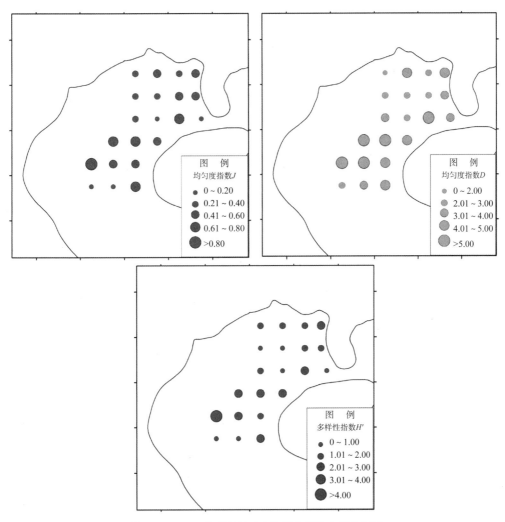

图3-19 2018年北部湾春季鱼类多样性空间分布图

表3-23 2018年北部湾秋季鱼类多样性空间变化表

站点	D	H'	J	站点	D	H'	J
361	3.05	1.66	0.52	418	4.86	2.39	0.65
362	3.47	1.94	0.60	442	6.45	3.11	0.83
363	4.47	1.98	0.54	443	6.07	2.94	0.76
364	4.62	2.66	0.75	444	5.17	2.25	0.59
388	5.80	1.82	0.47	465	4.99	0.66	0.17
389	4.87	2.34	0.64	466	4.13	1.10	0.30
390	3.84	1.24	0.35	467	5.24	1.02	0.26
391	4.56	2.37	0.68	488	2.95	0.81	0.24
415	5.37	2.65	0.75	489	3.42	2.02	0.64
416	3.39	1.34	0.39	490	3.54	1.23	0.36
417	5.11	2.01	0.56	平均	4.54	1.88	0.53

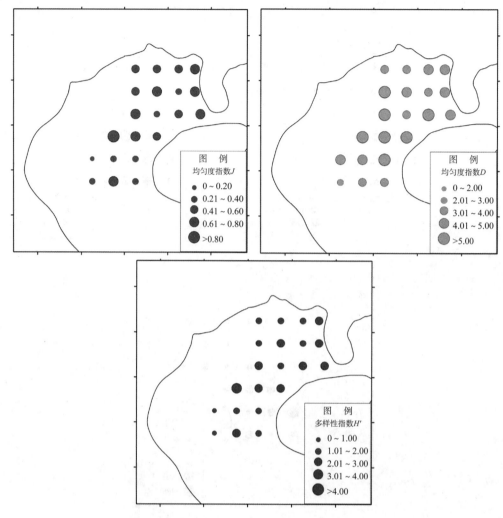

图3-20　2018年北部湾秋季鱼类多样性空间分布图

表3-24　2018年北部湾冬季鱼类多样性空间变化表

站点	D	H'	J	站点	D	H'	J
361	3.68	2.11	0.66	418	—	—	—
362	2.68	1.53	0.51	442	4.62	1.73	0.46
363	2.82	1.85	0.61	443	3.97	1.62	0.46
364	—	—	—	444	5.12	2.40	0.64
388	4.40	2.43	0.70	465	4.09	2.33	0.66
389	3.84	2.39	0.70	466	4.06	2.31	0.65
390	5.02	2.02	0.59	467	2.86	1.85	0.57
391	—	—	—	488	3.72	1.19	0.34
415	5.51	2.19	0.57	489	4.87	2.69	0.71
416	5.71	2.78	0.75	490	4.58	1.96	0.52
417	5.33	2.18	0.62	平均	4.27	2.09	0.60

注：表中"—"表示在该站点未采集到渔获物或渔获物种类小于2种。

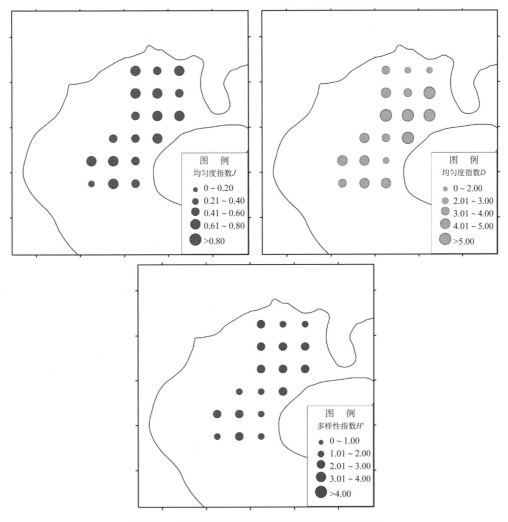

图3-21 2018年北部湾冬季鱼类多样性空间分布图

从鱼类多样性来看，相比于2010—2011年，2018年的丰富度指数和多样性指数明显升高（主要体现在秋季与冬季），均匀度指数与之持平；鱼类的多样性都显示出明显的季节变化，2010—2011年春季的丰富度指数最高，夏季与秋季持平，而冬季最低，在多样性指数和均匀度指数方面，夏季均为最低，可见夏季物种组成不平衡；2018年的鱼类多样性显示出更好的稳定性，各季节的多样性指数和均匀度指数保持稳定，而秋季与冬季的丰富度指数相比于2010—2011年显著升高。

四、鱼类资源密度

1. 2010—2011年鱼类资源密度

全年鱼类渔获物重量共6 240.68 kg，占全年总捕捞渔获量的77.83%，渔获鱼类中占比排在前三位的种类分别是日本发光鲷（10.31%）、粗纹鲾（7.30%）和竹荚鱼（6.79%）。各站点鱼类资源密度范围为100.14～1 930.60 kg·km^{-2}，平均资源密度为718.31 kg·km^{-2}，鱼类资源主要分布在北部湾南部接近湾口海域（表3-25、图3-22）。各季节中，以夏季鱼类资源密度最高。

表3-25　2010—2011年北部湾鱼类资源密度时空变化表

站点	资源密度（kg·km^{-2}）				
	2010年夏	2010年秋	2011年冬	2011年春	全年
361	1 312.24	279.19	133.22	2 606.12	1 082.69
362	965.58	219.56	72.49	122.55	345.04
363	—	—	141.60	—	141.60
388	1 148.17	371.97	209.68	101.17	457.74
389	965.80	950.41	154.93	476.08	636.81
390	1 043.19	264.19	94.30	57.65	364.83
415	2 037.90	464.85	311.82	50.20	716.19
416	1 915.23	1 130.23	103.53	93.49	810.62
417	—	—	143.90	56.39	100.14
442	1 012.19	195.50	360.20	324.77	473.16
443	642.83	236.51	208.21	723.08	452.66
444	—	—	119.54	375.21	247.37
465	1 547.98	1 593.87	658.97	727.16	1 132.00
466	4 606.87	1 639.35	1 124.28	351.90	1 930.60
467	—	—	251.04	1 837.31	1 044.17
488	—	—	1 305.57	254.60	780.08
489	2 251.37	594.39	934.42	859.39	1 159.89
490			454.27	1 653.76	1 054.01

注：表中"—"表示在该站点未采集到渔获物。

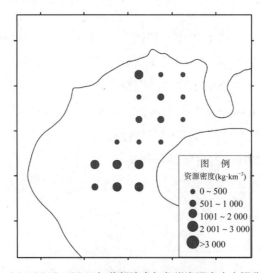

图3-22　2010—2011年北部湾全年鱼类资源密度空间分布图

春季鱼类渔获物重量共1 434.84 kg，占全年总捕捞渔获量的91.17%，渔获鱼类中占比前三位的种类分别是蓝圆鲹（21.89%）、竹荚鱼（17.41%）和克氏副叶鲹（5.70%）；各站点鱼类资源密度范围为50.20～2 606.12 kg·km^{-2}，平均资源密度为627.70 kg·km^{-2}。夏季鱼类渔获物重量共2 201.62 kg，占全年总捕捞渔获量的81.50%，占比前三位的种类分别是粗纹鲾（17.38%）、日本发光鲷（12.37%）和多齿蛇鲻（5.96%）；各站点鱼类资源密度范围为642.83～4 606.87 kg·km^{-2}，平均资源密度为1 620.78 kg·km^{-2}。秋季鱼类渔获物重量共1 672.78 kg，占全年总捕捞渔获量的74.31%，占比前三位的种类分别是日本发光鲷（11.96%）、克氏副叶鲹（9.04%）和二长棘犁齿鲷（8.14%）；各站点鱼类资源密度范围为195.50～1 639.35 kg·km^{-2}，平均资源密度为661.67 kg·km^{-2}。冬季鱼类渔获物重量共931.44 kg，占全年总捕捞渔获量的62.44%，占比前三位的种类分别是多齿蛇鲻（11.59%）、日本发光鲷（11.43%）和黄斑鲾（7.74%）；各站点鱼类资源密度范围为72.49～1 305.57 kg·km^{-2}；平均资源密度为376.78 kg·km^{-2}（图3-23）。

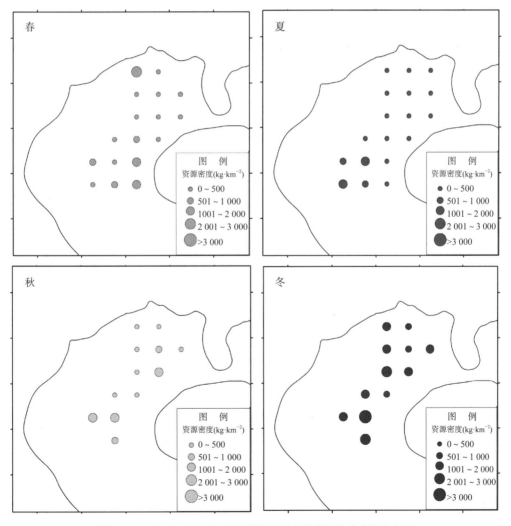

图3-23 2010—2011年北部湾各季节鱼类资源密度空间分布图

2. 2018年鱼类资源密度

全年鱼类渔获物重量共3 482.77 kg，占全年总捕捞渔获量的82.86%，渔获鱼类中占比排在前三位的鱼类分别是二长棘犁齿鲷（21.19%）、竹荚鱼（12.26%）和日本发光鲷（8.81%）各站点鱼类资源密度范围为246.05～2 033.08 kg·km^{-2}，平均资源密度为983.42 kg·km^{-2}。鱼类资源主要分布在北部湾南部接近湾口海域（表3-26、图3-24）。调查季节中，以春季鱼类资源密度为最高。

表3-26　2018年北部湾鱼类资源密度时空变化表

站点	资源密度（kg·km^{-2}）			
	2018年冬	2018年春	2018年秋	全年
361	81.70	1 822.22	801.74	901.89
362	63.69	617.65	226.10	302.48
363	100.55	917.94	568.45	528.98
364	—	381.01	530.50	455.75
388	255.86	2 857.71	787.42	1 300.33
389	254.33	2 289.64	564.75	1 036.24
390	59.22	1 754.91	654.47	822.87
391	—	1 187.95	260.24	724.10
415	422.36	2 251.31	224.65	966.11
416	253.97	2 856.66	991.76	1 367.46
417	231.73	246.04	260.39	246.05
418	—	1 116.62	1010.75	1 063.69
442	658.93	413.17	343.90	472.00
443	519.99	429.48	1257.16	735.54
444	532.88	1 426.59	1789.64	1 249.70
465	1219.93	906.39	1271.87	1 132.73
466	1477.25	630.66	1359.80	1 155.90
467	877.64	2 097.62	2338.38	1 771.21
488	897.14	903.60	1336.83	1 045.86
489	1803.97	1 800.14	415.48	1 339.86
490	3447.17	981.12	1670.94	2 033.08

注：表中"—"表示在该站点未采集到渔获物。

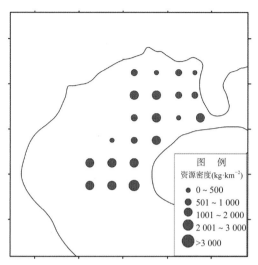

图3-24 2018年北部湾全年鱼类资源密度空间分布图

春季鱼类渔获物重量共1 568.72 kg，占全年总捕捞渔获量的86.59%，渔获鱼类中占比前三位的种类分别是二长棘犁齿鲷（33.59%）、竹荚鱼（19.38%）和日本发光鲷（7.02%）；各站点鱼类资源密度范围为246.04～2 857.71 kg·km^{-2}，平均资源密度为1 328.02 kg·km^{-2}。秋季鱼类渔获物重量共1157.18 kg，占全年总捕捞渔获量的79.47%，占比前三位的种类分别是二长棘犁齿鲷（17.47%）、日本发光鲷（12.90%）和竹荚鱼（10.28%）；各站点鱼类资源密度范围为224.65～2 338.38 kg·km^{-2}，平均资源密度为888.82 kg·km^{-2}。冬季鱼类渔获物重量共756.88 kg，占全年总捕捞渔获量的80.92%，占比前三位的种类分别是条纹鲾（17.52%）、银色突吻鳗（9.15%）和日本发光鲷（6.26%）；各站点鱼类资源密度范围为59.22～3 447.17 kg·km^{-2}，平均资源密度为731.02 kg·km^{-2}（图3-25）。

由于鱼类资源在2010—2011年和2018年的渔获中均占据主导地位，所以从鱼类的资源密度来看，依然与整体的资源密度变化相一致。冬季是全年中资源密度最低的季节，该季节高资源密度区域分布于北部湾海域西南部深水区域，而其他季节，高资源密度区域分布于北部湾海域东北部浅水近岸区域；除夏季外其他季节资源密度均显著增长，春季资源密度增长尤为明显，这可能跟该海域叶绿素变动有关，从第一章叶绿素a浓度变化来看，除2010—2011年冬季叶绿素a浓度异常外，北部湾海域春、夏季的叶绿素a浓度较高，且高浓度分布区域与高资源密度分布区域比较相似。

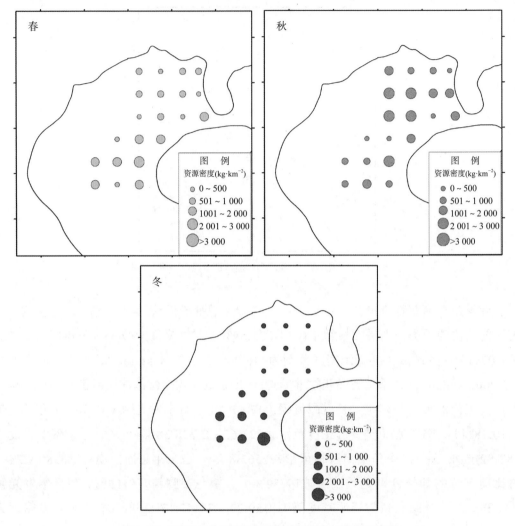

图3-25　2018年北部湾各季节鱼类资源密度空间分布图

五、优势种鱼类资源结构

1. 日本带鱼

（1）渔获率

2010—2011年北部湾底拖网调查中，日本带鱼年平均渔获率为1.06 kg·h^{-1}，各站点渔获率范围为0.05～4.07 kg·h^{-1}；春季日本带鱼平均渔获率为0.51 kg·h^{-1}，各站点渔获率范围为0.02～2.25 kg·h^{-1}；夏季日本带鱼平均渔获率为2.47 kg·h^{-1}，各站点渔获率范围为0.17～8.05 kg·h^{-1}；秋季日本带鱼平均渔获率为0.32 kg·h^{-1}，各站点渔获率范围为0.04～0.60 kg·h^{-1}；冬季日本带鱼平均渔获率为0.65 kg·h^{-1}，各站点渔获率范围为0.05～1.79 kg·h^{-1}（表3-27）。

表3-27 2010—2011年北部湾日本带鱼渔获率时空变化表

站点	渔获率（kg·h⁻¹）				
	2010年夏	2010年秋	2011年冬	2011年春	全年
361	8.05	—	0.09	—	4.07
362	1.29	—	0.17	0.03	0.50
363	—	—	0.05	—	0.05
388	3.68	—	0.16	—	1.92
389	5.52	—	1.79	0.02	2.44
390	—	—	1.75	0.20	0.97
415	0.75	—	0.29	0.15	0.40
416	0.17	—	0.52	0.07	0.25
417	—	—	1.01	—	1.01
442	1.00	—	—	—	1.00
444	—	—	—	0.40	0.40
465	—	—	—	0.68	0.68
466	1.25	0.60	—	0.23	0.69
467	—	—	—	0.95	0.95
488	—	—	—	0.68	0.68
489	0.50	0.04	—	2.25	0.93

注：表中"—"表示在该站点未采集到该种渔获物。

2018年北部湾底拖网调查中，日本带鱼年平均渔获率为0.98 kg·h⁻¹，各站点渔获率范围为0.01～3.50 kg·h⁻¹；春季日本带鱼平均渔获率为0.61 kg·h⁻¹，各站点渔获率范围为0.01～1.85 kg·h⁻¹；秋季日本带鱼平均渔获率为0.96 kg·h⁻¹，各站点渔获率范围为0.13～3.70 kg·h⁻¹；冬季日本带鱼平均渔获率为1.63 kg·h⁻¹，各站点渔获率范围为0.33～4.18 kg·h⁻¹（表3-28）。

表3-28 2018年北部湾日本带鱼渔获率时空变化表

站点	渔获率（kg·h⁻¹）			
	2018年冬	2018年春	2018年秋	全年
388	—	—	3.50	3.50
389	—	—	0.16	0.16
415	—	1.85	3.70	2.78
416	—	—	1.20	1.20
417	—	—	0.20	0.20

站点	渔获率（kg·h⁻¹）			
	2018年冬	2018年春	2018年秋	全年
418	—	0.06	—	0.06
442	0.83	0.62	0.17	0.54
443	—	0.01	—	0.01
444	—	—	0.13	0.13
465	—	0.52	0.18	0.35
466	0.33	—	1.05	0.69
467	1.61	—	0.52	1.06
488	1.20	—	0.15	0.68
490	4.18	—	0.60	2.39

注：表中"—"表示在该站点未采集到该种渔获物。

（2）资源量

2010—2011年北部湾底拖网调查中，日本带鱼年平均资源量为63.71 t，各站点资源量范围为3.32～230.83 t；春季日本带鱼平均资源量为34.06 t，各站点资源量范围为1.60～156.75 t；夏季日本带鱼平均资源量为142.67 t，各站点资源量范围为9.01～455.14 t；秋季日本带鱼平均资源量为18.50 t，各站点资源量范围为2.36～34.63 t；冬季日本带鱼平均资源量为40.25 t，各站点资源量范围为3.32～114.95 t（表3-29）。

表3-29　2010—2011年北部湾日本带鱼资源量时空变化表

站点	资源量（t）				
	2010年夏	2010年秋	2011年冬	2011年春	全年
361	455.14	—	6.52	—	230.83
362	75.04	—	10.43	2.06	29.17
363	—	—	3.32	—	3.32
388	212.32	—	11.26	—	111.79
389	330.50	—	114.95	1.60	149.02
390	—	—	101.02	17.13	59.07
415	43.29	—	20.83	9.11	24.41
416	9.01	—	29.93	3.86	14.27
417	—	—	63.98	—	63.98
442	57.72	—	—	—	57.72

续表

站点	资源量（t）				
	2010年夏	2010年秋	2011年冬	2011年春	全年
444	—	—	—	29.93	29.93
465	—	—	—	50.88	50.88
466	72.16	34.63	—	9.89	38.89
467	—	—	—	50.51	50.51
488	—	—	—	42.93	42.93
489	28.86	2.36	—	156.75	62.66

注：表中"—"表示在该站点未采集到该种渔获物。

　　2018年北部湾底拖网调查中，日本带鱼年平均资源量为49.67 t，各站点资源量范围为0.50～177.12 t；春季日本带鱼平均资源量为30.99 t，各站点资源量范围为0.50～93.62 t；秋季日本带鱼平均资源量为48.76 t，各站点资源量范围为6.58～187.64 t；冬季日本带鱼平均资源量为82.36 t，各站点资源量范围为16.50～211.29 t（表3-30）。

表3-30　2018年北部湾日本带鱼资源量时空变化表

站点	资源量（t）			
	2018年冬	2018年春	2018年秋	全年
388	—	—	177.12	177.12
389	—	—	8.10	8.10
415	—	93.62	187.24	140.43
416	—	—	60.73	60.73
417	—	—	10.12	10.12
418	—	3.04	—	3.04
442	42.02	31.45	8.60	27.36
443	—	0.50	—	0.50
444	—	—	6.58	6.58
465	—	26.31	9.21	17.76
466	16.50	—	53.14	34.82
467	81.25	—	26.31	53.78
488	60.73	—	7.59	34.16
490	211.29	—	30.36	120.82

注：表中"—"表示在该站点未采集到该种渔获物。

（3）资源密度

2010—2011年北部湾底拖网调查中，日本带鱼全年渔获物重量共101.29 kg，占全年鱼类总捕捞渔获量的1.54%，平均获密度为20.64 kg·km^{-2}，各站点资源密度范围为1.08～74.78 kg·km^{-2}（图3-26）；春季日本带鱼渔获物重量共11.24 kg，占春季鱼类总捕捞渔获量的0.78%，平均资源密度为11.03 kg·km^{-2}，各站点资源密度范围为0.52～50.78 kg·km^{-2}；夏季日本带鱼渔获物重量共79.14 kg，占夏季鱼类总捕捞渔获量的3.16%，平均资源密度为46.22 kg·km^{-2}，各站点资源密度范围为2.92～147.44 kg·km^{-2}；秋季日本带鱼渔获物重量共0.68 kg，占秋季鱼类总捕捞渔获量的0.04%，平均资源密度为5.99 kg·km^{-2}，各站点资源密度范围为0.76～11.22 kg·km^{-2}；冬季日本带鱼渔获物重量共10.23 kg，占冬季鱼类总捕捞渔获量的1.10%，平均资源密度为13.04 kg·km^{-2}，各站点资源密度范围为1.08～37.24 kg·km^{-2}（表3-31、图3-27）。

表3-31　2010—2011年北部湾日本带鱼资源密度时空变化表

站点	资源密度（kg·km^{-2}）				
	2010年夏	2010年秋	2011年冬	2011年春	全年
361	147.44	—	2.11	—	74.78
362	24.31	—	3.38	0.67	9.45
363	—	—	1.08	—	1.08
388	68.78	—	3.65	—	36.21
389	107.06	—	37.24	0.52	48.27
390	—	—	32.72	5.55	19.14
415	14.02	—	6.75	2.95	7.91
416	2.92	—	9.70	1.25	4.62
417	—	—	20.73	—	20.73
442	18.70	—	—	—	18.70
444	—	—	—	9.70	9.70
465	—	—	—	16.48	16.48
466	23.37	11.22	—	3.20	12.60
467	—	—	—	16.36	16.36
488	—	—	—	13.91	13.91
489	9.35	0.76	—	50.78	20.30

注：表中"—"表示在该站点未采集到该种渔获物。

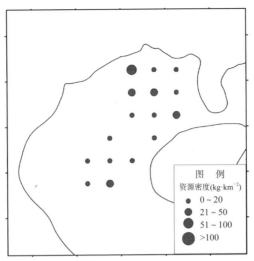

图3-26　2010—2011年北部湾全年日本带鱼资源密度空间分布图

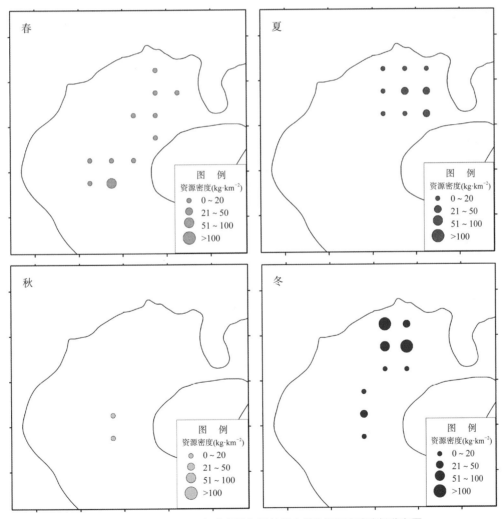

图3-27　2010—2011年北部湾各季节日本带鱼资源密度空间分布图

2018年北部湾底拖网调查中，日本带鱼全年渔获物重量共22.21 kg，占全年鱼类总捕捞渔获量的0.65%，平均资源密度为49.91 kg·km^{-2}，各站点资源密度范围为3.86～130.03 kg·km^{-2}（图3-28）；春季渔获物重量共3.06 kg，占春季鱼类总捕捞渔获量的0.20%，平均资源密度为31.47 kg·km^{-2}，各站点资源密度范围为0.59～136.97 kg·km^{-2}；秋季渔获物重量共11.56 kg，占秋季鱼类总捕捞渔获量的1.00%，平均资源密度为23.66 kg·km^{-2}，各站点资源密度范围为0.66～80.70 kg·km^{-2}；冬季渔获物重量共7.59 kg，占冬季鱼类总捕捞渔获量的1.00%，平均资源密度为57.64 kg·km^{-2}，各站点资源密度范围为3.86～151.42 kg·km^{-2}（表3-32、图3-29）。

表3-32 2018年北部湾日本带鱼资源密度时空变化表

站点	资源密度（kg·km^{-2}）			
	2018年冬	2018年春	2018年秋	全年
388	—	—	57.38	57.38
389	—	—	2.62	2.62
415	—	30.33	60.66	45.49
416	—	—	19.67	19.67
417	—	—	3.28	3.28
418	—	0.98	—	0.98
442	13.61	10.19	2.79	8.86
443	—	0.16	—	0.16
444	—	—	2.13	2.13
465	—	8.52	2.98	5.75
466	5.35	—	17.21	11.28
467	26.32	—	8.52	17.42
488	19.67	—	2.46	11.07
490	68.45	—	9.84	39.14

注：表中"—"表示在该站点未采集到该种渔获物。

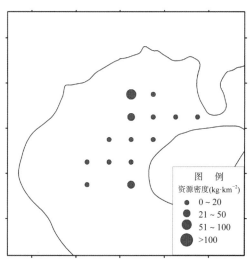

图3-28　2018年北部湾全年日本带鱼资源密度空间分布图

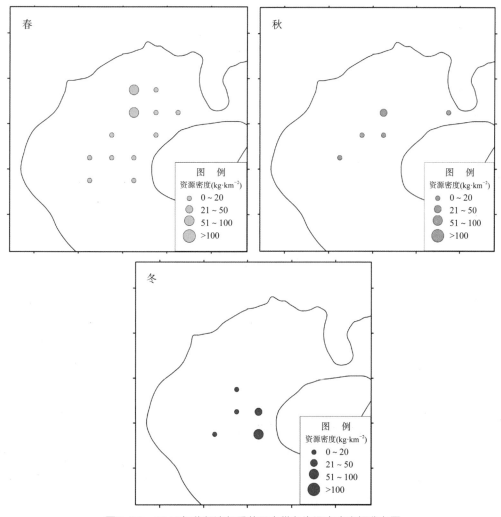

图3-29　2018年北部湾各季节日本带鱼资源密度空间分布图

2. 二长棘犁齿鲷

（1）渔获率

2010—2011年北部湾底拖网调查中，二长棘犁齿鲷年平均渔获率为2.25 kg·h⁻¹，各站点渔获率范围为0.05~6.34 kg·h⁻¹；春季平均渔获率为1.14 kg·h⁻¹，各站点渔获率范围为0.04~9.28 kg·h⁻¹；夏季平均渔获率为4.37 kg·h⁻¹，各站点渔获率范围为0.65~16.00 kg·h⁻¹；秋季平均渔获率为4.70 kg·h⁻¹，各站点渔获率范围为1.00~10.00 kg·h⁻¹；冬季平均渔获率为1.02 kg·h⁻¹，各站点渔获率范围为0.26~3.79 kg·h⁻¹（表3-33）。

表3-33　2010—2011年北部湾二长棘犁齿鲷渔获率时空变化表

站点	渔获率（kg·h⁻¹）				
	2010年夏	2010年秋	2011年冬	2011年春	全年
361	1.20	1.51	—	9.28	3.99
362	3.58	1.15	0.26	2.64	1.91
388	3.80	5.72	0.89	2.72	3.28
389	4.98	4.03	3.79	0.79	3.40
390	—	—	—	0.12	0.12
415	16.00	8.50	0.60	0.27	6.34
416	6.50	8.75	1.23	0.45	4.23
417	—	—	0.28	0.04	0.16
442	1.83	1.50	—	—	1.66
443	1.10	1.00	0.38	0.24	0.68
444	—	—	0.70	0.10	0.40
465	6.80	10.00	—	0.08	5.63
466	0.65	7.00	—	0.12	2.59
467	—	—	—	0.05	0.05
488	—	—	—	0.05	0.05
489	1.63	2.50	—	0.17	1.43

注：表中"—"表示在该站点未采集到该种渔获物。

2018年全年二长棘犁齿鲷渔获物平均渔获率为15.34 kg·h⁻¹，各站点渔获率范围为0.53~54.51 kg·h⁻¹；春季平均渔获率为32.93 kg·h⁻¹，各站点渔获率范围为0.08~142.34 kg·h⁻¹；秋季平均渔获率为9.63 kg·h⁻¹，各站点渔获率范围为0.77~36.00 kg·h⁻¹；冬季平均渔获率为1.25 kg·h⁻¹，各站点渔获率范围为0.19~3.20 kg·h⁻¹（表3-34）。

表3-34　2018年北部湾二长棘犁齿鲷渔获率时空变化表

站点	渔获率（kg·h^{-1}）			
	2018年冬	2018年春	2018年秋	全年
361	—	68.88	36.00	52.44
362	—	19.65	3.45	11.55
363	—	24.91	4.20	14.55
364	—	3.81	8.80	6.31
388	0.55	69.15	4.00	24.57
389	0.19	38.23	18.00	18.80
390	0.39	55.89	3.50	19.93
391	—	1.47	2.80	2.14
415	—	45.40	0.77	23.09
416	3.20	142.34	18.00	54.51
417	2.40	2.40	4.90	3.23
418	—	54.00	27.00	40.50
442	—	0.20	0.85	0.53
443	0.33	0.12	18.49	6.31
444	1.67	0.42	8.50	3.53
465	—	—	18.00	18.00
466	—	0.08	5.40	2.74
467	—	—	4.40	4.40
488	—	—	5.50	5.50
489	—	—	6.60	6.60
490	—	—	3.00	3.00

注：表中"—"表示在该站点未采集到该种渔获物。

（2）资源量

2010—2011年北部湾二长棘犁齿鲷全年平均资源量为137.28 t，各站点资源量范围为2.79～368.45 t；春季平均资源量为80.31 t，各站点资源量范围为2.07～657.62 t；夏季平均资源量为251.32 t，各站点资源量范围为37.52～923.59 t；秋季平均资源量为283.51 t，各站点资源量范围为57.72～612.23 t；冬季平均资源量为65.93 t，各站点资源量范围为16.13～243.65 t（表3-35）。

表3-35 2010—2011年北部湾二长棘犁齿鲷资源量时空变化表

站点	资源量（t）				
	2010年夏	2010年秋	2011年冬	2011年春	全年
361	67.59	109.14	—	657.62	278.12
362	207.98	72.45	16.13	183.84	120.10
388	219.33	379.08	64.46	199.85	215.68
389	298.35	253.18	243.65	57.87	213.26
390	—	—	—	10.32	10.32
415	923.59	490.66	43.29	16.24	368.45
416	354.93	505.09	70.71	26.44	239.29
417	—	—	17.84	2.07	9.95
442	105.35	94.70	—	—	100.03
443	63.50	57.72	22.58	14.69	39.62
444	—	—	48.77	7.11	27.94
465	392.53	612.23	—	6.21	336.99
466	37.52	404.07	—	4.94	148.85
467	—	—	—	2.79	2.79
488	—	—	—	3.16	3.16
489	93.80	140.30	—	11.50	81.87

注：表中"—"表示在该站点未采集到该种渔获物。

2018年全年二长棘犁齿鲷平均资源量为776.50 t，各站点资源量范围为26.69～2 758.72 t；春季平均资源量为1 666.67 t，各站点资源量范围为4.25～7 203.64 t；秋季平均资源量为487.16 t，各站点资源量范围为38.97～1 821.79 t；冬季平均资源量为63.13 t，各站点资源量范围为9.47～161.94 t（表3-36）。

表3-36 2018年北部湾二长棘犁齿鲷资源量时空变化表

站点	资源量（t）			
	2018年冬	2018年春	2018年秋	全年
361	—	3 485.68	1 821.79	2 653.73
362	—	994.49	174.73	584.61
363	—	1260.37	212.54	736.45
364	—	192.95	445.33	319.14

站点	资源量（t）			
	2018年冬	2018年春	2018年秋	全年
388	27.88	3 499.14	202.42	1 243.15
389	9.47	1 934.49	910.89	951.62
390	19.82	2 828.43	177.12	1 008.45
391	—	74.55	141.69	108.12
415	—	2 297.48	38.97	1 168.22
416	161.94	7 203.34	910.89	2 758.72
417	121.45	121.45	247.97	163.62
418	—	2 732.68	1366.34	2 049.51
442	—	10.37	43.01	26.69
443	16.94	6.01	935.49	319.48
444	84.38	21.00	430.14	178.51
465	—	—	910.89	910.89
466	—	4.25	273.27	138.76
467	—	—	222.66	222.66
488	—	—	278.33	278.33
489	—	—	333.99	333.99
490			151.82	151.82

注：表中"—"表示在该站点未采集到该种渔获物。

（3）资源密度

2010—2011年全年二长棘犁齿鲷渔获物重量共344.94 kg，占全年鱼类总捕捞渔获量的5.26%，平均资源密度为44.47 kg·km^{-2}，各站点资源密度范围为0.90～119.36 kg·km^{-2}（图3-30）；春季渔获物重量共80.21 kg，占春季鱼类总捕捞渔获量的5.55%，平均资源密度为26.02 kg·km^{-2}，各站点资源密度范围为0.67～213.03 kg·km^{-2}；夏季渔获物重量共100.70 kg，占夏季鱼类总捕捞渔获量的4.02%，平均资源密度为81.41 kg·km^{-2}，各站点资源密度范围为12.25～299.20 kg·km^{-2}；秋季渔获物重量共136.99 kg，占秋季鱼类总捕捞渔获量的8.14%，平均资源密度为91.84 kg·km^{-2}，各站点资源密度范围为18.70～198.33 kg·km^{-2}；冬季渔获物重量共27.04 kg，占冬季鱼类总捕捞渔获量的2.91%，平均资源密度为21.36 kg·km^{-2}，各站点资源密度范围为5.23～78.93 kg·km^{-2}（表3-37、图3-31）。

表3-37 2010—2011年北部湾二长棘犁齿鲷资源密度时空变化表

站点	资源密度（kg·km⁻²）				
	2010年夏	2010年秋	2011年冬	2011年春	全年
361	21.90	21.90	35.35	—	90.10
362	67.37	67.37	23.47	5.23	38.91
388	71.05	71.05	122.80	20.88	69.87
389	96.65	96.65	82.02	78.93	69.09
415	299.20	299.20	158.95	14.02	119.36
416	114.98	114.98	163.62	22.91	77.52
417	—	—	—	5.78	3.22
442	34.13	34.13	30.68	—	32.40
443	20.57	20.57	18.70	7.31	12.84
444	—	—	—	15.80	9.05
465	127.16	127.16	198.33	—	109.17
466	12.15	12.15	130.90	—	48.22
467	—	—	—	—	0.90
488	—	—	—	—	1.02
489	30.39	30.39	45.45	—	26.52
489	30.39	30.39	45.45	—	26.52

注：表中"—"表示在该站点未采集到该种渔获物。

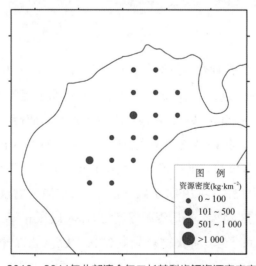

图3-30 2010—2011年北部湾全年二长棘犁齿鲷资源密度空间分布图

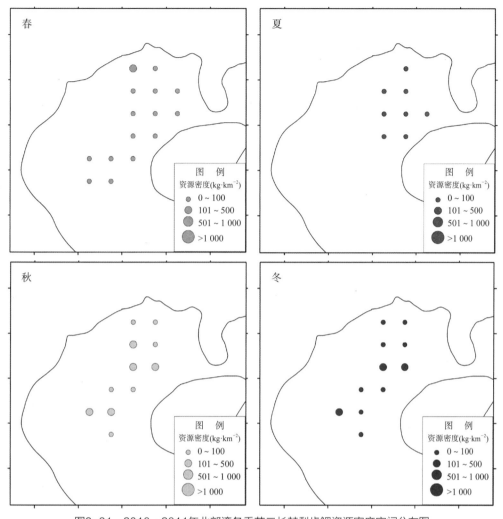

图3-31 2010—2011年北部湾各季节二长棘犁齿鲷资源密度空间分布图

2018年全年二长棘犁齿鲷渔获物重量共752.78 kg，占全年鱼类总捕捞渔获量的21.19%，平均资源密度为251.55 kg·km^{-2}，各站点资源密度范围为8.65～893.68 kg·km^{-2}（图3-32）。春季渔获物重量共526.96 kg，占春季鱼类总捕捞渔获量的30.23%，平均资源密度为539.91 kg·km^{-2}，各站点资源密度范围为1.38～2 333.51 kg·km^{-2}；秋季渔获物重量共202.16 kg，占秋季鱼类总捕捞渔获量的17.47%，平均资源密度为157.81 kg·km^{-2}，各站点资源密度范围为12.62～590.16 kg·km^{-2}；冬季渔获物重量共8.73 kg，占冬季鱼类总捕捞渔获量的1.15%，平均资源密度为20.45 kg·km^{-2}，各站点资源密度范围为3.07～52.46 kg·km^{-2}（表3-38、图3-33）。

表3-38　2018年北部湾二长棘犁齿鲷资源密度时空变化表

站点	资源密度（kg·km^{-2}）			
	2018年冬	2018年春	2018年秋	全年
361	—	1 129.18	590.16	859.67
362	—	322.16	56.60	189.38
363	—	408.29	68.85	238.57
364	—	62.50	144.26	103.38
388	9.03	1 133.54	65.57	402.72
389	3.07	626.67	295.08	308.27
390	6.42	916.26	57.38	326.69
391	—	24.15	45.90	35.03
415	—	744.26	12.62	378.44
416	52.46	2 333.51	295.08	893.68
417	39.34	39.34	80.33	53.01
418	—	885.25	442.62	663.93
442	—	3.36	13.93	8.65
443	5.49	1.95	303.05	103.49
444	27.33	6.80	139.34	57.83
465	—	—	295.08	295.08
466	—	1.38	88.52	44.95
467	—	—	72.13	72.13
488	—	—	90.16	90.16
489	—	—	108.20	108.20
490	—	—	49.18	49.18

注：表中"—"表示在该站点未采集到该种渔获物。

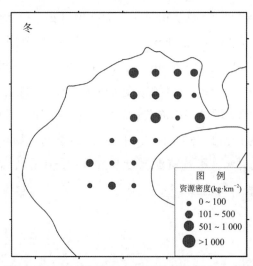

图3-32　2018年北部湾全年二长棘犁齿鲷资源密度空间分布图

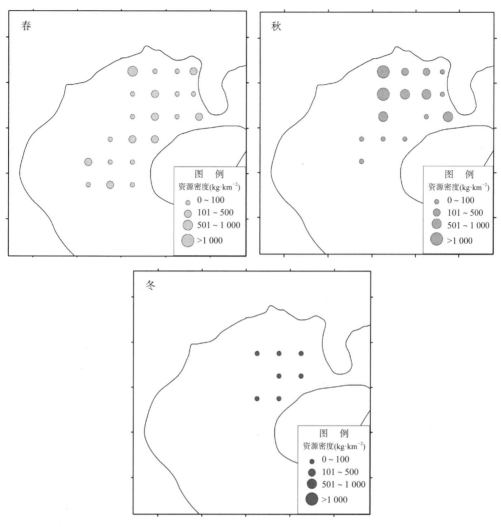

图3-33 2018年北部湾各季节二长棘犁齿鲷资源密度空间分布图

3. 多齿蛇鲻

（1）渔获率

2010—2011年全年多齿蛇鲻渔获物平均渔获率为3.87 kg·h⁻¹，各站点渔获率范围为0.49 ~ 12.12 kg·h⁻¹。春季平均渔获率为1.63 kg·h⁻¹，各站点渔获率范围为0.30 ~ 30.40 kg·h⁻¹；夏季平均渔获率为7.42 kg·h⁻¹，各站点渔获率范围为0.76 ~ 14.88 kg·h⁻¹；秋季平均渔获率为3.63 kg·h⁻¹，各站点渔获率范围为0.66 ~ 80.70 kg·h⁻¹；冬季平均渔获率为3.70 kg·h⁻¹，各站点渔获率范围为0.11 ~ 20.00 kg·h⁻¹（表3-39）。

表3-39　2010—2011年北部湾多齿蛇鲻渔获率时空变化表

站点	渔获率（kg·h⁻¹）				
	2010年夏	2010年秋	2011年冬	2011年春	全年
361	1.72	1.59	0.21	—	1.17
362	0.59	0.76	0.11	—	0.49
388	0.30	1.69	1.15	—	1.04
389	0.71	1.10	1.07	—	0.96
415	10.00	2.50	3.34	0.38	4.06
416	6.00	3.50	2.60	—	4.03
442	14.00	3.99	10.00	0.08	7.02
443	8.00	3.25	4.66	5.68	5.40
444	—	—	0.90	—	0.90
465	30.40	14.88	1.29	1.90	12.12
466	8.00	3.03	0.75	—	3.93
488	—	—	20.00	0.54	10.27
489	1.95	—	1.98	2.10	2.01
490	—	—	—	0.75	0.75

注：表中"—"表示在该站点未采集到该种渔获物。

2018年全年多齿蛇鲻渔获物平均渔获率为1.91 kg·h⁻¹，各站点渔获率范围为0.02～5.63 kg·h⁻¹。春季平均渔获率为2.73 kg·h⁻¹，各站点渔获率范围为0.02～12.40 kg·h⁻¹；秋季平均渔获率为2.66 kg·h⁻¹，各站点渔获率范围为0.05～11.00 kg·h⁻¹；冬季平均渔获率为0.78 kg·h⁻¹，各站点渔获率范围为0.01～2.01 kg·h⁻¹（表3-40）。

表3-40　2018年北部湾多齿蛇鲻渔获率时空变化表

站点	渔获率（kg·h⁻¹）			
	2018年冬	2018年春	2018年秋	全年
361	0.33	—	0.20	0.27
362	0.00	0.10	—	0.05
388	0.80	0.60	7.80	3.07
389	1.35	1.25	2.10	1.57
415	0.89	2.70	3.80	2.46
416	0.71	12.40	0.68	4.60
417	—	—	0.05	0.05
418	—	0.02	—	0.02
442	0.69	2.60	5.60	2.96
443	0.30	5.60	11.00	5.63

续表

站点	渔获率（kg·h⁻¹）			
	2018年冬	2018年春	2018年秋	全年
444	0.23	1.35	1.25	0.94
465	0.97	0.75	0.52	0.75
466	—	4.50	1.70	3.10
467	—	1.74	3.80	2.77
488	1.04	1.30	0.46	0.93
489	2.01	3.60	0.80	2.14
490	—	2.39	0.09	1.24

注：表中"—"表示在该站点未采集到该种渔获物。

（2）资源量

2010—2011年全年多齿蛇鲻渔获物平均资源量为247.80 t，各站点资源量范围为29.94 ~ 765.33 t。春季平均资源量为107.78 t，各站点资源量范围为5.77 ~ 347.44 t；夏季平均资源量为426.85 t，各站点资源量范围为17.32 ~ 1 754.83 t；秋季平均资源量为221.45 t，各站点资源量范围为48.24 ~ 910.69 t；冬季平均资源量为269.00 t，各站点资源量范围为7.14 ~ 1 496.57 t（表3-41）。

表3-41　2010—2011年北部湾多齿蛇鲻资源量时空变化表

站点	资源量（t）				
	2010年夏	2010年秋	2011年冬	2011年春	全年
361	97.30	114.56	14.28	—	75.38
362	34.45	48.24	7.14	—	29.94
388	17.32	111.62	82.72	—	70.55
389	42.23	69.02	68.91	—	60.06
415	577.25	144.31	241.00	22.58	246.28
416	327.63	202.04	150.08	—	226.58
442	808.15	251.76	808.15	5.77	468.45
443	461.80	187.61	277.06	347.44	318.48
444	—	—	62.70		62.70
465	1 754.83	910.69	86.54	142.17	723.56
466	461.80	174.62	68.88	—	235.10
488	—	—	1 496.57	34.09	765.33
489	112.56	—	133.01	146.30	130.62
490				56.12	56.12

注：表中"—"表示在该站点未采集到该种渔获物。

2018年全年多齿蛇鲻渔获物平均资源量为96.88 t，各站点资源量范围为1.21～285.02 t。春季平均资源量为137.97 t，各站点资源量范围为1.21～627.50；秋季平均资源量为134.45 t，各站点资源量范围为2.53～556.66 t；冬季平均资源量为39.26 t，各站点资源量范围为0.12～101.51 t（表3-42）。

表3-42　2018年北部湾多齿蛇鲻资源量时空变化表

站点	资源量（t）			
	2018年冬	2018年春	2018年秋	全年
361	16.89	—	10.12	13.50
362	0.12	4.96	—	2.54
388	40.48	30.36	394.72	155.19
389	68.32	63.26	106.27	79.28
415	44.92	136.63	192.30	124.62
416	35.95	627.50	34.41	232.62
417	—	—	2.53	2.53
418	—	1.21	—	1.21
442	34.82	131.57	283.39	149.93
443	15.02	283.39	556.66	285.02
444	11.47	68.32	63.26	47.68
465	48.83	37.95	26.31	37.70
466	—	227.72	86.03	156.88
467	—	87.99	192.30	140.15
488	52.80	65.79	23.28	47.29
489	101.51	182.18	40.48	108.06
490	—	120.72	4.66	62.69

注：表中"—"表示在该站点未采集到该种渔获物。

（3）资源密度

2010—2011年全年多齿蛇鲻渔获物重量共388.09 kg，占全年鱼类总捕捞渔获量的5.91%，平均资源密度为80.27 kg·km^{-2}，各站点资源密度范围为9.70～247.93 kg·km^{-2}（图3-34）。春季渔获物重量共38.53 kg，占春季鱼类总捕捞渔获量的2.67%，平均资源密度为34.92 kg·km^{-2}，各站点资源密度范围为1.87～112.55 kg·km^{-2}；夏季渔获物重量共149.27 kg，占夏季鱼类总捕捞渔获量的5.96%，平均资源密度为138.28 kg·km^{-2}，各站点资源密度范围为5.61～568.47 kg·km^{-2}；秋季渔获物重量共92.48 kg，占秋季鱼类总捕捞渔获量的5.49%，平均资源密度为71.74 kg·km^{-2}，各站点资源密度范围为15.63～295.02 kg·km^{-2}；冬季渔获物重量共107.83 kg，占冬季鱼类总捕捞渔获量的11.59%，平均资源密度为87.14 kg·km^{-2}，各站点资源密度范围为2.31～484.81 kg·km^{-2}（表3-43、图3-35）。

表3-43　2010—2011年北部湾多齿蛇鲻资源密度时空变化表

站点	资源密度（kg·km^{-2}）				
	2010年夏	2010年秋	2011年冬	2011年春	全年
361	31.52	37.11	4.63	—	24.42
362	11.16	15.63	2.31	—	9.70
388	5.61	36.16	26.80	—	22.86
389	13.68	22.36	22.32	—	19.45
415	187.00	46.75	78.07	7.31	79.78
416	106.13	65.45	48.62	—	73.40
442	261.80	81.56	261.80	1.87	151.76
443	149.60	60.77	89.75	112.55	103.17
444	—	—	20.31		20.31
465	568.47	295.02	28.03	46.06	234.40
466	149.60	56.57	22.31	—	76.16
488	—	—	484.81	11.04	247.93
489	36.46	—	43.09	47.39	42.32
490	—	—	—	18.18	18.18

注：表中"—"表示在该站点未采集到该种渔获物。

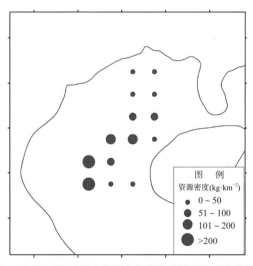

图3-34　2010—2011年北部湾全年多齿蛇鲻资源密度空间分布图

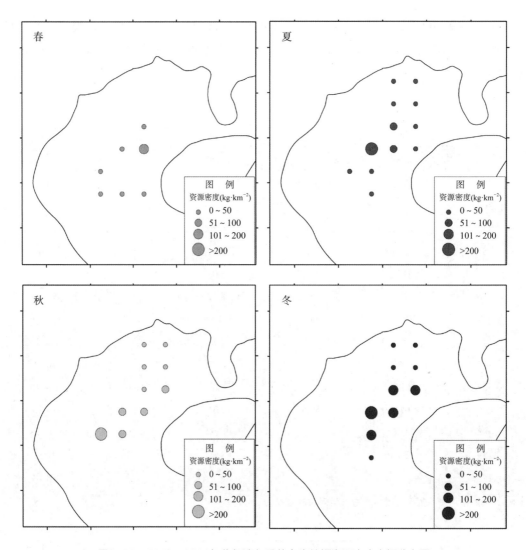

图3-35　2010—2011年北部湾各季节多齿蛇鲻资源密度空间分布图

2018年全年多齿蛇鲻渔获物重量共90.06 kg，占全年鱼类总捕捞渔获量的2.59%，平均资源密度为31.38 kg·km^{-2}，各站点资源密度范围为0.39~92.33 kg·km^{-2}（图3-36）。春季渔获物重量共40.90 kg，占春季鱼类总捕捞渔获量的1.90%，平均资源密度为44.70 kg·km^{-2}，各站点资源密度范围为0.39~203.28 kg·km^{-2}；秋季渔获物重量共39.85 kg，占秋季鱼类总捕捞渔获量的3.44%，平均资源密度为43.55 kg·km^{-2}，各站点资源密度范围为0.82~180.33 kg·km^{-2}；冬季渔获物重量共9.31 kg，占冬季鱼类总捕捞渔获量的1.23%，平均资源密度为12.72 kg·km^{-2}，各站点资源密度范围为0.04~32.88 kg·km^{-2}（表3-44、图3-37）。

表3-44 2018年北部湾多齿蛇鲻资源密度时空变化表

站点	资源密度（kg·km^{-2}）			
	2018年冬	2018年春	2018年秋	全年
361	5.47	—	3.28	4.37
362	0.04	1.61	—	0.82
388	13.11	9.84	127.87	50.27
389	22.13	20.49	34.43	25.68
415	14.55	44.26	62.30	40.37
416	11.65	203.28	11.15	75.36
417	—	—	0.82	0.82
418	—	0.39	—	0.39
442	11.28	42.62	91.80	48.57
443	4.86	91.80	180.33	92.33
444	3.72	22.13	20.49	15.45
465	15.82	12.30	8.52	12.21
466	—	73.77	27.87	50.82
467	—	28.50	62.30	45.40
488	17.10	21.31	7.54	15.32
489	32.88	59.02	13.11	35.01
490	—	39.11	1.51	20.31

注：表中"—"表示在该站点未采集到该种渔获物。

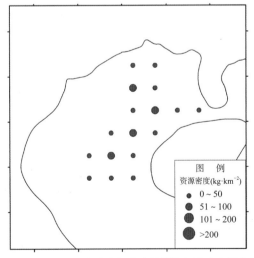

图3-36 2018年北部湾全年多齿蛇鲻资源密度空间分布图

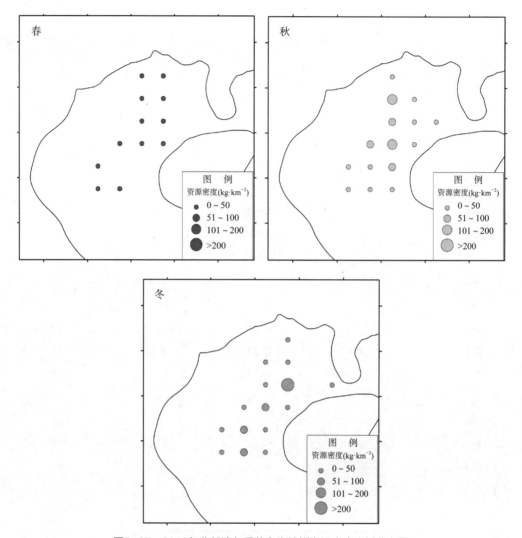

图3-37　2018年北部湾各季节多齿蛇鲻资源密度空间分布图

4. 斑鳍白姑鱼

（1）渔获率

2010—2011年全年斑鳍白姑鱼渔获物平均渔获率为1.03 kg·h⁻¹，各站点渔获率范围为0.04~2.35 kg·h⁻¹。春季平均渔获率为0.21 kg·h⁻¹，各站点渔获率范围为0.07~0.66 kg·h⁻¹；夏季平均渔获率为1.30 kg·h⁻¹，各站点渔获率范围为0.04~3.60 kg·h⁻¹；秋季平均渔获率为1.67 kg·h⁻¹，各站点渔获率范围为0.75~2.85 kg·h⁻¹；冬季平均渔获率为1.57 kg·h⁻¹，各站点渔获率范围为0.32~4.00 kg·h⁻¹（表3-45）。

2018年全年斑鳍白姑鱼渔获物平均渔获率为0.80 kg·h⁻¹，各站点渔获率范围为0.02~3.22 kg·h⁻¹。春季平均渔获率为0.73 kg·h⁻¹，各站点渔获率范围为0.20~1.75 kg·h⁻¹；秋季平均渔获率为1.54 kg·h⁻¹，各站点渔获率范围为0.02~8.52 kg·h⁻¹；冬季平均渔获率为

$0.24\,kg\cdot h^{-1}$，各站点渔获率范围为$0.06\sim0.93\,kg\cdot h^{-1}$（表3-46）。

表3-45 2010—2011年北部湾斑鳍白姑鱼渔获率时空变化表

站点	渔获率（kg·h⁻¹）				
	2010年夏	2010年秋	2011年冬	2011年春	全年
361	0.76	1.60	1.50	0.09	0.99
362	2.25	2.27	0.85	0.07	1.36
363	—	—	1.11	—	1.11
388	0.68	1.43	2.41	0.12	1.16
389	2.98	2.85	1.57	0.10	1.88
390	3.60	1.13	4.00	0.66	2.35
415	0.04	—	—	—	0.04
416	0.09	0.75	1.65	—	0.83
417	—	—	0.98	—	0.98
442	0.04	—	—	—	0.04
444	—	—	1.30	—	1.30
467	—	—	0.32	—	0.32

注：表中"—"表示在该站点未采集到该种渔获物。

表3-46 2018年北部湾斑鳍白姑鱼渔获率时空变化表

站点	渔获率（kg·h⁻¹）			
	2018年冬	2018年春	2018年秋	全年
361	0.06	—	2.60	1.33
362	0.18	0.42	1.41	0.67
363	0.93	0.20	8.52	3.22
364	—	—	0.88	0.88
388	0.34	—	—	0.34
389	0.09	—	0.03	0.06
390	0.15	—	2.81	1.48
391	—	0.55	0.06	0.31
416	—	—	0.02	0.02
418	—	1.75	0.54	1.14
444	0.06	—	0.05	0.05
490	0.09	—	0.02	0.06

注：表中"—"表示在该站点未采集到该种渔获物。

（2）资源量

2010—2011年全年斑鳍白姑鱼渔获物平均资源量为64.41 t，各站点资源量范围为2.16～137.06 t。春季平均资源量为17.23 t，各站点资源量范围为4.91～57.98 t；夏季平均资源量为75.31 t，各站点资源量范围为2.16～202.04 t；秋季平均资源量为105.54 t，各站点资源量范围为43.29～178.78 t；冬季平均资源量为99.58 t，各站点资源量范围为16.16～230.90 t（表3-47）。

表3-47 2010—2011年北部湾斑鳍白姑鱼资源量时空变化表

站点	资源量（t）				
	2010年夏	2010年秋	2011年冬	2011年春	全年
361	42.93	115.67	104.46	6.73	67.45
362	130.75	143.49	52.95	4.91	83.02
363	—	—	69.03	—	69.03
388	39.01	94.70	173.66	9.17	79.13
389	178.66	178.78	100.83	7.38	116.41
390	202.04	57.33	230.90	57.98	137.06
415	2.16	—	—	—	2.16
416	4.78	43.29	95.25	—	47.77
417	—	—	62.03	—	62.03
442	2.16	—	—	—	2.16
444	—	—	90.57	—	90.57
467	—	—	16.16	—	16.16

注：表中"—"表示在该站点未采集到该种渔获物。

2018年全年斑鳍白姑鱼渔获物平均资源量为40.26 t，各站点资源量范围为0.91～162.84 t。春季平均资源量为36.93 t，各站点资源量范围为10.12～88.56 t；秋季平均资源量为77.90 t，各站点资源量范围为0.91～431.14 t；冬季平均资源量为12.02 t，各站点资源量范围为2.79～47.27 t（表3-48）。

表3-48 2018年北部湾斑鳍白姑鱼资源量时空变化表

站点	资源量（t）			
	2018年冬	2018年春	2018年秋	全年
361	3.06	—	131.57	67.31
362	9.28	21.19	71.47	33.98
363	47.27	10.12	431.14	162.84
364	—	—	44.33	44.33
388	17.06	—	—	17.06
389	4.66	—	1.32	2.99

续表

站点	资源量（t）			
	2018年冬	2018年春	2018年秋	全年
390	7.57	—	142.22	74.89
391	—	27.83	3.04	15.43
416	—	—	0.91	0.91
418	—	88.56	27.30	57.93
444	2.79		2.43	2.61
490	4.50		1.21	2.86

注：表中"—"表示在该站点未采集到该种渔获物。

（3）资源密度

2010—2011年全年斑鳍白姑鱼渔获物重量共160.93 kg，占全年鱼类总捕捞渔获量的7.30%，平均资源密度为20.87 kg·km^{-2}，各站点资源密度范围为0.70～44.40 kg·km^{-2}（图3-38）。春季渔获物重量共8.54 kg，占春季鱼类总捕捞渔获量的0.59%，平均资源密度为5.58 kg·km^{-2}，各站点资源密度范围为1.59～18.78 kg·km^{-2}；夏季渔获物重量共33.18 kg，占夏季鱼类总捕捞渔获量的1.32%，平均资源密度为24.40 kg·km^{-2}，各站点资源密度范围为0.70～65.45 kg·km^{-2}；秋季渔获物重量共52.44 kg，占秋季鱼类总捕捞渔获量的3.12%，平均资源密度为34.19 kg·km^{-2}，各站点资源密度范围为14.02～57.92 kg·km^{-2}；冬季渔获物重量共66.77 kg，占冬季鱼类总捕捞渔获量的7.17%，平均资源密度为32.26 kg·km^{-2}，各站点资源密度范围为5.24～74.80 kg·km^{-2}（表3-49、图3-39）。

表3-49 2010—2011年北部湾斑鳍白姑鱼资源密度时空变化表

站点	资源密度（kg·km^{-2}）				
	2010年夏	2010年秋	2011年冬	2011年春	全年
361	13.91	37.47	33.84	2.18	21.85
362	42.36	46.48	17.15	1.59	26.90
363	—	—	22.36	—	22.36
388	12.64	30.68	56.26	2.97	25.64
389	57.88	57.92	32.66	2.39	37.71
390	65.45	18.57	74.80	18.78	44.40
415	0.70	—	—	—	0.70
416	1.55	14.02	30.85	—	15.48
417	—	—	20.09	—	20.09
442	0.70	—	—	—	0.70
444	—	—	29.34	—	29.34
467	—	—	5.24	—	5.24

注：表中"—"表示在该站点未采集到该种渔获物。

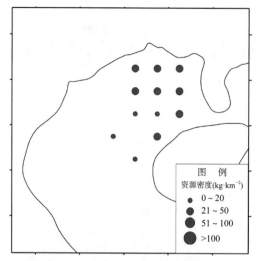

图3-38 2010—2011年北部湾斑鳍白姑鱼资源密度空间分布图

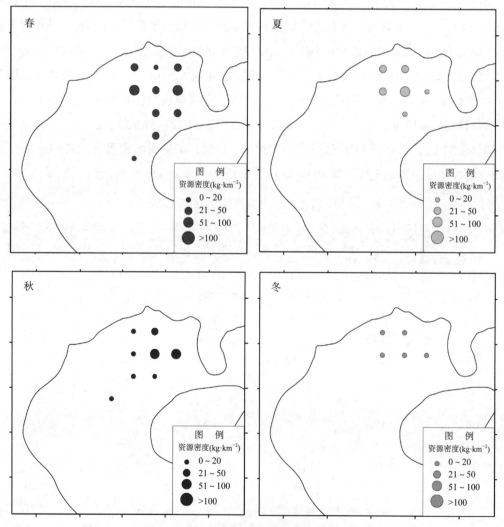

图3-39 2010—2011年北部湾各季节斑鳍白姑鱼资源密度空间分布图

2018年全年斑鳍白姑鱼渔获物重量共21.75 kg，占全年鱼类总捕捞渔获量的0.62%，平均资源密度为13.04 kg·km^{-2}，各站点资源密度范围为0.03～52.75 kg·km^{-2}（图3-40）。春季渔获物重量共2.92 kg，占春季鱼类总捕捞渔获量的0.19%，平均资源密度为11.96 kg·km^{-2}，各站点资源密度范围为3.28～28.68 kg·km^{-2}；秋季渔获物重量共16.93 kg，占秋季鱼类总捕捞渔获量的1.46%，平均资源密度为25.24 kg·km^{-2}，各站点资源密度范围为0.30～139.67 kg·km^{-2}；冬季渔获物重量共1.9 kg，占冬季鱼类总捕捞渔获量的0.25%，平均资源密度为3.89 kg·km^{-2}，各站点资源密度范围为0.90～15.31 kg·km^{-2}（表3-50、图3-41）。

表3-50　2018年北部湾斑鳍白姑鱼资源密度时空变化表

站点	资源密度（kg·km^{-2}）			
	2018年冬	2018年春	2018年秋	全年
361	0.99	—	42.62	21.81
362	3.01	6.87	23.15	11.01
363	15.31	3.28	139.67	52.75
364	—	—	14.36	14.36
388	5.53	—	—	5.53
389	1.51	—	0.43	0.97
390	2.45	—	46.07	24.26
391	—	9.02	0.98	5.00
416	—	—	0.30	0.30
418	—	28.69	8.84	18.77
444	0.90	—	0.79	0.84
490	1.46	—	0.39	0.93

注：表中"—"表示在该站点未采集到该种渔获物。

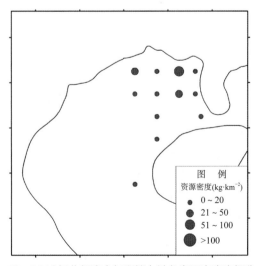

图3-40　2018年北部湾全年斑鳍白姑鱼资源密度空间分布图

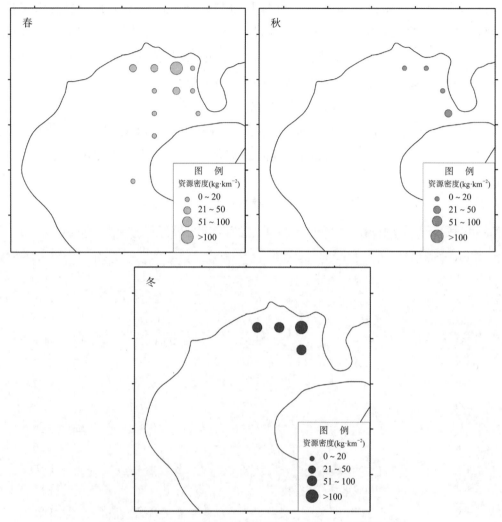

图3-41　2018年北部湾各季节斑鳍白姑鱼资源密度空间分布图

5.竹䇲鱼

（1）渔获率

2010—2011年全年竹䇲鱼渔获物平均渔获率为4.58 kg·h^{-1}，各站点渔获率范围为0.06～19.40 kg·h^{-1}。春季平均渔获率为5.14 kg·h^{-1}，各站点渔获率范围为0.04～37.74 kg·h^{-1}；夏季平均渔获率为6.09 kg·h^{-1}，各站点渔获率范围为0.11～19.00 kg·h^{-1}；秋季平均渔获率为4.25 kg·h^{-1}，各站点渔获率范围为0.15～21.50 kg·h^{-1}；冬季平均渔获率为0.75 kg·h^{-1}，各站点渔获率范围为0.59～1.03 kg·h^{-1}（表3-51）。

2018年全年竹䇲鱼渔获物平均渔获率为12.20 kg·h^{-1}，各站点渔获率范围为0.02～44.21 kg·h^{-1}。春季平均渔获率为16.89 kg·h^{-1}，各站点渔获率范围为0.02～87.92 kg·h^{-1}；秋季平均渔获率为9.15 kg·h^{-1}，各站点渔获率范围为0.08～36.00 kg·h^{-1}；冬季平均渔获率为

0.60 kg·h^{-1}，各站点渔获率范围为0.04～21.00 kg·h^{-1}（表3-52）。

表3-51 2010—2011年北部湾竹荚鱼渔获率时空变化表

站点	渔获率（kg·h^{-1}）				
	2010年夏	2010年秋	2011年冬	2011年春	全年
361	1.08	—	—	37.72	19.40
362	—	0.15	—	0.62	0.39
388	16.70	0.48	—	19.68	12.28
389	—	1.76	—	0.04	0.90
390	—	—	—	0.06	0.06
415	2.00	1.00	0.59	1.06	1.16
416	0.65	2.84	—	—	1.75
442	3.80	6.00	1.03	2.85	3.42
443	0.11	2.00	0.64	2.08	1.21
444	—	—	—	0.10	0.10
465	4.00	21.50	—	0.16	8.55
466	7.50	2.50	—	0.40	3.47
488	—	—	—	1.95	1.95
489	19.00	—	—	0.10	9.55

注：表中"—"表示在该站点未采集到该种渔获物。

表3-52 2018年北部湾竹荚鱼渔获率时空变化表

站点	渔获率（kg·h^{-1}）			
	2018年冬	2018年春	2018年秋	全年
361	—	24.48	—	24.48
363	—	0.57	—	0.57
388	—	70.08	4.00	37.04
389	—	87.92	0.50	44.21
391	—	32.33	—	32.33
415	0.35	54.35	0.08	18.26
416	0.41	5.20	4.34	3.32
417	—	1.05	—	1.05
418	—	0.02	—	0.02
442	0.61	0.40	1.30	0.77
443	2.10	0.67	4.74	2.50
444	0.48	15.28	36.00	17.25

站点	渔获率（kg·h⁻¹）			
	2018年冬	2018年春	2018年秋	全年
465	—	5.25	2.75	4.00
466	—	4.11	18.00	11.06
467	—	0.15	27.00	13.58
488	—	0.64	9.30	4.97
489	0.22	1.20	1.70	1.04
490	0.04	0.31	9.20	3.18

注：表中"—"表示在该站点未采集到该种渔获物。

（2）资源量

2010—2011年全年竹荚鱼渔获物平均资源量为195.13 t，各站点资源量范围为4.83～1 367.63 t。春季平均资源量为364.02 t，各站点资源量范围为2.81～2 674.44 t；夏季平均资源量为351.33 t，各站点资源量范围为6.35～1 096.77 t；秋季平均资源量为258.71 t，各站点资源量范围为9.78～1 316.70 t；冬季平均资源量为54.48 t，各站点资源量范围为38.03～82.83 t（表3-53）。

表3-53　2010—2011年北部湾竹荚鱼资源量时空变化表

站点	资源量（t）				
	2010年夏	2010年秋	2011年冬	2011年春	全年
361	60.83	—	—	2 674.44	1 367.63
362	—	9.78	—	42.88	26.33
388	963.91	31.57	—	1 445.64	813.71
389	—	110.47	—	2.81	56.64
390	—	—	—	4.83	4.83
415	115.45	57.72	42.57	62.99	69.68
416	35.49	163.94	—	—	99.72
442	219.35	378.82	82.83	205.64	221.66
443	6.35	115.45	38.03	127.04	71.72
444	—	—	—	7.26	7.26
465	230.90	1 316.30	—	11.60	519.60
466	432.94	144.31	—	17.19	198.15
488	—	—	—	123.12	123.12
489	1 096.77	—	—	6.86	551.82

注：表中"—"表示在该站点未采集到该种渔获物。

2018年全年竹荚鱼渔获物平均资源量为617.48 t，各站点资源量范围为1.01～2 237.26 t。春季平均资源量为854.73 t，各站点资源量范围为1.01～4 449.22 t；秋季平均资源量为462.85 t，各站点资源量范围为3.85～1 821.79 t；冬季平均资源量为30.44 t，各站点资源量范围为2.23～106.27 t（表3-54）。

表3-54　2018年北部湾竹荚鱼资源量时空变化表

站点	资源量（t）			
	2018年冬	2018年春	2018年秋	全年
361	—	1 239.02	—	1 239.02
363		29.06		29.06
388	—	3 546.39	202.42	1 874.40
389	—	4 449.22	25.30	2 237.26
391	—	1 636.00	—	1 636.00
415	17.71	2 750.31	3.85	923.96
416	20.75	263.15	219.63	167.84
417	—	53.14	—	53.14
418	—	1.01	—	1.01
442	30.70	20.14	65.79	38.88
443	106.27	33.91	239.71	126.63
444	24.29	773.45	1 821.79	873.17
465		265.87	139.16	202.52
466	—	208.19	910.89	559.54
467	—	7.59	1 366.34	686.96
488	—	32.39	470.63	251.51
489	11.13	60.73	86.03	52.63
490	2.23	15.65	465.57	161.15

注：表中"—"表示在该站点未采集到该种渔获物。

（3）资源密度

2010—2011年全年竹荚鱼渔获物重量共445.45 kg，占全年鱼类总捕捞渔获量的6.79%，平均资源密度为95.61 kg·km⁻²，各站点资源密度范围为1.57～443.03 kg·km⁻²（图3-42）。春季渔获物重量共251.53 kg，占春季鱼类总捕捞渔获量的17.41%，平均资源密度为117.92 kg·km⁻²，各站点资源密度范围为0.91～866.38 kg·km⁻²；夏季渔获物重量共105.12 kg，占夏季鱼类总捕捞渔获量的4.20%，平均资源密度为113.81 kg·km⁻²，各站点资源密度范围为2.06～355.30 kg·km⁻²；秋季渔获物重量共84.29 kg，占秋季鱼类总捕捞渔获量的5.01%，平均资源密度为83.81 kg·km^{-2}，各站点资源密度范围为 3.17 ~ 426.41 kg·km^{-2}；冬季渔获物重量共4.51 kg，占冬季鱼类总捕捞渔获量的0.48%，平均资源密度为17.65 kg·km^{-2}，各站点资源密度范围为12.32 ~ 26.83 kg·km^{-2}（表3-55、图3-43）。

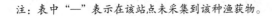

表3-55　2010—2011年北部湾竹荚鱼资源密度时空变化表

站点	资源密度（kg·km^{-2}）				
	2010年夏	2010年秋	2011年冬	2011年春	全年
361	19.70	—	—	866.38	443.04
362	—	3.17	—	13.89	8.53
388	312.26	10.23	—	468.31	263.60
389	—	35.79	—	0.91	18.35
390	—	—	—	1.57	1.57
415	37.40	18.70	13.79	20.40	22.57
416	11.50	53.11	—	—	32.30
442	71.06	122.72	26.83	66.62	71.81
443	2.06	37.40	12.32	41.15	23.23
444	—	—	—	2.35	2.35
465	74.80	426.41	—	3.76	168.32
466	140.25	46.75	—	5.57	64.19
488	—	—	—	39.88	39.88
489	355.30	—	—	2.22	178.76

注：表中"—"表示在该站点未采集到该种渔获物。

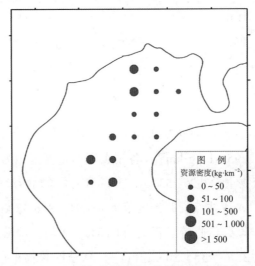

图3-42　2010—2011年北部湾全年竹荚鱼资源密度空间分布图

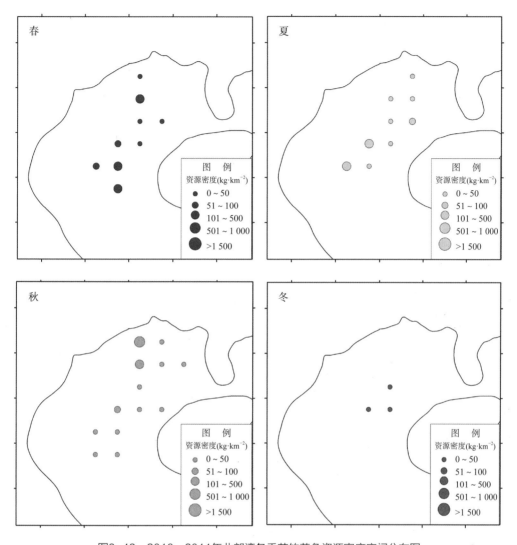

图3-43 2010—2011年北部湾各季节竹荚鱼资源密度空间分布图

2018年全年竹荚鱼渔获物重量共427.14 kg，占全年鱼类总捕捞渔获量的12.26%，平均资源密度为200.03 kg·km^{-2}，各站点资源密度范围为0.33~724.76 kg·km^{-2}（图3~44）。春季渔获物重量共304.02 kg，占春季鱼类总捕捞渔获量的19.38%，平均资源密度为276.89 kg·km^{-2}，各站点资源密度范围为0.33~1 441.32 kg·km^{-2}；秋季渔获物重量共118.90 kg，占秋季鱼类总捕捞渔获量的10.28%，平均资源密度为149.94 kg·km^{-2}，各站点资源密度范围为1.25~590.16 kg·km^{-2}；冬季渔获物重量共4.21 kg，占冬季鱼类总捕捞渔获量的0.56%，平均资源密度为9.86 kg·km^{-2}，各站点资源密度范围为0.72~34.43 kg·km^{-2}（表3-56、图3-45）。

表3-56　2018年北部湾竹荚鱼资源密度时空变化表

站点	资源密度（kg·km^{-2}）			
	2018年冬	2018年春	2018年秋	全年
361	—	401.38	—	401.38
363	—	9.41	—	9.41
388		1 148.85	65.57	607.21
389	—	1 441.32	8.20	724.76
391	—	529.98	—	529.98
415	5.74	890.96	1.25	299.31
416	6.72	85.25	71.15	54.37
417	—	17.21	—	17.21
418	—	0.33		0.33
442	9.95	6.52	21.31	12.59
443	34.43	10.98	77.65	41.02
444	7.87	250.56	590.16	282.86
465	—	86.13	45.08	65.60
466	—	67.44	295.08	181.26
467	—	2.46	442.62	222.54
488	—	10.49	152.46	81.48
489	3.61	19.67	27.87	17.05
490	0.72	5.07	150.82	52.20

注：表中"—"表示在该站点未采集到该种渔获物。

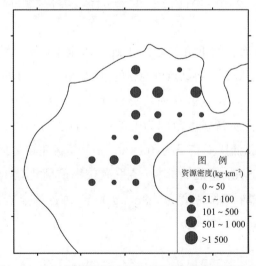

图3-44　2018年北部湾全年竹荚鱼资源密度空间分布图

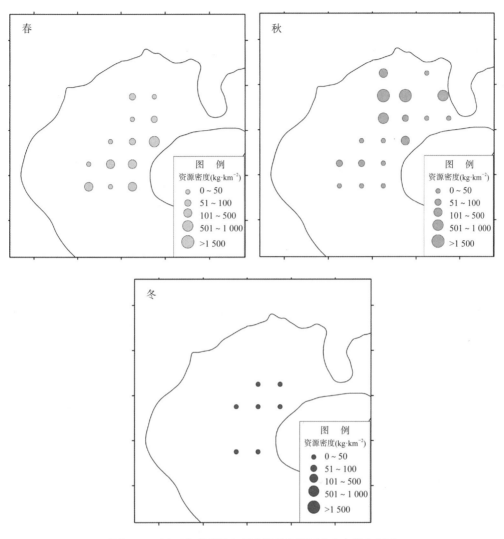

图3-45　2018年北部湾各季节竹荚鱼资源密度空间分布图

第三节　头足资源结构

一、头足类种类组成

1. 2010—2011年头足类种类组成

2010—2011年全年调查共出现头足类25种，隶属于4科3目，全年头足类渔获总重1 014.76 kg，占渔获总重量的12.66%，全年渔获总尾数为22 350尾，占渔获总数量的2.20%。头足类种名录见表3-57。

表3-57　2010—2011年北部湾头足类种类目录

序号	种名	拉丁名	科	目
1	短蛸	*Octopus ocellatus*	蛸科	八腕目
2	纺锤蛸	*Octopus fusiformis*	蛸科	八腕目
3	环蛸	*Octopus maculose*	蛸科	八腕目
4	卵蛸	*Octopus ovulum*	蛸科	八腕目
5	南海蛸	*Octopus nanhaiensis*	蛸科	八腕目
6	弯斑蛸	*Octopus dollfusi*	蛸科	八腕目
7	长蛸	*Octopus variabilis*	蛸科	八腕目
8	莱氏拟乌贼	*Sepioteuthis lessoniana*	枪乌贼科	枪形目
9	杜氏枪乌贼	*Loligo duvauceli*	枪乌贼科	枪形目
10	剑尖枪乌贼	*Loligo edulis*	枪乌贼科	枪形目
11	田乡枪乌贼	*Loligo tagoi*	枪乌贼科	枪形目
12	中国枪乌贼	*Loligo chinensis*	枪乌贼科	枪形目
13	暗耳乌贼	*Inioteuthis japonica*	耳乌贼科	乌贼目
14	柏氏四盘耳乌贼	*Euprymna berryi*	耳乌贼科	乌贼目
15	图氏后乌贼	*Metsepia tullergi*	乌贼科	乌贼目
16	白斑乌贼	*Sepia latimanus*	乌贼科	乌贼目
17	短穗乌贼	*Sepia brevimana*	乌贼科	乌贼目
18	虎斑乌贼	*Sepia pharaonis*	乌贼科	乌贼目
19	罗氏乌贼	*Sepia robsoni*	乌贼科	乌贼目
20	马氏乌贼	*Sepia madokai*	乌贼科	乌贼目
21	目乌贼	*Sepia aculeata*	乌贼科	乌贼目
22	拟目乌贼	*Sepia lycidas*	乌贼科	乌贼目
23	神户乌贼	*Sepia kobiensis*	乌贼科	乌贼目
24	珠乌贼	*Sepia torsa*	乌贼科	乌贼目
25	曼氏无针乌贼	*Sepiella maindroni*	乌贼科	乌贼目

2. 2018年头足类种类组成

2018年全年调查共出现头足类30种，隶属于5科3目，全年头足类渔获总重156.69 kg，占渔获总重量的3.73%，全年渔获总尾数为7 742，占渔获总数量的1.69%。头足类种名录见表3-58。

表3-58　2018年北部湾头足类种类目录

序号	种名	拉丁名	科	目
1	短蛸	*Octopus ocellatus*	蛸科	八腕目
2	环蛸	*Octopus maculosa*	蛸科	八腕目
3	卵蛸	*Octopus ovulum*	蛸科	八腕目
4	南海蛸	*Octopus nanhaiensis*	蛸科	八腕目
5	双斑蛸	*Octopus bimaculatus*	蛸科	八腕目
6	条纹蛸	*Octopus striolatus*	蛸科	八腕目
7	弯斑蛸	*Octopus dollfusi*	蛸科	八腕目
8	长蛸	*Octopus variabilis*	蛸科	八腕目
9	真蛸	*Octopus vulgaris*	蛸科	八腕目
10	莱氏拟乌贼	*Sepioteuthis lessoniana*	枪乌贼科	枪形目
11	杜氏枪乌贼	*Loligo duvaucelii*	枪乌贼科	枪形目
12	火枪乌贼	*Loligo beka*	枪乌贼科	枪形目
13	剑尖枪乌贼	*Loligo edulis*	枪乌贼科	枪形目
14	田乡枪乌贼	*Loligo tagoi*	枪乌贼科	枪形目
15	小管枪乌贼	*Loligo oshimai*	枪乌贼科	枪形目
16	中国枪乌贼	*Loligo chinensis*	枪乌贼科	枪形目
17	太平洋褶柔鱼	*Todarodes pacificus*	柔鱼科	枪形目
18	柏氏四盘耳乌贼	*Euprymna berryi*	耳乌贼科	乌贼目
19	四盘耳乌贼	*Euprymna morsei*	耳乌贼科	乌贼目
20	图氏后乌贼	*Metasepia tullbergi*	乌贼科	乌贼目
21	白斑乌贼	*Sepia latimanus*	乌贼科	乌贼目
22	虎斑乌贼	*Sepia pharaonis*	乌贼科	乌贼目
23	金乌贼	*Sepia esculenta*	乌贼科	乌贼目
24	罗氏乌贼	*Sepia robsoni*	乌贼科	乌贼目
25	目乌贼	*Sepia aculeata*	乌贼科	乌贼目
26	拟目乌贼	*Sepia lycidas*	乌贼科	乌贼目
27	神户乌贼	*Sepia kobiensis*	乌贼科	乌贼目
28	椭乌贼	*Sepia elliptica*	乌贼科	乌贼目
29	珠乌贼	*Sepia torosa*	乌贼科	乌贼目
30	曼氏无针乌贼	*Sepiella maindroni*	乌贼科	乌贼目

从头足类的种类组成来看，两个时期调查捕获的头足类种类数量基本一致，分别为25种和30种，2018年比2010—2011年多5种，虽然头足类渔获物的种类略有增加，但头足类在渔获物中所占比例却明显降低，由12.66%下降至3.73%。

二、头足类多样性

1. 2010—2011年头足类多样性

如表3-59所示，2010—2011年北部湾头足类的丰富度指数平均值为0.53，空间变化范围为0.32~1.44，多样性指数平均为0.70，空间变化范围为0.30~1.08；物种均匀度指数平均为0.65，空间变化范围为0.44~0.99（图3-46）。

不同季节各站点间头足类多样性存在一定差异，春季头足类的丰富度指数平均为0.62，变化范围为0.36~1.21；多样性指数平均为0.74，变化范围为0.30~1.23；物种均匀度指数平均为0.60，变化范围为0.28~0.89（表3-60、图3-47）。夏季头足类的丰富度指数平均为0.52，变化范围为0.16~1.14；多样性指数平均为0.54，变化范围为0.09~1.31；物种均匀度指数平均为0.41，变化范围为0.11~0.73（表3-61、图3-48）。秋季头足类的丰富度指数平均为0.36，变化范围为0.16~0.71；多样性指数平均为0.87，变化范围为0.49~1.18；物种均匀度指数平均为0.83，变化范围为0.68~1.00（表3-62、图3-49）。冬季头足类的丰富度指数平均为0.48，变化范围为0.18~1.44；多样性指数平均为0.74，变化范围为0.17~1.27；物种均匀度指数平均为0.69，变化范围为0.24~0.99（表3-63、图3-50）。

表3-59 2010—2011年北部湾全年头足类多样性空间变化表

站点	D	H'	J	站点	D	H'	J
361	0.47	0.67	0.48	442	0.37	0.78	0.74
362	0.56	0.69	0.51	443	0.44	0.70	0.63
363	1.44	1.04	0.95	444	0.36	0.54	0.67
388	0.49	0.82	0.61	465	0.72	1.08	0.76
389	0.53	0.85	0.62	466	0.32	0.39	0.47
390	0.70	0.72	0.56	467	0.42	0.30	0.44
415	0.54	0.95	0.73	488	0.47	0.60	0.65
416	0.37	0.70	0.68	489	0.40	0.52	0.58
417	0.42	0.55	0.65	490	0.46	0.69	0.99
平均	0.53	0.70	0.65				

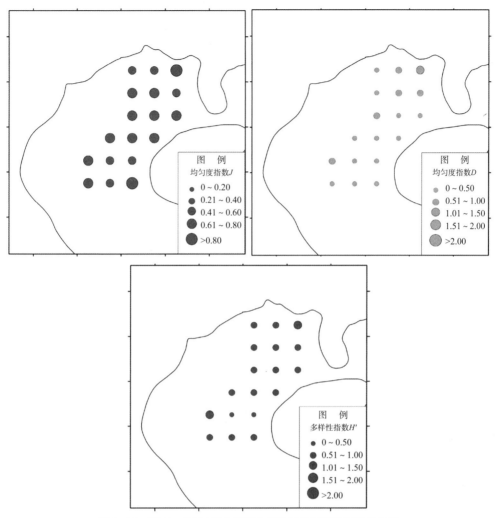

图3-46 2010—2011年北部湾全年头足类多样性空间分布图

表3-60 2010—2011年北部湾春季头足类多样性空间变化表

站点	D	H'	J	站点	D	H'	J
361	0.54	0.31	0.28	442	0.37	0.75	0.68
362	0.74	1.23	0.89	443	0.51	0.65	0.47
363	—	—	—	444	0.55	0.40	0.36
388	0.75	1.00	0.72	465	0.65	1.12	0.81
389	0.64	1.15	0.83	466	—	—	—
390	1.21	0.98	0.71	467	0.42	0.30	0.44
415	0.78	0.92	0.66	488	0.75	0.52	0.32
416	0.39	0.40	0.36	489	—	—	—
417	0.36	0.56	0.81	490	—	—	—
平均	0.62	0.74	0.60				

注：表中"—"表示在该站点未采集到渔获物或渔获物种类小于2种。

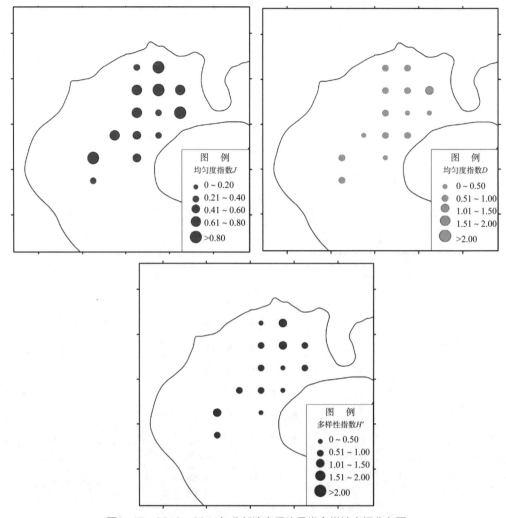

图3-47　2010—2011年北部湾春季头足类多样性空间分布图

表3-61　2010—2011年北部湾夏季头足类多样性空间变化表

站点	D	H'	J	站点	D	H'	J
361	0.16	0.09	0.13	442	0.35	0.55	0.50
362	0.63	0.25	0.16	443	0.48	0.24	0.17
363	—	—	—	444	—	—	—
388	0.37	0.50	0.46	465	1.14	1.31	0.73
389	0.58	0.84	0.52	466	0.59	0.37	0.27
390	0.49	0.15	0.11	467	—	—	—
415	0.57	0.71	0.52	488	—	—	—
416	0.62	0.98	0.70	489	0.25	0.43	0.63
417	—	—	—	490	—	—	—
平均	0.52	0.54	0.41				

注：表中"—"表示在该站点未采集到渔获物或渔获物种类小于2种。

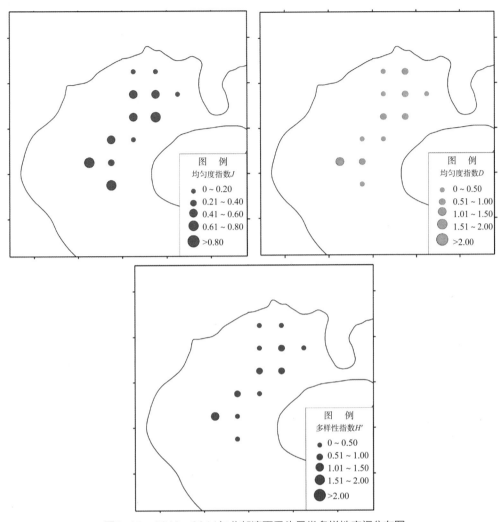

图3-48 2010—2011年北部湾夏季头足类多样性空间分布图

表3-62 2010—2011年北部湾秋季头足类多样性空间变化表

站点	D	H'	J	站点	D	H'	J
361	0.62	1.18	0.73	442	0.16	0.62	0.90
362	0.46	0.98	0.71	443	0.16	0.68	0.99
363	—	—	—	444	—	—	—
388	0.42	1.12	0.81	465	—	—	—
389	0.24	0.99	0.90	466	0.19	0.49	0.70
390	0.50	0.94	0.68	467	—	—	—
415	0.31	0.89	0.81	488	—	—	—
416	0.16	0.69	1.00	489	0.71	0.96	0.87
417	—	—	—	490	—	—	—
平均	0.36	0.87	0.83				

注：表中"—"表示在该站点未采集到渔获物或渔获物种类小于2种。

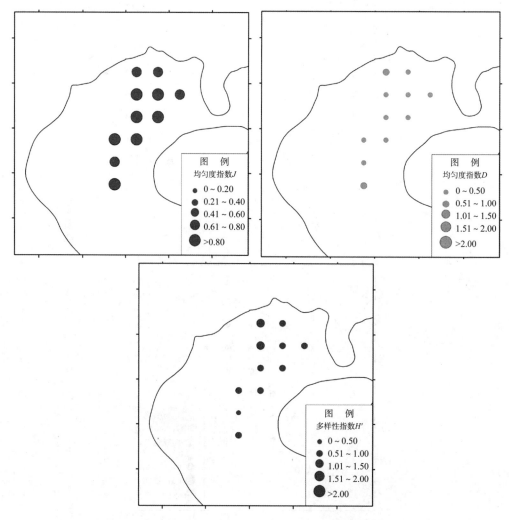

图3-49　2010—2011年北部湾秋季头足类多样性空间分布图

表3-63　2010—2011年北部湾冬季头足类多样性空间变化表

站点	D	H'	J	站点	D	H'	J
361	0.55	1.09	0.78	442	0.59	1.21	0.87
362	0.42	0.31	0.28	443	0.62	1.21	0.87
363	1.44	1.04	0.95	444	0.18	0.68	0.98
388	0.42	0.65	0.47	465	0.36	0.81	0.74
389	0.65	0.44	0.24	466	0.19	0.32	0.45
390	0.61	0.82	0.75	467	—	—	—
415	0.51	1.27	0.91	488	0.18	0.68	0.98
416	0.33	0.72	0.65	489	0.23	0.17	0.24
417	0.48	0.53	0.49	490	0.46	0.69	0.99
平均	0.48	0.74	0.69				

注：表中"—"表示在该站点未采集到渔获物或渔获物种类小于2种。

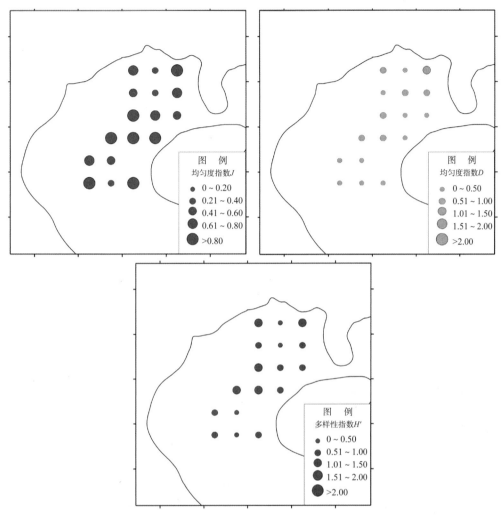

图3-50 2010—2011年北部湾冬季头足类多样性空间分布图

2. 2018年头足类多样性

如表3-64所示，2010—2011年北部湾头足类丰富度指数平均值为1.00，空间变化范围为0.64～1.62；多样性指数平均为0.93，空间变化范围为0.52～1.34；物种均匀度指数平均为0.62，空间变化范围为0.42～0.88（图3-51）。

表3-64 2018年北部湾全年头足类多样性空间变化表

站点	D	H'	J	站点	D	H'	J
361	1.11	0.82	0.70	418	0.64	0.73	0.50
362	0.69	0.70	0.63	442	1.39	1.07	0.54
363	1.15	0.95	0.88	443	1.62	1.34	0.62
364	0.65	0.68	0.42	444	0.89	0.72	0.43
388	1.12	1.28	0.69	465	0.95	0.96	0.59
389	1.05	1.21	0.68	466	0.92	0.87	0.64

续表

站点	D	H'	J	站点	D	H'	J
390	0.71	0.67	0.52	467	0.99	1.02	0.71
391	0.87	1.21	0.74	488	1.17	1.14	0.76
415	0.91	0.80	0.45	489	1.03	1.08	0.78
416	1.04	1.04	0.58	490	1.00	0.52	0.66
417	1.00	0.79	0.52	平均	1.00	0.93	0.62

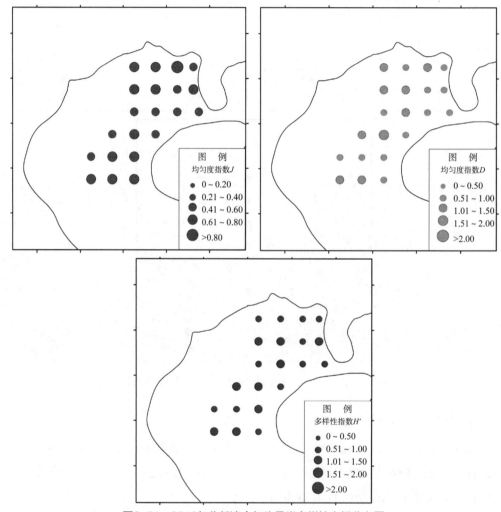

图3-51　2018年北部湾全年头足类多样性空间分布图

　　不同季节各站点间头足类多样性存在一定的差异，春季头足类的丰富度指数平均为0.80，变化范围为0.33~1.29；多样性指数平均为0.87，变化范围为0.15~1.36；物种均匀度指数平均为0.59，变化范围为0.10~0.97（表3-65、图3-52）。秋季头足类的丰富度指数平均为1.24，变化范围为0.47~2.01；多样性指数平均为0.98，变化范围为0.32~1.69；物种均匀度指数平均为0.64，变化范围为0.21~1.00（表3-66、图3-53）。冬季头足类的丰富度指数平均为1.02，变化范围为0.45~1.79；多样性指数平均为1.00，变化范围为

0.34～1.84；物种均匀度指数平均为0.64，变化范围为0.25～1.00（表3-67、图3-54）。

表3-65　2018年北部湾春季头足类多样性空间变化表

站点	D	H'	J	站点	D	H'	J
361	1.28	1.07	0.60	418	0.81	1.13	0.70
362	0.58	0.83	0.75	442	0.97	0.61	0.34
363	0.78	1.07	0.97	443	1.29	0.86	0.44
364	0.65	0.68	0.42	444	0.98	0.97	0.50
388	0.86	1.13	0.63	465	0.61	0.38	0.23
389	1.01	1.36	0.70	466	0.35	0.47	0.43
390	0.54	0.80	0.73	467	0.80	0.92	0.84
391	1.02	1.28	0.66	488	0.33	0.70	0.64
415	0.45	0.15	0.10	489	—	—	—
416	0.81	1.03	0.64	490	—	—	—
417	1.04	1.12	0.81	平均	0.80	0.87	0.59

注：表中"—"表示在该站点未采集到渔获物或渔获物种类小于2种。

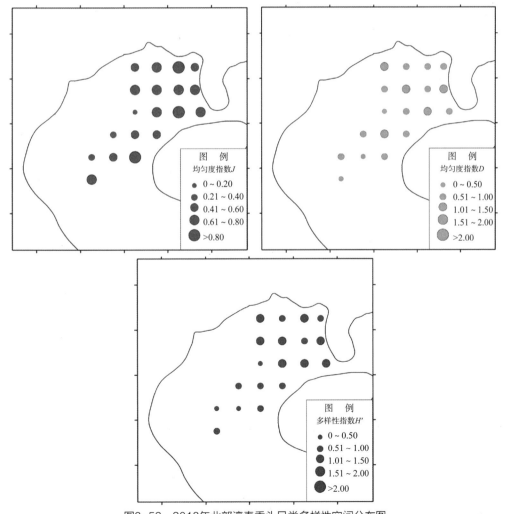

图3-52　2018年北部湾春季头足类多样性空间分布图

表3-66 2018年北部湾秋季头足类多样性空间变化表

站点	D	H'	J	站点	D	H'	J
361	1.44	0.69	1.00	418	0.47	0.32	0.29
362	—	—	—	442	1.90	1.50	0.72
363	1.21	1.09	0.68	443	1.86	1.32	0.57
364	—	—	—	444	0.88	0.86	0.53
388	1.43	1.09	0.52	465	1.52	1.63	0.91
389	0.72	1.01	0.73	466	1.50	1.16	0.60
390	0.87	0.34	0.21	467	1.72	1.69	0.87
391	0.71	1.15	0.83	488	2.01	1.58	0.88
415	1.19	0.71	0.37	489	1.12	1.01	0.92
416	0.53	0.37	0.34	490	1.44	0.69	1.00
417	1.04	0.39	0.22	平均	1.24	0.98	0.64

注：表中"—"表示在该站点未采集到渔获物或渔获物种类小于2种。

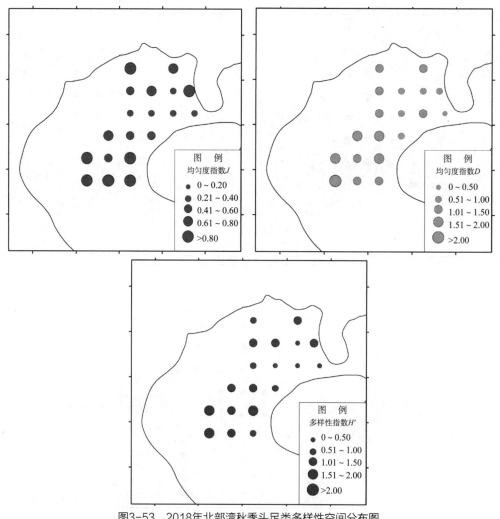

图3-53 2018年北部湾秋季头足类多样性空间分布图

表3-67 2018年北部湾冬季头足类多样性空间变化表

站点	D	H'	J	站点	D	H'	J
361	0.62	0.70	0.51	418	—	—	—
362	0.80	0.57	0.52	442	1.31	1.09	0.56
363	1.44	0.69	1.00	443	1.71	1.84	0.84
364	—	—	—	444	0.81	0.34	0.25
388	1.06	1.63	0.91	465	0.73	0.87	0.62
389	1.41	1.25	0.60	466	0.91	1.00	0.91
390	0.71	0.87	0.63	467	0.45	0.47	0.43
391	—	—	—	488	—	—	—
415	1.08	1.55	0.87	489	0.94	1.15	0.64
416	1.79	1.71	0.74	490	0.57	0.35	0.32
417	0.92	0.85	0.53	平均	1.02	1.00	0.64

注：表中"—"表示在该站点未采集到渔获物或渔获物种类小于2种。

图3-54 2018年北部湾冬季头足类多样性空间分布图

从头足类多样性来看，对比2010—2011年与2018年的均匀度指数均保持稳定，两个年份的头足类均匀度指数无明显变化，而且全年各个站点分布变化相一致，说明头足类结构保持稳定。而2018年的丰富度指数、多样性指数显著高于2010—2011年，各季节均有增长，主要体现在秋季与冬季增长最为明显。

三、头足类资源密度

1. 2010—2011年头足类资源密度

全年头足类渔获物重量共1 014.76 kg，占全年总捕捞渔获量的12.66%，各站点头足类资源密度范围为3.76 ~ 176.54 kg·km^{-2}，平均资源密度为79.25 kg·km^{-2}（表3-68、图3-55）。

春季头足类渔获物重量共68.61 kg，占全年总捕捞渔获量的4.36%；各站点头足类资源密度范围为0.96 ~ 114.92 kg·km^{-2}，平均资源密度为33.41 kg·km^{-2}。夏季头足类渔获物重量共175.74 kg，占全年总捕捞渔获量的6.51%；各站点头足类资源密度范围为40.75 ~ 179.11 kg·km^{-2}，平均资源密度为118.79 kg·km^{-2}。秋季头足类渔获物重量共537.14 kg，占全年总捕捞渔获量的23.86%；各站点头足类资源密度范围为30.12 ~ 388.94 kg·km^{-2}，平均资源密度为193.90 kg·km^{-2}。冬季头足类渔获物重量共233.27 kg，占全年总捕捞渔获量的15.64%；各站点头足类资源密度范围为8.50 ~ 231.70 kg·km^{-2}，平均资源密度为67.92 kg·km^{-2}（图3-56）。

表3-68 2010—2011年北部湾头足类资源密度时空变化表

站点	资源密度（kg·km^{-2}）				
	2010年夏	2010年秋	2011年冬	2011年春	全年
361	76.44	108.38	17.86	18.97	55.41
362	96.44	36.87	8.92	6.83	37.27
363	—	—	8.51	—	8.51
388	148.05	197.73	136.68	3.55	121.50
389	73.43	250.41	72.96	93.76	122.64
390	131.50	76.26	18.73	4.46	57.74
415	143.99	214.00	119.28	26.51	125.95
416	179.11	309.10	38.66	64.24	147.78

续表

站点	资源密度（kg·km^{-2}）				
	2010年夏	2010年秋	2011年冬	2011年春	全年
417	—	—	29.34	9.16	19.25
442	173.17	310.45	137.70	63.80	171.28
443	91.42	210.33	69.12	114.92	121.45
444	—	—	53.20	26.19	39.70
465	135.30	388.94	95.55	86.37	176.54
466	135.90	194.26	231.70	0.92	140.69
467	—	—	—	3.76	3.76
488	—	—	74.76	9.42	42.09
489	40.72	30.12	33.09	1.76	26.42
490	—	—	8.50	—	8.50

注：表中"—"表示在该站点未采集到渔获物。

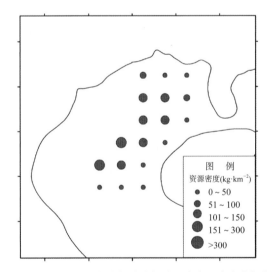

图3-55　2010—2011年北部湾全年头足类资源密度空间分布图

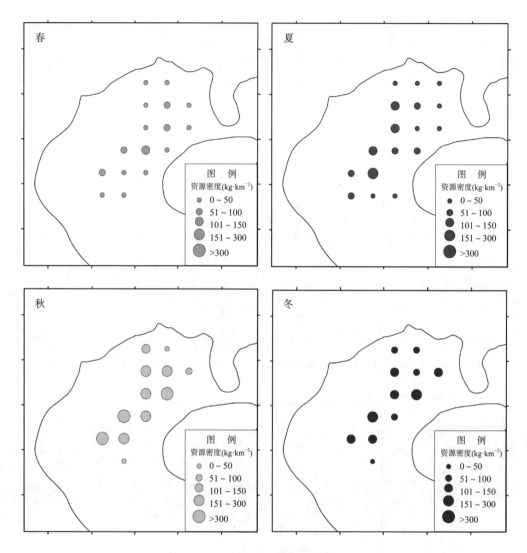

图3-56　2010—2011年北部湾各季节头足类资源密度空间分布图

2. 2018年头足类资源密度

全年头足类渔获物重量共156.69 kg，占全年总捕捞渔获量的3.73%，各站点头足类资源密度范围为4.24～65.83 kg·km^{-2}，平均资源密度为33.8 kg·km^{-2}（表3-69、图3-57）。

春季头足类渔获物重量共73.89 kg，占全年总捕捞渔获量的4.08%；各站点头足类资源密度范围为3.11～91.30 kg·km^{-2}，平均资源密度为31.86 kg·km^{-2}。秋季头足类渔获物重量共35.39 kg，占全年总捕捞渔获量的2.43%；各站点头足类资源密度范围为0.49～88.19 kg·km^{-2}，平均资源密度为28.20 kg·km^{-2}。冬季头足类渔获物重量共47.41 kg；占全年总捕捞渔获量的5.07%；各站点头足类资源密度范围为0.94～107.95 kg·km^{-2}，平均资源密度为44.31 kg·km^{-2}（图3-58）。

表3-69　2018年北部湾头足类资源密度时空变化表

站点	资源密度（kg·km⁻²）			
	2018年冬	2018年春	2018年秋	全年
361	17.65	12.20	6.05	11.97
362	0.94	6.37	5.40	4.24
363	1.37	3.39	37.96	14.24
364	—	33.84	3.44	18.64
388	78.42	68.52	50.56	65.83
389	89.08	65.62	33.05	62.58
390	43.85	4.86	30.27	26.33
391	—	37.09	18.16	27.62
415	48.07	91.30	54.49	64.62
416	107.95	54.80	19.80	60.85
417	61.30	5.19	31.09	32.53
418	—	22.03	30.43	26.23
442	78.26	12.39	33.54	41.40
443	44.40	21.03	88.19	51.21
444	35.21	27.48	28.31	30.33
465	49.20	77.81	29.94	52.32
466	6.80	66.14	24.87	32.61
467	18.65	3.11	40.25	20.67
488	49.72	39.65	24.22	37.86
489	50.00	3.54	1.64	18.39
490	16.73	12.70	0.49	9.97

注：表中"—"表示在该站点未采集到渔获物。

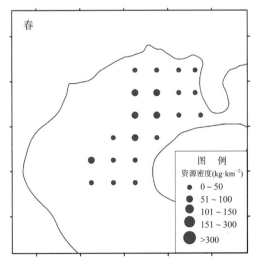

图3-57　2018年北部湾全年头足类资源密度空间分布图

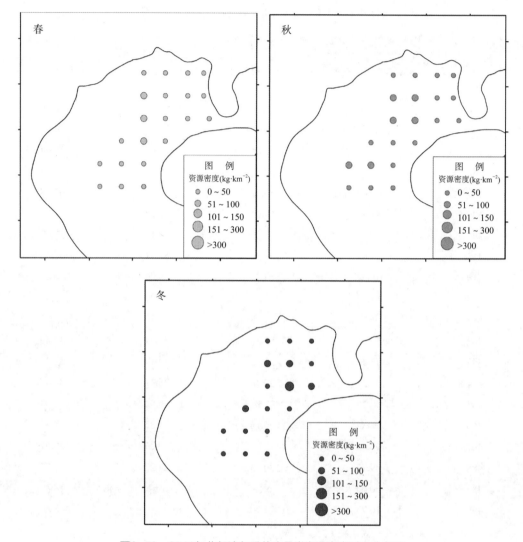

图3-58　2018年北部湾各季节头足类资源密度时空分布图

从头足类的资源密度来看，相比2010—2011年，2018年的平均资源密度下降明显，各个季节的平均资源密度保持稳定，无明显变化，而2010—2011年头足类各季节的平均资源密度有明显差异，其中秋季资源密度最高，夏季与冬季次之，春季资源密度最低；从资源密度的站点分布来看，头足类的高资源密度站点均分布在北部湾海域的中部。

四、重要头足类——中国枪乌贼资源结构

中国枪乌贼（*Loligo chinensis*）（Gray, 1849），俗名鱿鱼，主国栖息于热带海域，为南海中群体最大、经济价值最高的头足类，产卵场主要位于水深40 m以外水清流缓、底质粗硬、海藻茂密的岛屿周围，喜趋弱光（陈新军, 2009）。中国枪乌贼是北部湾主

要头足类之一，以夏、秋季为产卵旺汛季节，主要分布于湾中和海南岛西部（李渊等，2011；贾晓平等，2004）。

（1）渔获率

2010—2011年全年中国枪乌贼渔获物平均渔获率为0.28 kg·h⁻¹，各站点渔获率范围为0.01～2.88 kg·h⁻¹。春季平均渔获率为0.10 kg·h⁻¹，各站点渔获率范围为0.01～0.84 kg·h⁻¹；夏季平均渔获率为1.11 kg·h⁻¹，各站点渔获率范围为0.01～11.45 kg·h⁻¹；秋季平均渔获率为0.23 kg·h⁻¹，各站点渔获率范围为0.01～0.66 kg·h⁻¹；冬季平均渔获率为0.04 kg·h⁻¹，各站点渔获率范围为0.01～0.34 kg·h⁻¹（表3-70）。

表3-70 2010—2011年北部湾中国枪乌贼渔获率时空变化表

站点	渔获率（kg·h⁻¹）				
	2010年夏	2010年秋	2011年冬	2011年春	全年
361	0.23	0.13	—	0.02	0.13
362	0.01	0.05	0.03	0.02	0.03
388	0.06	0.13	0.02	0.00	0.05
389	0.06	0.58	0.04	0.14	0.21
390	0.03	0.00	0.00	0.00	0.01
415	0.03	0.30	0.01	0.03	0.09
416	0.01	0.19	0.02	0.84	0.27
417	—	—	0.03	0.02	0.02
442	0.03	0.64	0.01	0.01	0.17
443	0.21	0.06	0.02	0.13	0.11
444	—	—	0.01	0.07	0.04
465	0.04	0.66	0.04	0.07	0.20
466	11.45	0.03	0.02	0.01	2.88
488	—	—	0.01	0.28	0.14
489	—	0.00	0.34	0.00	0.12
490			0.01	0.00	0.00

注：表中"—"表示在该站点未采集到该种渔获物。

2018年全年中国枪乌贼渔获物平均渔获率为1.35 kg·h⁻¹，各站点渔获率范围为0.18～5.08 kg·h⁻¹；春季平均渔获率为2.00 kg·h⁻¹，各站点渔获率范围为0.07～9.45 kg·h⁻¹；

秋季平均渔获率为0.44 kg·h⁻¹，各站点渔获率范围为0.20～0.91 kg·h⁻¹；冬季平均渔获率为0.89 kg·h⁻¹，各站点渔获率范围为0.18～3.00 kg·h⁻¹（表3-71）。

表3-71　2018年北部湾中国枪乌贼渔获率时空变化表

站点	渔获率（kg·h⁻¹）			
	2018年冬	2018年春	2018年秋	全年
361	0.18	—	—	0.18
363	—	0.07	0.56	0.31
388	3.00	0.32	0.91	1.41
389	2.10	1.15	—	1.63
390	0.37	0.25		0.31
391	—	0.64		0.64
415	0.70	9.45	—	5.08
416	—	1.82	—	1.82
418	—	0.95	—	0.95
442	0.54	1.02	0.41	0.66
443	0.30	1.46	0.28	0.68
444	—	1.88		1.88
465	—	6.05	0.33	3.19
466	—	4.92	0.61	2.76
467	0.38	0.24	0.20	0.27
488	0.45	2.72	0.21	1.13
489	0.85	0.37	—	0.61
490	0.87	0.68	—	0.78

注：表中"—"表示在该站点未采集到该种渔获物。

（2）资源量

2010—2011年全年中国枪乌贼平均资源量为16.60 t，各站点资源量范围为0.31～166.11 t；春季平均资源量为6.52 t，各站点资源量范围为0.01～50.18 t；夏季平均资源量为63.79 t，各站点资源量范围为0.42～660.91 t；秋季平均资源量为14.40 t，各站点资源量范围为0.01~40.54 t；冬季平均资源量为2.71 t，各站点资源量范围为0.06~23.06 t（表3-72）。

表3-72 2010—2011年北部湾中国枪乌贼资源量时空变化表

站点	资源量（t）				
	2010年夏	2010年秋	2011年冬	2011年春	全年
361	13.11	9.25	—	1.65	8.00
362	0.62	3.12	1.58	1.71	1.76
388	3.61	8.90	1.09	0.26	3.47
389	3.33	36.60	2.62	10.32	13.22
390	1.95	0.00	0.06	0.01	0.51
415	1.63	17.57	0.82	1.80	5.46
416	0.42	10.92	1.16	50.18	15.67
417	—	—	1.93	0.91	1.42
442	1.54	40.48	1.07	0.51	10.90
443	12.40	3.65	1.21	8.26	6.38
444	—	—	0.64	5.24	2.94
465	2.13	40.54	2.97	5.08	12.68
466	660.91	1.63	1.55	0.36	166.11
488			0.43	17.51	8.97
489	—	0.12	23.06	0.33	7.84
490	—	—	0.46	0.15	0.31

注：表中"—"表示在该站点未采集到该种渔获物。

2018年全年中国枪乌贼渔获物平均资源量为68.25 t，各站点资源量范围为9.11~256.84 t；春季平均资源量为101.18 t，各站点资源量范围为3.51~478.26 t；秋季平均资源量为22.17 t，各站点资源量范围为10.12~46.05 t；冬季平均资源量为44.79 t，各站点资源量范围为9.11~151.82 t（表3-73）。

表3-73 2018年北部湾中国枪乌贼资源量时空变化表

站点	资源量（t）			
	2018年冬	2018年春	2018年秋	全年
361	9.11	—	—	9.11
363	—	3.51	28.34	15.93
388	151.82	16.18	46.05	71.35
389	106.27	58.20		82.23
390	18.72	12.67		15.70
391	—	32.52		32.52
415	35.42	478.26	—	256.84
416	—	92.10		92.10
418	—	48.07		48.07
442	27.07	51.81	20.75	33.21
443	15.18	73.90	14.17	34.42
444	—	95.01	—	95.01
465	—	306.12	16.70	161.41
466	—	248.72	30.63	139.68
467	19.23	12.14	10.12	13.83
488	22.77	137.85	10.63	57.08
489	43.01	18.49	—	30.75
490	44.03	34.41	—	39.22

注：表中"—"表示在该站点未采集到该种渔获物。

（3）资源密度

2010—2011年中国枪乌贼渔获物平均资源密度为16.60 kg·km^{-2}，各站点资源密度范围为0.31～166.11 kg·km^{-2}（图3-59）；春季平均资源密度为6.52 kg·km^{-2}，各站点资源密度范围为0.01～50.18 kg·km^{-2}；夏季平均资源密度为63.79 kg·km^{-2}，各站点资源密度范围为0.42～660.91 kg·km^{-2}；秋季平均资源密度为14.40 kg·km^{-2}，各站点资源密度范围为0.01～40.54 kg·km^{-2}；冬季平均资源密度为2.71 kg·km^{-2}，各站点资源密度范围为0.06～23.06 kg·km^{-2}（表3-74、图3-60）。

表3-74 2010—2011年北部湾中国枪乌贼资源密度时空变化表

站点	资源密度（kg·km^{-2}）				
	2010年夏	2010年秋	2011年冬	2011年春	全年
361	13.11	9.25	—	1.65	8.00
362	0.62	3.12	1.58	1.71	1.76
388	3.61	8.90	1.09	0.26	3.47
389	3.33	36.60	2.62	10.32	13.22
390	1.95	0.00	0.06	0.01	0.51
415	1.63	17.57	0.82	1.80	5.46
416	0.42	10.92	1.16	50.18	15.67
417	—	—	1.93	0.91	1.42
442	1.54	40.48	1.07	0.51	10.90
443	12.40	3.65	1.21	8.26	6.38
444	—		0.64	5.24	2.94
465	2.13	40.54	2.97	5.08	12.68
466	660.91	1.63	1.55	0.36	166.11
488	—	—	0.43	17.51	8.97
489	—	0.12	23.06	0.33	7.84
490	—		0.46	0.15	0.31

注：表中"—"表示在该站点未采集到该种渔获物。

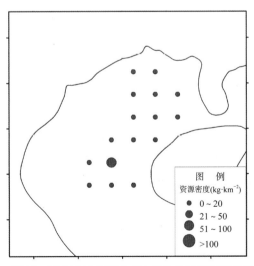

图3-59 2010—2011年北部湾全年中国枪乌贼资源密度空间分布图

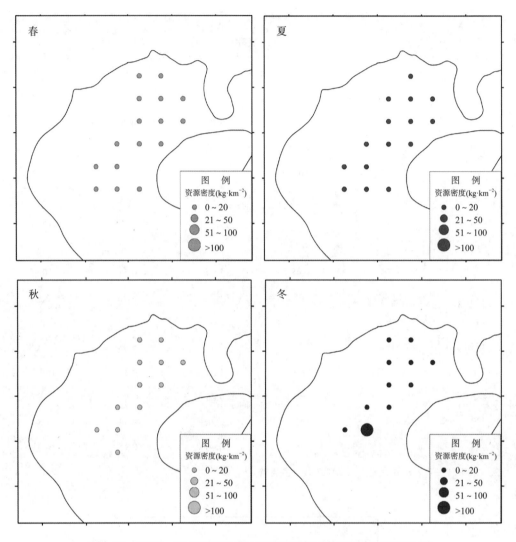

图3-60　2010—2011年北部湾各季节中国枪乌贼资源密度空间分布图

　　2018年全年中国枪乌贼渔获物平均资源密度为68.25 kg·km^{-2}，各站点资源密度范围为9.11～256.84 kg·km^{-2}（图3-61）；春季平均资源密度为101.18 kg·km^{-2}，各站点资源密度范围为3.51～478.26 kg·km^{-2}；秋季平均资源密度为22.17 kg·km^{-2}，各站点资源密度范围为10.12～46.05 kg·km^{-2}；冬季平均资源密度为44.79 kg·km^{-2}，各站点资源密度范围为9.11～151.82 kg·km^{-2}（表3-75、图3-62）。

表3-75 2018年北部湾中国枪乌贼资源密度时空变化表

站点	资源密度（kg·km⁻²）			
	2018年冬	2018年春	2018年秋	全年
361	9.11	—	—	9.11
363	—	3.51	28.34	15.93
388	151.82	16.18	46.05	71.35
389	106.27	58.20	—	82.23
390	18.72	12.67	—	15.70
391	—	32.52	—	32.52
415	35.42	478.26	—	256.84
416	—	92.10	—	92.10
418	—	48.07	—	48.07
442	27.07	51.81	20.75	33.21
443	15.18	73.90	14.17	34.42
444	—	95.01	—	95.01
465	—	306.12	16.70	161.41
466	—	248.72	30.63	139.68
467	19.23	12.14	10.12	13.83
488	22.77	137.85	10.63	57.08
489	43.01	18.49	—	30.75
490	44.03	34.41	—	39.22

注：表中"—"表示在该站点未采集到该种渔获物。

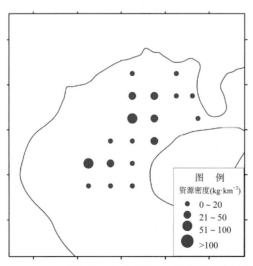

图3-61 2018年北部湾全年中国枪乌贼资源密度空间分布图

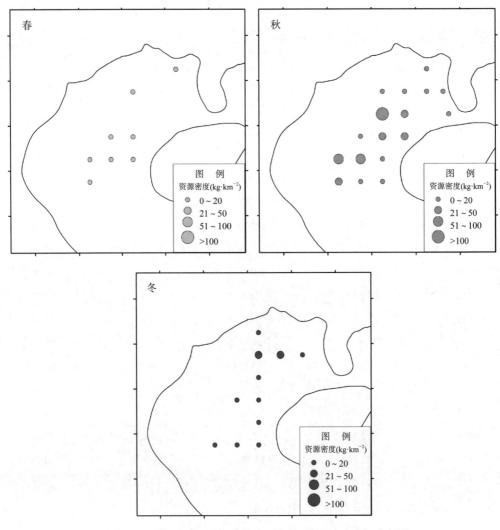

图3-62　2018年北部湾各季节中国枪乌贼资源密度空间分布图

第四节　甲壳类资源结构

一、甲壳类种类组成

1. 2010—2011年种类组成

2010—2011年北部湾调查共出现甲壳类22种，隶属于9科2目，其中虾类13种，蟹类9种，甲壳类渔获总重762.41 kg，其中虾类421.61 kg，蟹类340.80 kg，分别占总渔获的5.26%和4.25%，甲壳类渔获总尾数为53 102尾，其中虾类40 358尾，蟹类12 744尾，分别占渔获总数量的3.97%和1.25%。甲壳类种名录见表3-76。

表3-76 2010—2011年北部湾甲壳类种类目录

序号	种名	拉丁名	科	目
1	拉氏绿虾蛄	*Carinosquilla latreillei*	虾蛄科	口足目
2	蝎形拟绿虾蛄	*Cloridopsis scorpio*	虾蛄科	口足目
3	窝纹网虾蛄	*Dictyosquilla foveolata*	虾蛄科	口足目
4	点斑缺角虾蛄	*Harpiosquilla annandalei*	虾蛄科	口足目
5	猛虾蛄	*Harpiosquilla harpax*	虾蛄科	口足目
6	口虾蛄	*Oratosquilla oratoria*	虾蛄科	口足目
7	屈足口虾蛄	*Quollastria gonypetes*	虾蛄科	口足目
8	宽突赤虾	*Metapenaeopsis palmensis*	对虾科	十足目
9	刀额新对虾	*Metapenaeus ensis*	对虾科	十足目
10	长毛对虾	*Penaeus penicillatus*	对虾科	十足目
11	鹰爪虾	*Trachypenaeus curvirostris*	对虾科	十足目
12	中华管鞭虾	*Solenocera crassicornis*	管鞭虾科	十足目
13	凹管鞭虾	*Solenocera koelbeli*	管鞭虾科	十足目
14	隆背张口蟹	*Chasmagnathus convexus*	方蟹科	十足目
15	日本关公蟹	*Dorippe japonica*	关公蟹科	十足目
16	隆线强蟹	*Eucrate crenata*	宽背蟹科	十足目
17	红斑斗蟹	*Liagore rubromaculata*	扇蟹科	十足目
18	锈斑蟳	*Charybdis feriatus*	梭子蟹科	十足目
19	武士蟳	*Charybdis miles*	梭子蟹科	十足目
20	直额蟳	*Charybdis truncata*	梭子蟹科	十足目
21	变态蟳	*Charybdis variegata*	梭子蟹科	十足目
22	紫隆背蟹	*Carcinoplax purpurea*	长脚蟹科	十足目

2. 2018年种类组成

2010—2011年北部湾调查共出现甲壳类77种，隶属19科2目，其中虾类37种，蟹类40种，甲壳类渔获总重563.65 kg，其中虾类310.01 kg，蟹类253.64 kg，分别占总渔获的

7.38%和6.03%，甲壳类渔获总尾数为103 035，其中虾类77 617，蟹类25 418，分别占渔获总数量的16.74%和5.48%。甲壳类种名录见表3-77。

表3-77　2018年北部湾甲壳类种类目录

序号	种名	拉丁名	科	目
1	多脊虾蛄	*Carinosquilla multicarinata*	虾蛄科	口足目
2	蝎形拟绿虾蛄	*Cloridopsis scorpio*	虾蛄科	口足目
3	伍氏平虾蛄	*Erugosquilla grahami*	虾蛄科	口足目
4	眼斑猛虾蛄	*Harpiosquilla annandalei*	虾蛄科	口足目
5	猛虾蛄	*Harpiosquilla harpax*	虾蛄科	口足目
6	窄额滑虾蛄	*Lenisquilla lata*	虾蛄科	口足目
7	长叉三宅虾蛄	*Miyakea holoschista*	虾蛄科	口足目
8	亚洲小口虾蛄	*Oratosquilla asiatica*	虾蛄科	口足目
9	断脊小口虾蛄	*Oratosquilla gravieri*	虾蛄科	口足目
10	口虾蛄	*Oratosquilla oratoria*	虾蛄科	口足目
11	印度对明虾	*Fenneropenaeus indicus*	对虾科	十足目
12	长毛对明虾	*Fenneropenaeus penicillatus*	对虾科	十足目
13	日本囊对虾	*Marsupenaeus japonicus*	对虾科	十足目
14	须赤虾	*Metapenaeopsis barbata*	对虾科	十足目
15	音响赤虾	*Metapenaeopsis stridulans*	对虾科	十足目
16	近缘新对虾	*Metapenaeus affinis*	对虾科	十足目
17	刀额新对虾	*Metapenaeus ensis*	对虾科	十足目
18	印度对虾	*Metapenaeus indicus*	对虾科	十足目
19	中型新对虾	*Metapenaeus intermedius*	对虾科	十足目
20	日本对虾	*Metapenaeus japonicus*	对虾科	十足目
21	脊赤虾	*Metapenaeus lamellata*	对虾科	十足目
22	宽突赤虾	*Metapenaeus palmensis*	对虾科	十足目
23	角突仿对虾	*Parapenaeopsis cornuta*	对虾科	十足目
24	哈氏仿对虾	*Parapenaeopsis hardwickii*	对虾科	十足目
25	长足拟对虾	*Parapenaeus longipes*	对虾科	十足目
26	斑节对虾	*Penaeus monodon*	对虾科	十足目

续表

序号	种名	拉丁名	科	目
27	短沟对虾	*Penaeus semisulcatus*	对虾科	十足目
28	鹰爪虾	*Trachypenaeus curvirostris*	对虾科	十足目
29	长足鹰爪虾	*Trachypenaeus longipes*	对虾科	十足目
30	短脊鼓虾	*Alpheidae brevicristatus*	鼓虾科	十足目
31	双凹鼓虾	*Alpheus bisincisus*	鼓虾科	十足目
32	鲜明鼓虾	*Alpheus distinguendus*	鼓虾科	十足目
33	日本鼓虾	*Alpheus japonicus*	鼓虾科	十足目
34	中华管鞭虾	*Solenocera crassicornis*	管鞭虾科	十足目
35	凹管鞭虾	*Solenocera koelbeli*	管鞭虾科	十足目
36	横斑鞭腕虾	*Lysmata kuekenthali*	藻虾科	十足目
37	滑脊等腕虾	*Procletes levicarina*	长额虾科	十足目
38	阿氏强蟹	*Eucrate alcocki*	宽背蟹科	十足目
39	隆线强蟹	*Eucrate crenata*	宽背蟹科	十足目
40	太阳强蟹	*Eucrate solaris*	宽背蟹科	十足目
41	红线黎明蟹	*Matuta planipes*	黎明蟹科	十足目
42	环状隐足蟹	*Cryptopodia fornicata*	菱蟹科	十足目
43	强壮菱蟹	*Parthenope validus*	菱蟹科	十足目
44	公鸡馒头蟹	*Calappa gallus*	馒头蟹科	十足目
45	逍遥馒头蟹	*Calappa philargius*	馒头蟹科	十足目
46	小型馒头蟹	*Calappa pustulosa*	馒头蟹科	十足目
47	颗粒圆蟹	*Cycloes granulosa*	馒头蟹科	十足目
48	绵蟹	*Dromia dehaani*	绵蟹科	十足目
49	红斑斗蟹	*Liagore rubromaculata*	扇蟹科	十足目
50	近亲蟳	*Charybdis affinis*	梭子蟹科	十足目
51	锈斑蟳	*Charybdis feriatus*	梭子蟹科	十足目
52	颗粒蟳	*Charybdis granulata*	梭子蟹科	十足目
53	钝齿蟳	*Charybdis hellerii*	梭子蟹科	十足目
54	日本蟳	*Charybdis japonica*	梭子蟹科	十足目
55	武士蟳	*Charybdis miles*	梭子蟹科	十足目

序号	种名	拉丁名	科	目
56	善泳蟳	*Charybdis natator*	梭子蟹科	十足目
57	直额蟳	*Charybdis truncata*	梭子蟹科	十足目
58	变态蟳	*Charybdis variegata*	梭子蟹科	十足目
59	麦克长眼蟹	*Ommatocarcinus macgillivrayi*	梭子蟹科	十足目
60	看守长眼蟹	*Podophthalmus vigil*	梭子蟹科	十足目
61	银光梭子蟹	*Portunus argentatus*	梭子蟹科	十足目
62	纤手梭子蟹	*Portunus gracilimanus*	梭子蟹科	十足目
63	拥剑梭子蟹	*Portunus haanii*	梭子蟹科	十足目
64	矛形梭子蟹	*Portunus hastatoides*	梭子蟹科	十足目
65	远海梭子蟹	*Portunus peagicus*	梭子蟹科	十足目
66	红星梭子蟹	*Portunus sanguinolentus*	梭子蟹科	十足目
67	三齿梭子蟹	*Portunus tridentatus*	梭子蟹科	十足目
68	三疣梭子蟹	*Portunus trituberculatus*	梭子蟹科	十足目
69	双额短桨蟹	*Thalamita sima*	梭子蟹科	十足目
70	刺手短桨蟹	*Thalamita spinimana*	梭子蟹科	十足目
71	羊毛绒球蟹	*Doclea ovis*	卧蜘蛛蟹科	十足目
72	颗粒关公蟹	*Dorippe granulate*	关公蟹科	十足目
73	普通暴蟹	*Halimede fragifer*	静蟹科	十足目
74	长手隆背蟹	*Carcinoplax longipes*	长脚蟹科	十足目
75	紫隆背蟹	*Carcinoplax purpurea*	长脚蟹科	十足目
76	谬氏蚩扇蟹	*Menippe rumphii*	蚩扇蟹科	十足目
77	海阳豆蟹	*Pinnotheres sinensis*	豆蟹科	十足目

从甲壳类的种类组成来看，对比两个年份，北部湾海域调查所捕获甲壳类在渔获物中所占比例由9.51%上升至13.41%，2018年甲壳类物种组成数目相比于2010—2011年明显增加，由22种增加为78种；虽然2010—2011年甲壳类渔获总重量略高于2018年，但是在总数量上却只有2018年甲壳类渔获数量的一半，2018年增加的甲壳类渔获物种类多为经济价值不高的小型甲壳类。

二、甲壳类多样性

1. 2010—2011年甲壳类多样性

如表3-78所示，2010—2011年全年拖网调查站点甲壳类的丰富度指数平均为0.61，变化范围为0.26~0.94；多样性指数平均为0.84，变化范围为0.25~1.48；物种均匀度指数平均为0.60，变化范围为0.21~0.92（图3-63）。

不同季节各站点甲壳类多样性存在差异，春季甲壳类的丰富度指数平均为0.83，变化范围为0.11~2.19；多样性指数平均为0.94，变化范围为0.08~1.69；物种均匀度指数平均为0.60，变化范围为0.08~0.92（表3-79、图3-64）。夏季甲壳类的丰富度指数平均为0.32，变化范围为0.14~0.73；多样性指数平均为0.84，变化范围为0.68~1.28；物种均匀度指数平均为0.84，变化范围为0.66~0.99（表3-80、图3-65）。秋季甲壳类的丰富度指数平均为0.44，变化范围为0.25~0.71；多样性指数平均为0.97，变化范围为0.66~1.36；物种均匀度指数平均为0.78，变化范围为0.58~0.96（表3-81、图3-66）。冬季甲壳类的丰富度指数平均为0.58，变化范围为0.25~1.13；多样性指数平均为0.69，变化范围为0.31~1.60；物种均匀度指数平均为0.48，变化范围为0.19~0.77（表3-82、图3-67）。

表3-78　2010—2011年北部湾全年甲壳类多样性空间变化表

站点	D	H'	J	站点	D	H'	J
361	0.88	0.95	0.53	442	0.49	0.93	0.67
362	0.93	1.08	0.73	443	0.38	0.76	0.69
363	0.69	0.87	0.63	444	0.58	1.18	0.74
388	0.50	0.67	0.75	465	0.53	1.48	0.92
389	0.88	0.99	0.53	466	0.37	0.40	0.39
390	0.56	0.91	0.70	467	0.46	0.58	0.48
415	0.94	0.81	0.71	488	0.38	0.30	0.22
416	0.93	1.23	0.66	489	0.45	0.87	0.64
417	0.82	0.80	0.59	490	0.26	0.25	0.21
平均	0.61	0.84	0.60				

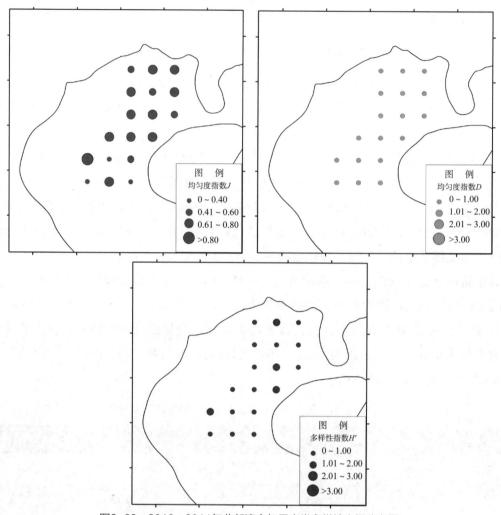

图3-63　2010—2011年北部湾全年甲壳类多样性空间分布图

表3-79　2010—2011年北部湾春季甲壳类多样性空间变化表

站点	D	H'	J	站点	D	H'	J
361	1.17	0.35	0.17	442	0.49	0.93	0.67
362	2.19	1.67	0.59	443	0.40	0.90	0.82
363	—	—	—	444	0.90	1.60	0.77
388	0.43	0.61	0.88	465	0.53	1.48	0.92
389	1.55	1.47	0.61	466	0.14	0.29	0.42
390	1.11	1.61	0.83	467	0.59	0.46	0.33
415	0.91	0.64	0.92	488	0.27	0.08	0.08
416	1.47	1.69	0.77	489	0.57	0.86	0.62
417	1.32	1.22	0.63	490	0.11	0.10	0.14
平均	0.83	0.94	0.60				

注：表中"—"表示在该站点未采集到渔获物或渔获物种类小于2种。

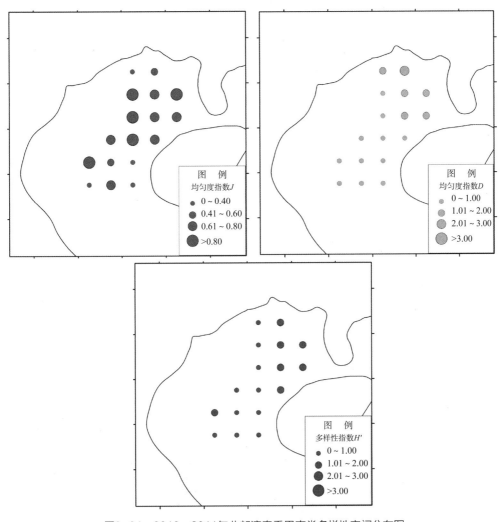

图3-64　2010—2011年北部湾春季甲壳类多样性空间分布图

表3-80　2010—2011年北部湾夏季甲壳类多样性空间变化表

站点	D	H'	J	站点	D	H'	J
361	—	—	—	442	—	—	—
362	0.14	0.68	0.98	443	—	—	—
363	—	—	—	444	—	—	—
388	—	—	—	465	—	—	—
389	0.73	1.28	0.72	466	—	—	—
390	0.16	0.69	0.99	467	—	—	—
415	—	—	—	488	—	—	—
416	—	—	—	489	0.25	0.72	0.66
417	—	—	—	490	—	—	—
平均	0.32	0.84	0.84				

注：表中"—"表示在该站点未采集到渔获物或渔获物种类小于2种。

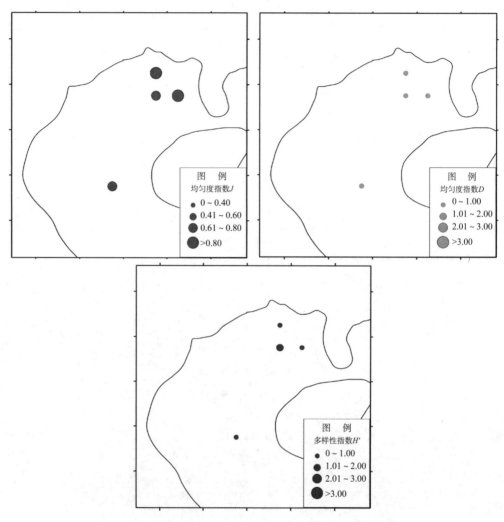

图3-65   2010—2011年北部湾夏季甲壳类多样性空间分布图

表3-81   2010—2011年北部湾秋季甲壳类多样性空间变化表

站点	D	H'	J	站点	D	H'	J
361	0.52	0.91	0.66	442	—	—	—
362	0.26	1.03	0.94	443	—	—	—
363	—	—	—	444	—	—	—
388	0.25	0.66	0.96	465	—	—	—
389	0.44	0.81	0.58	466	—	—	—
390	0.46	1.05	0.75	467	—	—	—
415	—	—	—	488	—	—	—
416	—	—	—	489	0.71	1.36	0.76
417	—	—	—	490	—	—	—
平均	0.44	0.97	0.78				

注：表中"—"表示在该站点未采集到渔获物或渔获物种类小于2种。

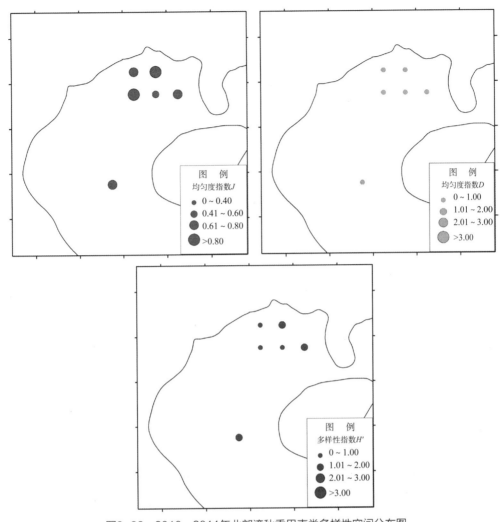

图3-66　2010—2011年北部湾秋季甲壳类多样性空间分布图

表3-82　2010—2011年北部湾冬季甲壳类多样性空间变化表

站点	D	H'	J	站点	D	H'	J
361	0.95	1.60	0.77	442	—	—	—
362	1.13	0.93	0.42	443	0.37	0.62	0.56
363	0.69	0.87	0.63	444	0.25	0.77	0.70
388	0.81	0.74	0.42	465	—	—	—
389	0.79	0.39	0.19	466	0.59	0.50	0.36
390	0.50	0.31	0.22	467	0.33	0.70	0.63
415	0.98	0.99	0.51	488	0.49	0.51	0.37
416	0.39	0.78	0.56	489	0.26	0.56	0.51
417	0.32	0.39	0.56	490	0.40	0.39	0.28
平均	0.58	0.69	0.48				

注：表中"—"表示在该站点未采集到渔获物或渔获物种类小于2种。

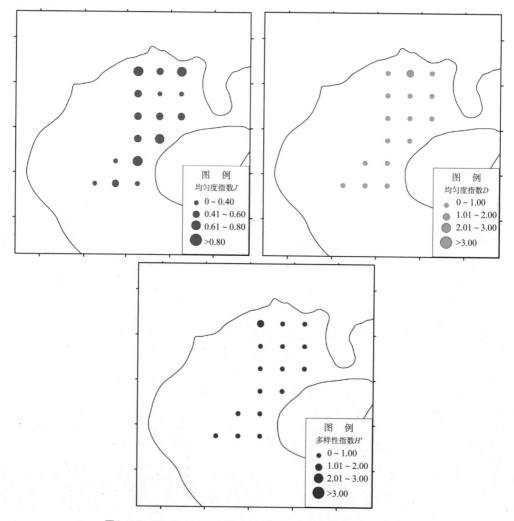

图3-67　2010—2011年北部湾冬季甲壳类多样性空间分布图

2. 2018年甲壳类多样性

如表3-83所示，2018年北部湾甲壳类的丰富度指数平均为1.87，变化范围为1.00～2.93，多样性指数平均为1.52，变化范围为1.02～2.20；物种均匀度指数平均为0.61，变化范围为0.35～0.85（图3-68）。

表3-83　2018年北部湾全年甲壳类多样性空间变化表

站点	D	H'	J	站点	D	H'	J
361	1.84	1.02	0.35	418	2.00	1.09	0.40
362	2.73	1.42	0.46	442	2.21	2.05	0.79
363	1.91	1.18	0.43	443	1.93	1.87	0.85
364	2.40	2.02	0.71	444	2.45	2.20	0.76
388	1.43	1.26	0.57	465	1.97	1.83	0.73
389	1.84	1.48	0.57	466	1.46	1.59	0.77

续表

站点	D	H'	J	站点	D	H'	J
390	2.31	1.70	0.62	467	1.12	1.45	0.70
391	2.33	1.43	0.50	488	1.00	1.36	0.67
415	1.62	1.49	0.64	489	1.73	1.63	0.64
416	1.72	1.24	0.46	490	1.25	1.15	0.52
417	2.11	1.45	0.58	平均	1.87	1.52	0.61

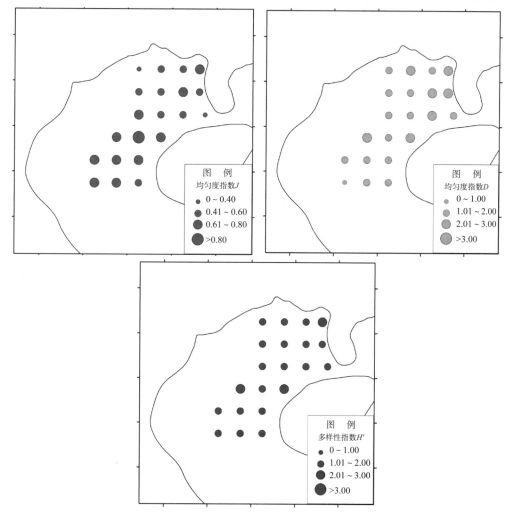

图3-68 2018年北部湾全年甲壳类多样性空间分布图

不同季节各站点甲壳类多样性存在差异，反映出甲壳类的分布以及环境因素等对其存在一定的影响。春季甲壳类的丰富度指数平均为1.57，变化范围为0.49～2.73；多样性指数平均为1.25，变化范围为0.22～2.32；物种均匀度指数平均为0.54，变化范围为0.14～0.88（表3-84、图3-69）。秋季甲壳类的丰富度指数平均为2.06，变化范围为1.08～2.91；多样性指数平均为1.78，变化范围为1.24～2.13；物种均匀度指数平均为0.71，变化范围为0.45～0.85（表3-85、图3-70）。冬季甲壳类的丰富度指数平均为

1.94，变化范围为0.69～3.14；多样性指数平均为1.52，变化范围为0.25～2.38；物种均匀度指数平均为0.59，变化范围为0.15～0.93（表3-86、图3-71）。

表3-84　2018年北部湾春季甲壳类多样性空间变化表

站点	D	H'	J	站点	D	H'	J
361	1.66	0.56	0.20	418	1.13	0.70	0.34
362	2.73	1.23	0.39	442	2.70	2.32	0.88
363	1.73	1.28	0.48	443	2.63	2.05	0.85
364	2.64	1.91	0.66	444	1.93	2.19	0.79
388	1.73	1.37	0.52	465	2.53	2.12	0.76
389	1.07	0.94	0.48	466	0.70	1.19	0.86
390	1.60	1.71	0.66	467	0.97	1.02	0.49
391	1.74	0.94	0.35	488	0.49	0.50	0.36
415	1.05	1.33	0.64	489	0.83	0.78	0.44
416	0.80	0.22	0.14	490	1.05	1.16	0.56
417	1.30	0.82	0.39	平均	1.57	1.25	0.54

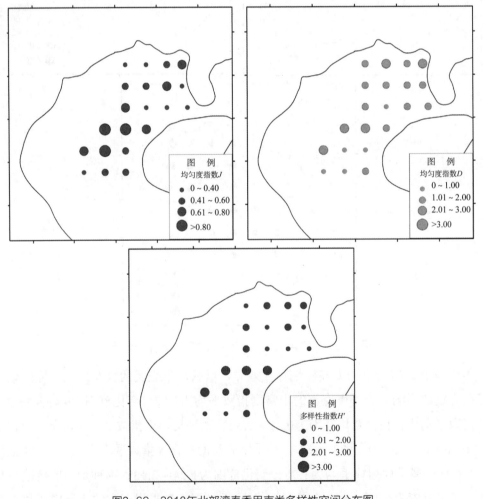

图3-69　2018年北部湾春季甲壳类多样性空间分布图

表3-85　2018年北部湾秋季甲壳类多样性空间变化表

站点	D	H'	J	站点	D	H'	J
361	2.70	2.05	0.65	418	2.87	1.48	0.45
362	2.33	1.67	0.59	442	2.07	1.86	0.78
363	1.89	1.47	0.53	443	2.25	2.06	0.78
364	2.16	2.13	0.77	444	2.46	2.01	0.74
388	1.32	1.24	0.69	465	1.22	1.40	0.72
389	2.33	2.13	0.74	466	1.62	1.73	0.79
390	2.24	1.54	0.54	467	1.12	1.71	0.82
391	2.91	1.91	0.66	488	1.08	1.66	0.85
415	1.43	1.34	0.69	489	2.41	2.12	0.77
416	2.26	1.93	0.70	490	2.02	2.04	0.85
417	2.63	1.92	0.69	平均	2.06	1.78	0.71

图3-70　2018年北部湾秋季甲壳类多样性空间分布图

表3-86　2018年北部湾冬季甲壳类多样性空间变化表

站点	D	H'	J	站点	D	H'	J
361	1.15	0.46	0.18	418	—	—	—
362	3.14	1.36	0.40	442	1.84	1.97	0.73
363	2.10	0.80	0.27	443	0.92	1.50	0.93
364	—	—	—	444	2.97	2.38	0.76
388	1.24	1.16	0.50	465	2.16	1.98	0.70
389	2.12	1.36	0.50	466	2.05	1.85	0.68
390	3.08	1.85	0.64	467	1.28	1.62	0.78
391	—	—	—	488	1.43	1.93	0.80
415	2.38	1.80	0.60	489	1.96	1.97	0.71
416	2.10	1.56	0.55	490	0.69	0.25	0.15
417	2.40	1.61	0.65	平均	1.94	1.52	0.59

注：表中"—"表示在该站点未采集到渔获物或渔获物种类小于2种。

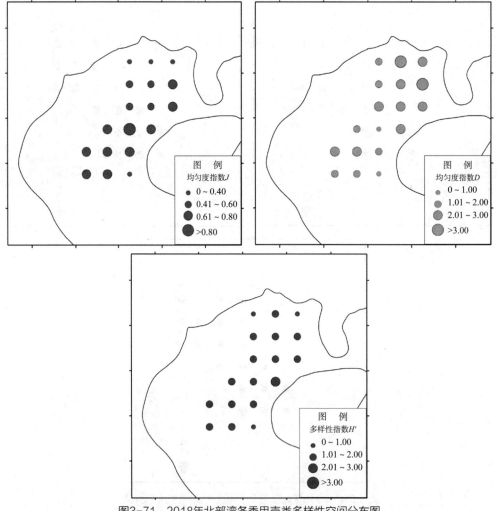

图3-71　2018年北部湾冬季甲壳类多样性空间分布图

从甲壳类多样性来看，2018年的丰富度指数、多样性指数显著高于2010—2011年，结合甲壳类的种类组成来看，2018年的物种数为78种，高于2010—2011年的22种，物种数量的增多是丰富度指数和多样性指数升高的主要原因，且各季节均有增长；对比2010—2011年与2018年的均匀度指数均保持稳定，两个年份的甲壳类均匀度指数无明显变化，而且全年各个站点分布变化相一致。

三、甲壳类资源密度

1. 2010—2011年甲壳类资源密度

全年甲壳类渔获物重量共762.41 kg，占全年总捕捞渔获量的9.51%，甲壳类资源平均资源密度为49.91 kg·km^{-2}，各站点资源密度范围为3.86~130.03 kg·km^{-2}（表3-87、图3-72）。

表3-87 2010—2011年北部湾甲壳类资源密度时空变化表

站点	资源密度（kg·km^{-2}）				
	2010年夏	2010年秋	2011年冬	2011年春	全年
361	175.60	25.31	33.68	17.68	63.07
362	152.36	32.29	27.80	37.29	62.43
363	—	—	3.86	—	3.86
388	45.00	3.64	22.30	0.59	17.88
389	82.78	10.61	151.42	136.97	95.45
390	348.61	33.10	116.70	21.73	130.03
415	—	—	29.03	2.43	15.73
416	—	—	106.66	15.25	60.95
417	—	—	11.19	9.96	10.58
442	5.12	—	9.20	17.19	10.51
443	—	—	8.14	4.33	6.23
444	—	—	135.10	71.21	103.15
465	—	2.98	—	68.54	35.76
466	14.60	0.66	74.76	21.60	27.90
467	—	—	29.54	11.26	20.40
488	—	—	78.83	42.16	60.50
489	319.95	80.70	79.90	21.43	125.50
490	—	—	61.70	35.36	48.53

注：表中"—"表示在该站点未采集到渔获物。

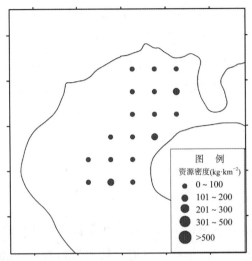

图3-72　2010—2011年北部湾全年甲壳类资源密度空间分布图

　　春季甲壳类渔获物重量共70.31 kg，占全年总捕捞渔获量的4.47%；甲壳类资源平均资源密度为31.47 kg·km^{-2}，各站点资源密度范围为0.59～136.97 kg·km^{-2}。夏季甲壳类渔获物重量共323.93 kg，占全年总捕捞渔获量的11.99%；甲壳类资源平均资源密度为143.00 kg·km^{-2}，各站点资源密度范围为5.12～348.61 kg·km^{-2}。秋季甲壳类渔获物重量共41.15 kg，占全年总捕捞渔获量的1.83%；甲壳类资源平均资源密度为23.66 kg·km^{-2}，各站点资源密度范围为0.66～80.70 kg·km^{-2}。冬季甲壳类渔获物重量共327.03 kg，占全年总捕捞渔获量的21.92%，甲壳类资源平均资源密度为57.64 kg·km^{-2}，各站点资源密度范围为3.86～151.42 kg·km^{-2}（图3-73）。

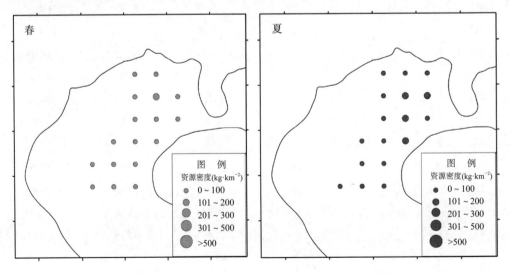

图3-73　2010—2011年北部湾各季节甲壳类资源密度空间分布图

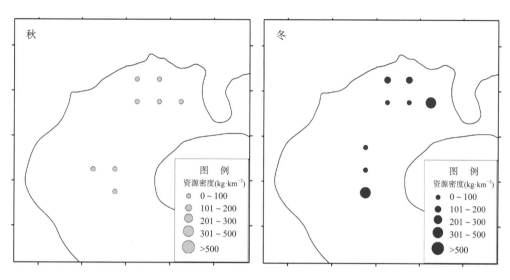

图3-73 2010—2011年北部湾各季节甲壳类资源密度空间分布图（续）

2. 2018年甲壳类资源密度

全年甲壳类渔获物重量共563.65 kg，占全年总捕捞渔获量的13.41%，甲壳类资源平均资源密度为148.26 kg·km^{-2}，各站点资源密度范围为25.42 ~ 523.54 kg·km^{-2}（表3-88、图3-74）。

春季甲壳类渔获物重量共169.04 kg，占全年总捕捞渔获量的9.33%；甲壳类资源平均资源密度为74.61 kg·km^{-2}，各站点资源密度范围为3.22 ~ 238.52 kg·km^{-2}。秋季甲壳类渔获物重量共263.58 kg，占全年总捕捞渔获量的18.10%；甲壳类资源平均资源密度为230.83 kg·km^{-2}，各站点资源密度范围为15.69 ~ 970.51 kg·km^{-2}。冬季甲壳类渔获物重量共125.45 kg，占全年总捕捞渔获量的14.01%；甲壳类资源平均资源密度为125.45 kg·km^{-2}，各站点资源密度范围为6.40 ~ 361.58 kg·km^{-2}（图3-75）。

表3-88 2018年北部湾甲壳类资源密度时空变化表

站点	资源密度（kg·km^{-2}）			
	2018年冬	2018年春	2018年秋	全年
361	361.58	238.52	970.51	523.54
362	346.87	173.48	287.94	269.43
363	123.39	152.20	594.39	289.99
364	—	51.80	295.87	173.84
388	58.91	54.00	23.45	45.45

续表

站点	资源密度（kg·km^{-2}）			
	2018年冬	2018年春	2018年秋	全年
389	29.64	14.01	308.54	117.40
390	19.65	121.57	243.32	128.18
391	—	211.74	74.82	143.28
415	195.35	36.15	62.67	98.06
416	111.11	3.34	202.64	105.70
417	6.40	18.09	190.92	71.80
418	—	27.00	674.82	350.91
442	107.43	9.18	102.75	73.12
443	15.00	3.22	58.05	25.42
444	110.78	159.91	188.15	152.95
465	233.59	63.15	91.39	129.38
466	115.19	28.21	106.73	83.38
467	66.63	67.28	206.87	113.59
488	163.81	30.63	75.35	89.93
489	142.40	37.25	72.58	84.08
490	50.40	66.13	15.67	44.07

注：表中"—"表示在该站点未采集到渔获物。

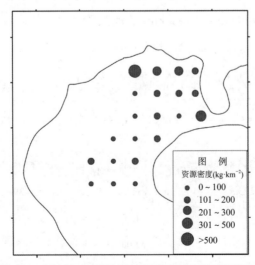

图3-74　2018年北部湾全年甲壳类资源密度空间分布图

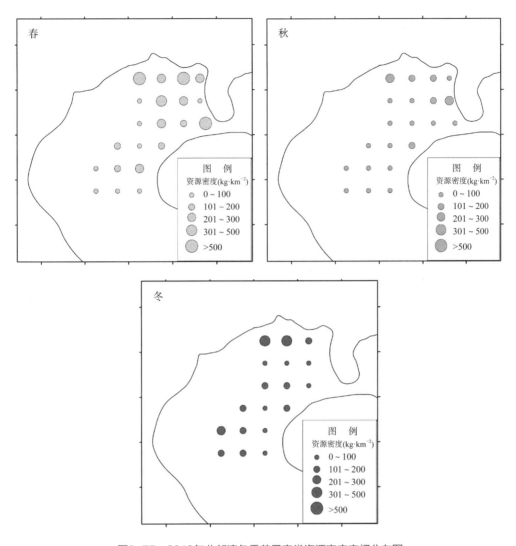

图3-75 2018年北部湾各季节甲壳类资源密度空间分布图

从甲壳类的资源密度来看，相比2010—2011年，2018年无论是全年平均资源密度还是各个季节平均资源密度均上升明显，季节差异也十分显著，在秋季时增长最为明显，增长约9倍，其余季节增长约2倍；2010—2011年甲壳类各季节的平均资源密度同样也有明显差异，其中夏季资源密度最高，冬季与春季次之，秋季资源密度最低；从资源密度的站点分布来看，甲壳类不同于头足类资源的分布方式，其高资源密度区域均为近岸浅水区域。

四、重要甲壳类——猛虾蛄资源结构

猛虾蛄（*Harpiosquilla harpax*）（de Haan, 1844），隶属于甲壳纲，口足目，虾蛄

科，猛虾蛄属，主要分布在印度—西太平洋，日本到红海的海域（Shane et al., 2008；刘瑞玉等，1998）。由于猛虾蛄体形较大，分布广泛，在渔业中具有重要的地位，是南海北部大陆架以及北部湾主要的经济虾蛄种类之一（吴桂荣等，2012）。

（1）渔获率

2010—2011年全年猛虾蛄渔获物平均渔获率为1.43 kg·h^{-1}，各站点渔获率范围为0.02～7.26 kg·h^{-1}；春季平均渔获率为0.30 kg·h^{-1}，各站点渔获率范围为0.01～0.72 kg·h^{-1}；夏季平均渔获率为7.97 kg·h^{-1}，各站点渔获率范围为0.51～18.26 kg·h^{-1}；秋季平均渔获率为1.40 kg·h^{-1}，各站点渔获率范围为0.33～2.94 kg·h^{-1}；冬季平均渔获率为0.40 kg·h^{-1}，各站点渔获率范围为0.02～1.26 kg·h^{-1}（表3-89）。

表3-89　2010—2011年北部湾猛虾蛄渔获率时空变化表

站点	渔获率（kg·h^{-1}）				
	2010年夏	2010年秋	2011年冬	2011年春	全年
361	11.17	1.53	0.08	0.17	3.24
362	9.17	0.95	0.06	0.72	2.73
363	—	—	0.02	—	0.02
388	2.69	0.50	—	0.05	1.08
389	7.09	0.33	0.04	0.27	1.93
390	18.26	2.94	—	0.60	7.26
415	—	—	—	0.06	0.06
416	—	—	—	0.13	0.13
417	—	—	—	0.24	0.24
442	—	—	—	0.39	0.39
444	—	—	0.53	0.58	0.55
466	0.51	—	0.08	—	0.29
467	—	—	1.26	0.36	0.81
488	—	—	1.14	0.01	0.57
489	6.91	2.13	0.30	—	3.11
490	—	—	0.50	—	0.50

注：表中"—"表示在该站点未采集到该种渔获物。

2018年全年猛虾蛄渔获物平均渔获率为1.48 kg·h^{-1}，各站点渔获率范围为0.03～

6.00 kg·h^{-1}；春季平均渔获率为1.76 kg·h^{-1}，各站点渔获率范围为0.05～6.78 kg·h^{-1}；秋季平均渔获率为2.44 kg·h^{-1}，各站点渔获率范围为0.03～14.74 kg·h^{-1}；冬季平均渔获率为0.45 kg·h^{-1}，各站点渔获率范围为0.02～3.68 kg·h^{-1}（表3–90）。

表3–90 2018年北部湾猛虾蛄渔获率时空变化表

站点	渔获率（kg·h^{-1}）			
	2018年冬	2018年春	2018年秋	全年
361	0.25	3.00	14.74	6.00
362	0.20	0.40	2.70	1.10
363	0.23	6.78	8.07	5.03
364	—	0.27	0.22	0.25
388	0.08	0.50	0.55	0.38
389	0.12	0.46	1.36	0.65
390	0.31	0.96	3.19	1.49
391	—	5.16	0.28	2.72
415	0.16	0.42	0.03	0.20
416	0.05	0.05	4.17	1.42
417	—	0.70	0.04	0.37
418	—	0.53	2.04	1.28
442	0.03	—	—	0.03
444	0.02	5.55	2.65	2.74
465	0.06	1.41	0.66	0.71
466	—	0.20	0.07	0.13
467	1.04	2.10	0.40	1.18
488	3.68	0.80	0.23	1.57
489	0.05	0.70	—	0.37
490	0.45	3.52		1.98

注：表中"—"表示在该站点未采集到该种渔获物。

（2）资源量

2010—2011年全年平均资源量为84.65 t，各站点资源量范围为1.20～408.51 t；春季平均资源量为21.05 t，各站点资源量范围为0.66～52.38 t；夏季平均资源量为456.74 t，各站点资源量范围为29.37~1 024.81 t；秋季平均资源量为82.11 t，各站点资源量范围为20.88~148.35 t；冬季平均资源量为26.43 t，各站点资源量范围为1.20~85.17 t（表3-91）。

表3-91 2010—2011年北部湾猛虾蛄资源量时空变化表

站点	资源量（t）				
	2010年夏	2010年秋	2011年冬	2011年春	全年
361	631.46	110.26	5.47	12.02	189.80
362	533.17	60.24	3.55	50.51	161.87
363	—	—	1.20		1.20
388	155.07	33.12	—	3.68	63.96
389	424.69	20.88	2.39	19.44	116.85
390	1 024.81	148.35	—	52.38	408.51
415	—	—	—	3.44	3.44
416	—	—	—	7.59	7.59
417	—	—	—	12.34	12.34
442	—	—	—	28.21	28.21
444			36.77	43.44	40.10
466	29.37	—	7.26	—	18.32
467			63.45	18.88	41.16
488			85.17	0.66	42.92
489	398.62	119.81	20.51	—	179.64
490	—	—	38.48	—	38.48

注：表中"—"表示在该站点未采集到该种渔获物。

2018年全年猛虾蛄渔获物平均资源量为74.89 t，各站点资源量范围为1.67~303.52 t；春季平均资源量为89.23 t，各站点资源量范围为2.33~343.08 t；秋季平均资源量为123.23 t，各站点资源量范围为1.72~746.10 t；冬季平均资源量为22.67 t，各站点资源量范围为1.11~186.18 t（表3-92）。

表3-92　2018年北部湾猛虾蛄资源量时空变化表

站点	资源量（t）			
	2018年冬	2018年春	2018年秋	全年
361	12.65	151.82	746.10	303.52
362	10.12	20.24	136.63	55.67
363	11.64	343.08	408.20	254.31
364	—	13.66	11.13	12.40
388	3.94	25.30	27.81	19.02
389	6.07	23.28	68.82	32.72
390	15.59	48.58	161.65	75.27
391	—	260.91	14.34	137.63
415	8.10	21.25	1.72	10.36
416	2.33	2.33	210.88	71.85
417	—	35.42	1.92	18.67
418	—	26.82	103.13	64.98
442	1.67	—	—	1.67
444	1.11	280.86	134.20	138.73
465	3.04	71.35	33.40	35.93
466	—	10.12	3.34	6.73
467	52.49	106.27	20.24	59.67
488	186.18	40.60	11.39	79.39
489	2.33	35.42		18.88
490	22.77	177.97	—	100.37

注：表中"—"表示在该站点未采集到该种渔获物。

（3）资源密度

2010—2011年全年猛虾蛄平均资源密度为27.42 kg·km^{-2}，各站点资源密度范围为0.39～132.34 kg·km^{-2}（图3-76）；春季平均资源密度为6.82 kg·km^{-2}，各站点资源密度范围为0.22～16.97 kg·km^{-2}；夏季平均资源密度为147.96 kg·km^{-2}，各站点资源密度范围为9.52～331.98 kg·km^{-2}；秋季平均资源密度为26.60 kg·km^{-2}，各站点资源密度范围为6.76～48.06 kg·km^{-2}；冬季平均资源密度为8.56 kg·km^{-2}，各站点资源密度范围为0.39～27.59 kg·km^{-2}（表3-93、图3-77）。

表3-93 2010—2011年北部湾猛虾蛄资源密度时空变化表

站点	资源密度（kg·km⁻²）				
	2010年夏	2010年秋	2011年冬	2011年春	全年
361	204.56	35.72	1.77	3.90	61.49
362	172.72	19.52	1.15	16.36	52.44
363	—	—	0.39	—	0.39
388	50.24	10.73	—	1.19	20.72
389	137.58	6.76	0.77	6.30	37.85
390	331.98	48.06	—	16.97	132.34
415	—	—	—	1.11	1.11
416	—	—	—	2.46	2.46
417	—	—	—	4.00	4.00
442	—	—	—	9.14	9.14
444	—	—	11.91	14.07	12.99
466	9.52	—	2.35	—	5.93
467	—	—	20.56	6.11	13.33
488	—	—	27.59	0.22	13.90
489	129.13	38.81	6.64	—	58.20
490	—	—	12.47	—	12.47

注：表中"—"表示在该站点未采集到该种渔获物。

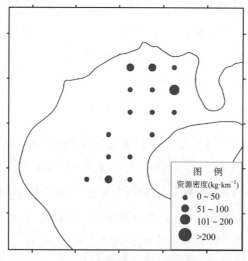

图3-76 2010—2011年北部湾全年猛虾蛄资源密度空间分布图

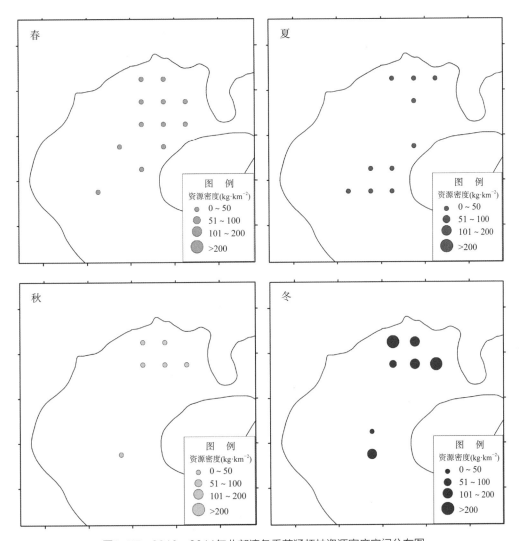

图3-77 2010—2011年北部湾各季节猛虾蛄资源密度空间分布图

2018年全年猛虾蛄平均资源密度为24.26 kg·km^{-2}，各站点资源密度范围为0.54～98.33 kg·km^{-2}（图3-78）；春季平均资源密度为28.90 kg·km^{-2}，各站点资源密度范围为0.75～111.14 kg·km^{-2}；秋季平均资源密度为39.92 kg·km^{-2}，各站点资源密度范围为0.56～241.70 kg·km^{-2}；冬季平均资源密度为7.34 kg·km^{-2}，各站点资源密度范围为0.36～60.31 kg·km^{-2}（表3-94、图3-79）。

表3-94　2018年北部湾猛虾蛄资源密度时空变化表

站点	资源密度（kg·km⁻²）			
	2018年冬	2018年春	2018年秋	全年
361	4.10	49.18	241.70	98.33
362	3.28	6.56	44.26	18.03
363	3.77	111.14	132.24	82.38
364	—	4.43	3.61	4.02
388	1.28	8.20	9.01	6.16
389	1.97	7.54	22.30	10.60
390	5.05	15.74	52.37	24.38
391	—	84.52	4.65	44.58
415	2.62	6.89	0.56	3.36
416	0.75	0.75	68.31	23.27
417	—	11.48	0.62	6.05
418	—	8.69	33.41	21.05
442	0.54	—	—	0.54
444	0.36	90.98	43.48	44.94
465	0.98	23.11	10.82	11.64
466	—	3.28	1.08	2.18
467	17.00	34.43	6.56	19.33
488	60.31	13.15	3.69	25.72
489	0.75	11.48	—	6.11
490	7.38	57.65	—	32.51

注：表中"—"表示在该站点未采集到该种渔获物。

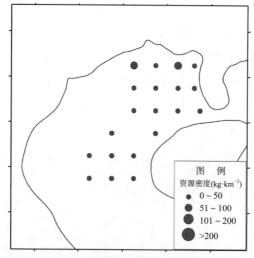

图3-78　2018年北部湾全年猛虾蛄资源密度空间分布图

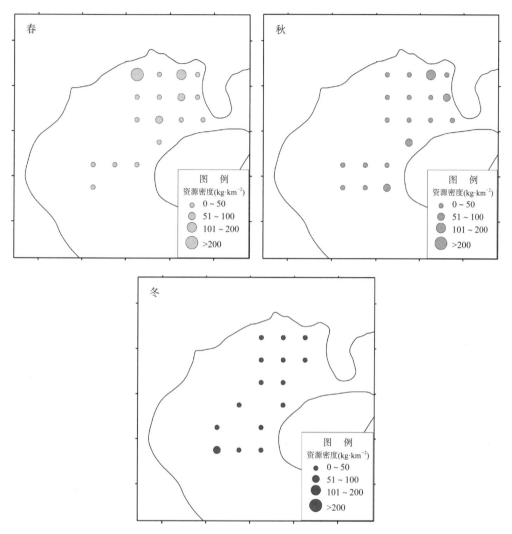

图3-79　2018年北部湾各季节猛虾蛄资源密度空间分布图

第五节　重要贝类——长肋日月贝资源结构

长肋日月贝（*Amusium pleuronectes*）（Linnaeus, 1758），隶属软体动物门，双壳纲，珍珠贝目，扇贝科，日月贝属；其贝壳呈圆盘形，背缘直，壳面平滑有光泽，左壳呈玫瑰红色，具深褐色的放射线，壳内面呈白色，具成对排列的细放射肋，右壳呈白色，壳内具放射肋。长肋日月贝个体较大、生长迅速、肉质肥满、闭壳肌发达、肉味鲜美，为名贵海产，是中国、泰国、菲律宾和澳大利亚等国的重要经济贝类（张素萍，2008；中国科学院中国动物志委员会，2012）。主要分布于印度洋和太平洋10~80 m水深的热带、亚热带底层海域，在广东、广西沿海分布很广，尤以广西北海市等地产量较多，产季主要集中在春、秋季（付玉等，2012）。

175

（1）渔获率

2010—2011年全年长肋日月贝渔获物平均渔获率为0.65 kg·h^{-1}，各站点渔获率范围为0.08～1.89 kg·h^{-1}；春季平均渔获率为0.66 kg·h^{-1}，各站点渔获率范围为0.07～1.24 kg·h^{-1}；夏季平均渔获率为1.01 kg·h^{-1}，各站点渔获率范围为0.01～3.27 kg·h^{-1}；秋季平均渔获率为1.43 kg·h^{-1}，各站点渔获率范围为0.39～2.40 kg·h^{-1}；冬季平均渔获率为0.42 kg·h^{-1}，各站点渔获率范围为0.08～1.15 kg·h^{-1}（表3-95）。

表3-95　2010—2011年北部湾长肋日月贝渔获率时空变化表

站点	渔获率（kg·h^{-1}）				
	2010年夏	2010年秋	2011年冬	2011年春	全年
361	0.01	1.03	0.85	0.41	0.57
362	3.27	1.90	1.15	1.24	1.89
388	0.35	0.39	0.17	1.05	0.49
389	1.41	1.44	0.40	0.49	0.93
390	—	2.40	—	0.07	1.24
415	—	—	0.10	—	0.10
416	0.03	—	0.51	0.72	0.42
417	—	—	0.08	—	0.08
444	—	—	0.11	—	0.11

注：表中"—"表示在该站点未采集到该种渔获物。

2018年全年长肋日月贝渔获物平均渔获率为0.49 kg·h^{-1}，各站点渔获率范围为0.03～3.43 kg·h^{-1}；春季平均渔获率为0.12 kg·h^{-1}，各站点渔获率范围为0.01～0.29 kg·h^{-1}；秋季平均渔获率为0.63 kg·h^{-1}，各站点渔获率范围为0.03～3.43 kg·h^{-1}；冬季平均渔获率为0.30 kg·h^{-1}，各站点渔获率范围为0.01～0.72 kg·h^{-1}（表3-96）。

表3-96　2018年北部湾长肋日月贝渔获率时空变化表

站点	渔获率（kg·h^{-1}）			
	2018年冬	2018年春	2018年秋	全年
361	0.00	0.14	1.15	0.43
388	0.25	0.15	0.04	0.14
389	—	0.00	0.40	0.20
415	—	—	0.15	0.15
417	—	—	0.03	0.03
418	—	—	0.57	0.57

| 站点 | 渔获率（kg·h⁻¹） | | | |
	2018年冬	2018年春	2018年秋	全年
442	0.23	0.15	0.37	0.25
443	0.72	0.17	0.11	0.33
444	—	—	3.43	3.43
465	0.03	—	—	0.03
466	—	0.03	0.08	0.06
467	—	0.29	—	0.29

注：表中"—"表示在该站点未采集到该种渔获物。

（2）资源量

2010—2011年全年长肋日月贝平均资源量为39.82 t，各站点资源量范围为4.88～117.15 t；春季平均资源量为46.26 t，各站点资源量范围为5.90～86.53 t；夏季平均资源量为59.32 t，各站点资源量范围为0.34～190.18 t；秋季平均资源量为86.41 t，各站点资源量范围为26.12～121.38 t；冬季平均资源量为27.23 t，各站点资源量范围为4.88～71.93 t（表3-97）。

表3-97　2010—2011年北部湾长肋日月贝资源量时空变化表

| 站点 | 资源量（t） | | | | |
	2010年夏	2010年秋	2011年冬	2011年春	全年
361	0.34	74.43	59.48	28.96	40.80
362	190.18	119.96	71.93	86.53	117.15
388	20.06	26.12	11.92	77.51	33.90
389	84.15	90.17	26.05	35.75	59.03
390	—	121.38	—	5.90	63.64
415	—	—	7.07	—	7.07
416	1.85	—	29.17	42.91	24.64
417	—	—	4.88	—	4.88
444	—	—	7.36	—	7.36

注：表中"—"表示在该站点未采集到该种渔获物。

2018年全年长肋日月贝平均资源量为24.92 t，各站点资源量范围为1.42～173.81 t；春季平均资源量为6.11 t，各站点资源量范围为0.20～14.68 t；秋季平均资源量为31.96 t，各站点资源量范围为1.42～173.81 t；冬季平均资源量为15.15 t，各站点资源量范围为0.20～36.44 t（表3-98）。

表3-98　2018年北部湾长肋日月贝资源量时空变化表

站点	资源量（t）			
	2018年冬	2018年春	2018年秋	全年
361	0.20	7.08	58.20	21.83
388	12.60	7.59	1.82	7.34
389	—	0.20	20.24	10.22
415	—	—	7.45	7.45
417	—	—	1.42	1.42
418	—	—	28.78	28.78
442	11.39	7.59	18.60	12.53
443	36.44	8.60	5.31	16.78
444	—	—	173.81	173.81
465	—	1.42	—	1.42
466	—	1.72	3.97	2.85
467	—	14.68		14.68

注：表中"—"表示在该站点未采集到该种渔获物。

（3）资源密度

2010—2011年全年长肋日月贝平均资源密度为39.83 kg·km^{-2}，各站点资源密度范围为4.88～117.15 kg·km^{-2}（图3-80）；春季平均资源密度为46.26 kg·km^{-2}，各站点资源密度范围为5.90～86.53 kg·km^{-2}；夏季平均资源密度为59.32 kg·km^{-2}，各站点资源密度范围为0.34～190.18 kg·km^{-2}；秋季平均资源密度为86.41 kg·km^{-2}，各站点资源密度范围为26.12～121.38 kg·km^{-2}；冬季平均资源密度为27.23 kg·km^{-2}，各站点资源密度范围为4.88～71.93 kg·km^{-2}（表3-99、图3-81）。

表3-99　2010—2011年北部湾长肋日月贝资源密度时空变化表

站点	资源密度（kg·km^{-2}）				
	2010年夏	2010年秋	2011年冬	2011年春	全年
361	0.34	74.43	59.48	28.96	40.80
362	190.18	119.96	71.93	86.53	117.15
388	20.06	26.12	11.92	77.51	33.90
389	84.15	90.17	26.05	35.75	59.03
390	—	121.38	—	5.90	63.64
415	—	—	7.07	—	7.07
416	1.85	—	29.17	42.91	24.64
417	—	—	4.88	—	4.88
444	—	—	7.36	—	7.36

注：表中"—"表示在该站点未采集到该种渔获物。

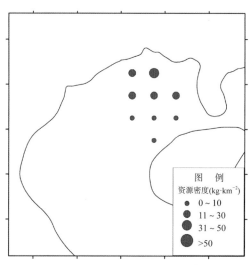

图3-80 2010—2011年北部湾全年长肋日月贝资源密度空间分布图

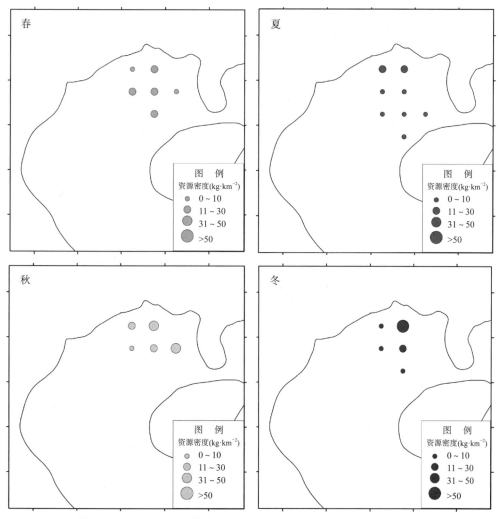

图3-81 2010—2011年北部湾各季节长肋日月贝资源密度空间分布图

2018年全年长肋日月贝平均资源密度为24.92 kg·km^{-2}，各站点资源密度范围为1.42～173.81 kg·km^{-2}（图3-82）；春季平均资源密度为6.11 kg·km^{-2}，各站点资源密度范围为0.20～14.68 kg·km^{-2}；秋季平均资源密度为31.96 kg·km^{-2}，各站点资源密度范围为1.42～173.81 kg·km^{-2}；冬季平均资源密度为15.15 kg·km^{-2}，各站点资源密度范围为0.20～36.44 kg·km^{-2}（表3-100、图3-83）。

表3-100　2018年北部湾长肋日月贝资源密度时空变化表

站点	资源密度（kg·km^{-2}）			
	2018年冬	2018年春	2018年秋	全年
361	0.20	7.08	58.20	21.83
388	12.60	7.59	1.82	7.34
389	—	0.20	20.24	10.22
415	—	—	7.45	7.45
417	—	—	1.42	1.42
418	—	—	28.78	28.78
442	11.39	7.59	18.60	12.53
443	36.44	8.60	5.31	16.78
444	—	—	173.81	173.81
465	—	1.42	—	1.42
466	—	1.72	3.97	2.85
467	—	14.68	—	14.68

注：表中"—"表示在该站点未采集到该种渔获物。

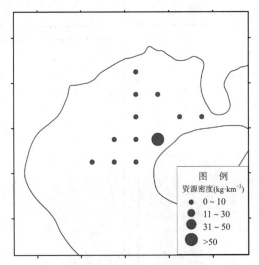

图3-82　2018年北部湾全年长肋日月贝资源密度时空分布图

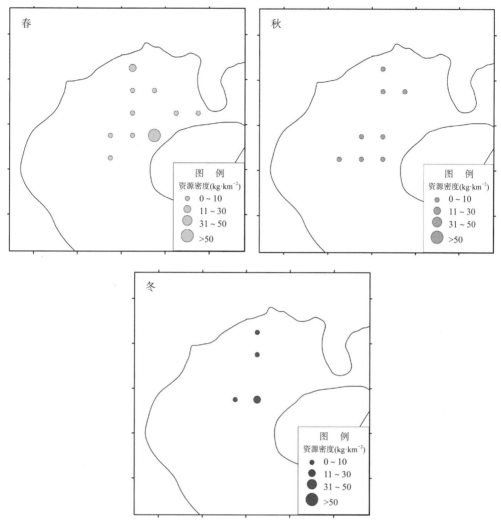

图3-83　2018年北部湾各季节长肋日月贝资源密度空间分布图

参考文献

陈新军, 2009. 世界头足类[M]. 北京：海洋出版社, 1178-1180.

付玉, 颜云榕, 卢伙胜, 等. 北部湾长肋日月贝的生物学性状与资源时空分布[J]. 水产学报, 2012, 36(11):1694-1705.

贾晓平, 李永振, 李纯厚, 等, 2004. 南海专属经济区和大陆架渔业生态环境与渔业资源[M]. 北京:科学出版社, 520-528.

李渊, 孙典荣, 2011. 北部湾中国枪乌贼生物学特征及资源状况变化的初步研究[J]. 湖北农业科学, (13):2716-2719.

刘瑞玉, 王永良, 1998. 南海虾蛄科及猛虾蛄科（甲壳动物口足目）二新种[J]. 海洋与湖沼, (6):588-596.

吴桂荣, 颜云榕, 卢伙胜,等, 2012. 北部湾猛虾蛄生物学特性与渔业资源时空分布[C]. 中国水产学会学术年会.

张素萍, 2008. 中国海洋贝类图鉴[M]. 北京: 海洋出版社.

中国科学院中国动物志委员会. 中国动物志, 无脊椎动物. 第31卷 软体动物门 双壳纲 珍珠贝亚目[M]. 北京: 科学出版社, 2012.

SHANE TA, CHAN T, LIAO Y, 2008. 台湾虾蛄志[M]. 基隆: 台湾海洋大学.

第四章

鱼类优势种群体结构

第一节　多齿蛇鲻 [*Saurida tumbil* (Bloch, 1795)]

多齿蛇鲻（*Saurida tumbil*）隶属于辐鳍鱼纲（Actinopterygii），仙女鱼目（Aulopiformes），狗母鱼科（Synodontidae），蛇鲻属（*Saurida*），为暖水性底层鱼类，主要分布于印度—西太平洋区，西起非洲东部，北至菲律宾、中国台湾，南至澳大利亚等。在北部湾地区俗称丁鱼、狗棍，是北部湾的重要经济种和传统优势种，是该海域底拖网渔业中重要渔获物之一（陈再超等，1982；王雪辉等，2011；傅昕龙等，2019）。

一、2010—2011 年渔获

北部湾全年4个季节均采到多齿蛇鲻，体长分布为5.0～28.0 cm，其中，13.0～19.0 cm体长范围频数最高，占73.7%（图4-1）；体重分布为1.8～217.6 g，其中，20.0～60.0 g体重范围频数较高，占72.1%（图4-2）。

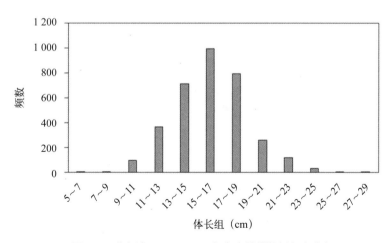

图4-1　北部湾2010—2011年多齿蛇鲻体长频度分布

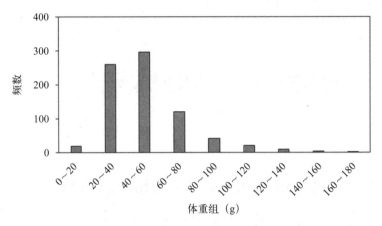

图4-2　北部湾2010—2011年多齿蛇鲻体重频度分布

2010—2011年多齿蛇鲻春季体长范围为10.3～24.2 cm，平均值为15.9 cm，体重范围为10.9～177.5 g，平均值为50.8 g；夏季体长范围为8.6～28.0 cm，平均值为16.2 cm，体重范围为5.9～217.6 g，平均值为50.6 g；秋季体长范围为5.0～27.4 cm，平均值为16.5 cm，体重范围为1.8～196.8 g，平均值为54.4 g；冬季体长范围为8.0～24.6 cm，平均值为14.4 cm，体重范围为5.0～186.2 g，平均值为36.3 g。体长—体重曲线呈显著幂函数关系，关系式为 $W = 0.009\ 2\ L^{3.067\ 4}$（$R^2 = 0.921\ 1$）（图4-3）。按季节分，其体长—体重曲线幂函数曲线b系数依次为春季2.835 5、夏季3.039 8、秋季3.088 6、冬季3.313 4。

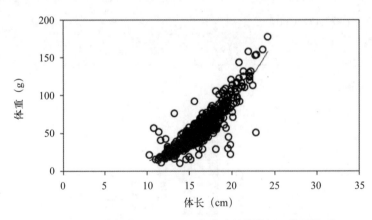

图4-3　北部湾2010—2011年多齿蛇鲻体长—体重关系

2010—2011年，北部湾调查海域的4个季节平均水温为25.35 ℃。多齿蛇鲻极限体长为30.4 cm，K值为0.71，总死亡系数为3.54，自然死亡系数为1.36，捕捞死亡系数为2.18，开发率为0.62；捕捞可能性分析，体长小于12.6 cm的捕捞可能性小于0.25，小于13.6 cm的捕捞可能性小于0.50，小于14.5 cm的捕捞可能性小于0.75（图4-4）。

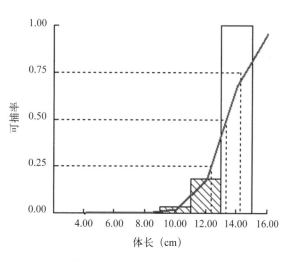

图4-4　北部湾2010—2011年多齿蛇鲻可捕系数

二、2018年渔获

北部湾全年4个季节均采到多齿蛇鲻，体长分布为10.3～23.9 cm，其中，15.0～19.0 cm体长范围频数最高，占59.4%（图4-5）；体重分布为9.3～130.3 g，其中，20.0～80.0 g体重范围频数较高，占75.28%（图4-6）。

2018年多齿蛇鲻春季体长范围为10.3～21.5 cm，平均15.7 cm，体重范围为9.7～126.6 g，平均值为49.3 g；夏季体长范围为13.7～21.6 cm，平均值为17.6 cm，体重范围为24.9～118 g，平均值为59.6 g；秋季体长范围为14.5～23.2 cm，平均值为17.6 cm，体重范围为32.8～130.3 g，平均值为61.2 g；冬季体长范围为10.5～23.9 cm，平均值为16.2 cm，体重范围为9.3～126.0 g，平均49.8 g。体长—体重曲线呈显著幂函数关系，关系式为 $W = 0.006\,5\,L^{3.178\,8}$（$R^2 = 0.936\,5$）（图4-7）。按季节分，其体长—体重曲线幂函数曲线b系数依次为春季3.444 6、夏季3.354 6、秋季2.731 1、冬季3.235 2。

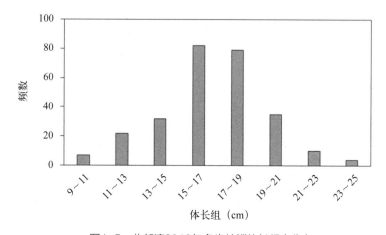

图4-5　北部湾2018年多齿蛇鲻体长频度分布

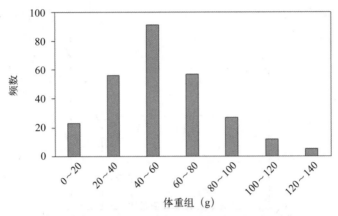

图4-6　北部湾2018年多齿蛇鲻体重频度分布

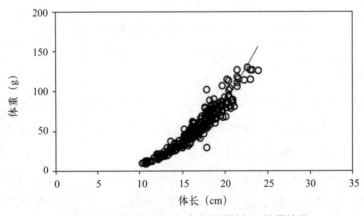

图4-7　北部湾2018年多齿蛇鲻体长—体重关系

　　2018年，北部湾调查海域的4个季节平均水温为26.03℃。多齿蛇鲻极限体长为29.2 cm，K值为0.68，总死亡系数为3.10，自然死亡系数为1.35，捕捞死亡系数为0.88，开发率为0.56；捕捞可能性分析，体长小于14.7 cm的捕捞可能性小于0.25，小于16.5 cm的捕捞可能性小于0.50，小于18.3 cm的捕捞可能性小于0.75（图4-8）。

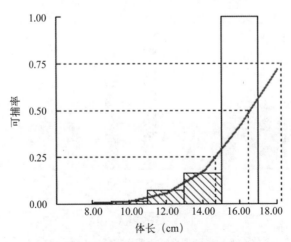

图4-8　北部湾2018年多齿蛇鲻可捕系数

第二节　竹荚鱼 [*Trachurus japonicus* (Temminck et al., 1844)]

竹荚鱼（*Trachurus japonicus*）隶属于辐鳍鱼纲（Actinopterygii），鲈形目（Perciformes），鲹科（Carangidae），竹荚鱼属（*Trachurus*），为暖水性中上层鱼类，栖息于沿岸水与外海水交汇处海区，游泳能力强，性活泼，较贪食，对声音较敏感，喜群游于水面，昼夜垂直移动现象明显；主要以浮游甲壳类、稚鱼及幼鱼为食。主要分布于西北太平洋，在中国南海、东海、黄海均有分布，是北部湾海域底拖网渔业的重要经济种和渔业资源调查种（杨璐等，2016；李忠炉等，2019）。

一、2010—2011 年渔获

北部湾全年4个季节均采到竹荚鱼，全年体长分布为6.5～19.3 cm，其中，12.0～14.0 cm体长范围频数最高，占51.9%（图4-9）；体重分布为4.5～129.3 g，其中，20.0～40.0 g体重范围频数较高，占54.5%（图4-10）。

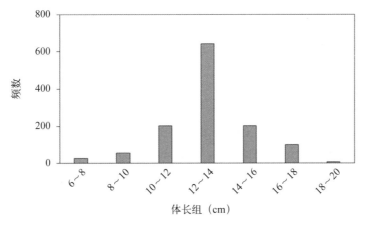

图4-9　北部湾2010—2011年竹荚鱼体长频度分布

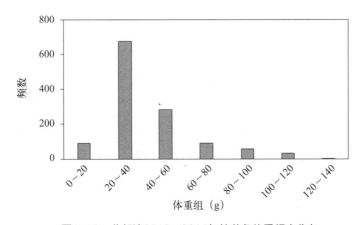

图4-10　北部湾2010—2011年竹荚鱼体重频度分布

2010—2011年竹荚鱼春季体长范围为6.5～18.0 cm，平均值为11.8 cm，体重范围为4.5～122.0 g，平均值为47.0 g；夏季体长范围为10.0～19.3 cm，平均值为12.5 cm，体重范围为16.0～120.8 g，平均值为33.7 g；秋季体长范围为11.3～18.8 cm，平均值为13.7 cm，体重范围为25.0～129.3 g，平均值为49.6 g；冬季体长范围为13.3～18.2 cm，平均值为15.2 cm，体重范围为35.1～120.3 g，平均值为63.2 g。体长—体重曲线呈显著幂函数关系，关系式为 $W = 0.015\,9\,L^{3.0431}$（$R^2 = 0.911\,7$）（图4-11）。按季节分，其体长—体重曲线幂函数曲线 b 系数依次为春季3.218 2、夏季2.771 1、秋季2.576 8、冬季2.256 2。

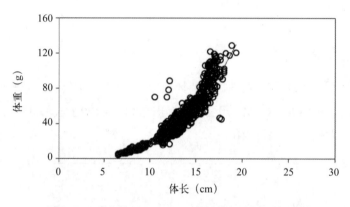

图4-11　北部湾2010—2011年竹荚鱼体长—体重关系

2010—2011年，北部湾调查海域的4个季节平均水温为25.35℃。竹荚鱼极限体长为20.0 cm，K 值为1.10，总死亡系数为3.48，自然死亡系数为2.03，捕捞死亡系数为1.45，开发率为0.42；捕捞可能性分析，体长小于9.8 cm的捕捞可能性小于0.25，小于10.3 cm的捕捞可能性小于0.50，小于10.8 cm的捕捞可能性小于0.75（图4-12）。

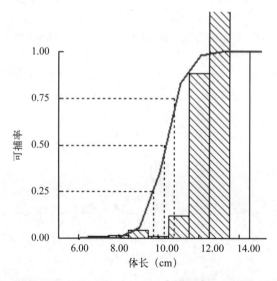

图4-12　北部湾2010—2011年竹荚鱼可捕系数

二、2018年渔获

北部湾全年4个季节均采到竹荚鱼，全年体长分布为4.6～19.9 cm，其中，12.0～14.0 cm和16.0～18.0 cm体长范围频数最高，占60.8%（图4-13）；体重分布为1.3～143.7 g，其中，20.0～60.0 g体重范围频数较高，占51.1%（图4-14）。

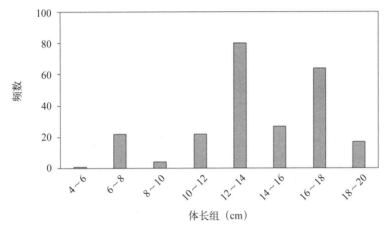

图4-13　北部湾2018年竹荚鱼体长频度分布

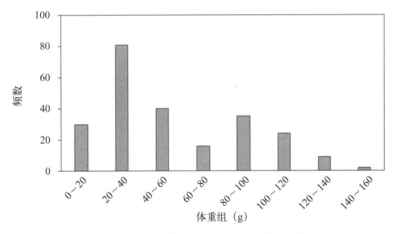

图4-14　北部湾2018年竹荚鱼体重频度分布

2018年竹荚鱼春季体长范围为4.6～19.7 cm，平均值为11.9 cm，体重范围为1.3～143.7 g，平均值为42.0 g；夏季体长范围为17.0～19.9 cm，平均值为18.0 cm，体重范围为92.4～142.7 g，平均值为113.8 g；秋季体长范围为10.4～14.5 cm，平均值为12.6 cm，体重范围为21.6～56.5 g，平均值为37.3 g；冬季体长范围为11.6～19.1 cm，平均值为15.5 cm，体重范围为23.9～113.3 g，平均值为65.2 g。体长—体重曲线呈显著幂函数关系，关系式为 $W = 0.008\,6\,L^{3.260\,0}$（$R^2 = 0.965\,0$）（图4-15）。按季节分，其体长—体重曲线幂函数曲线 b 系数依次为春季3.248 9、夏季2.501 0、秋季2.807 0、冬季4.205 5。

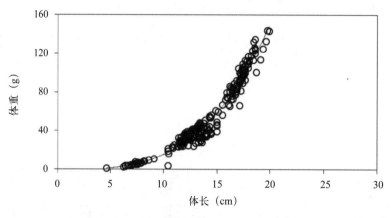

图4-15 北部湾2018年竹荚鱼体长—体重关系

2018年，北部湾调查海域的4个季节平均水温为26.03℃。竹荚鱼极限体长为21.0 cm，K值为1.10，总死亡系数为3.35，自然死亡系数为2.03，捕捞死亡系数为1.32，开发率为0.39；捕捞可能性分析，体长小于14.7 cm的捕捞可能性小于0.25，小于16.5 cm的捕捞可能性小于0.50，小于18.3 cm的捕捞可能性小于0.75（图4-16）。

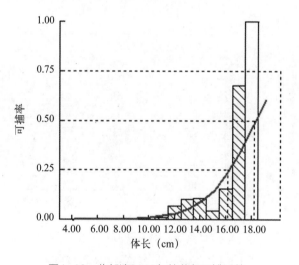

图4-16 北部湾2018年竹荚鱼可捕系数

第三节　蓝圆鲹 *[Decapterus maruadsi* (Temminck et al., 1843)]

蓝圆鲹（*Decapterus maruadsi*）隶属于辐鳍鱼纲（Actinopterygii），鲈形目（Perciformes），鲹科（Carangidae），圆鲹属（*Decapterus*），俗称巴浪、棍子鱼、鲲咕，为暖水性中上层鱼类，夜间具弱趋光性，主要摄食磷虾类、桡足类、端足类、介形类等浮游动物及小型鱼类。主要分布于西北太平洋海域，包括中国、朝鲜半岛和日本等。中国沿海均产，为中国东南沿海灯光围网的主要捕捞对象之一，是北部湾海域底拖网渔业的重要经济种之一（颜云榕，2010；杨璐等，2016）。

一、2010—2011 年渔获

北部湾全年4个季节均采到蓝圆鲹，全年体长分布为7.1～22.0 cm，其中，11.0～15.0 cm体长范围频数最高，占55.3%（图4-17）；体重分布为5.7～207.7 g，其中，20.0～60.0 g体重范围频数较高，占63.9%（图4-18）。

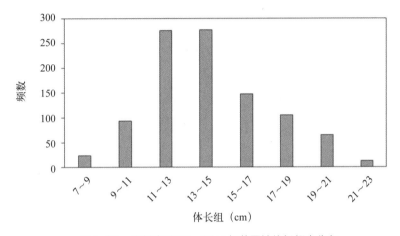

图4-17 北部湾2010—2011年蓝圆鲹体长频度分布

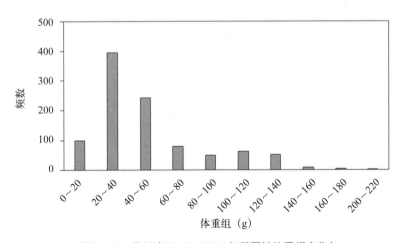

图4-18 北部湾2010—2011年蓝圆鲹体重频度分布

2010—2011年蓝圆鲹春季体长范围为7.1～22.0 cm，平均值为15.2 cm，体重范围为5.7～177.1 g，平均值为73.8 g；夏季体长范围为10.1～21.6 cm，平均值为13.4 cm，体重范围为16.3～207.7 g，平均值为38.5 g；秋季体长范围为9.3～20.0 cm，平均值为13.8 cm，体重范围为13.7~125.3 g，平均值为49.1 g；冬季体长范围为12.6~22.0 cm，平均值为19.0 cm，体重范围为37.3~170.8 g，平均值为118.7 g。体长—体重曲线呈显著幂函数关系，关系式为 $W = 0.021\,4\,L^{2.898\,1}$（$R^2 = 0.943\,5$）（图4-19）。按季节分，其体长—体重曲线幂函数曲线 b 系数依次为春季2.987 6、夏季2.536 5、秋季2.725 6、冬季2.786 1。

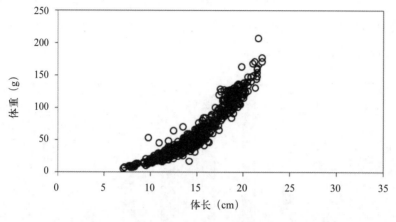

图4-19 北部湾2010—2011年蓝圆鲹体长—体重关系

2010—2011年，北部湾调查海域的4个季节平均水温为25.35℃。蓝圆鲹极限体长为21.6 cm，K 值为1.20，总死亡数为3.60，自然死亡系数为2.10，捕捞死亡系数为1.50，开发率为0.42；捕捞可能性分析，体长小于10.8 cm的捕捞可能性小于0.25，小于12.0 cm的捕捞可能性小于0.50，小于13.1 cm的捕捞可能性小于0.75（图4-20）。

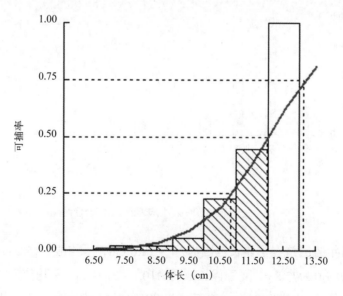

图4-20 北部湾2010—2011年蓝圆鲹可捕系数

二、2018 年渔获

北部湾全年4个季节均采到蓝圆鲹，全年体长分布为12.4～25.0 cm，其中，15.0～17.0 cm和19.0～21.0 cm体长范围频数最高，占55.2%（图4-21）；体重分布为33.0～212.7 g，其中，40.0～80.0 g体重范围频数较高，占50.5%（图4-22）。

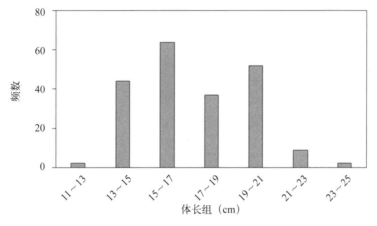

图4-21　北部湾2018年蓝圆鲹体长频度分布

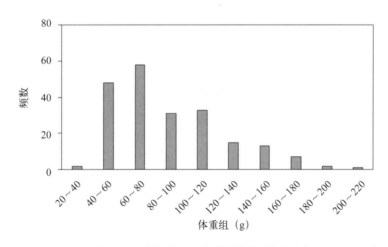

图4-22　北部湾2018年蓝圆鲹体重频度分布

2018年蓝圆鲹春季体长范围为18.1～22.1 cm，平均值为19.6 cm；体重范围为90.9～212.7 g，平均值为114.2 g；夏季体长范围为16.4～25.0 cm，平均值为20.1 cm；体重范围为76.2～193.9 g，平均值为143.7 g；秋季体长范围为12.5～17.1 cm，平均值为14.9 cm；体重范围为33.0～78.9 g，平均值为58.5 g；冬季体长范围为15.6～20.6 cm，平均值为17.8 cm；体重范围为59.7～143.2 g，平均值为90.2 g。体长—体重曲线呈显著幂函数关系，关系式为$W = 0.049\,2\,L^{2.618\,3}$（$R^2 = 0.918\,7$）（图4-23）。按季节分，其体长—体重曲线幂函数曲线b系数依次为春季1.922 4、夏季1.815 8、秋季2.673 7、冬季2.242 2。

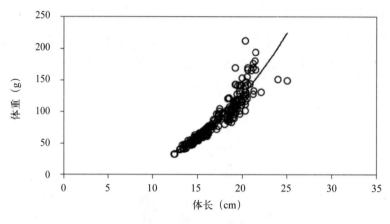

图4-23　北部湾2018年蓝圆鲹体长—体重关系

2018年，北部湾调查海域的4个季节平均水温为26.03℃。蓝圆鲹极限体长为25.7 cm，K值为0.59，总死亡系数为2.23，自然死亡系数为1.27，捕捞死亡系数为0.96，开发率为0.43；捕捞可能性分析，体长小于14.0 cm的捕捞可能性小于0.25，小于14.6 cm的捕捞可能性小于0.50，小于15.2 cm的捕捞可能性小于0.75（图4-24）。

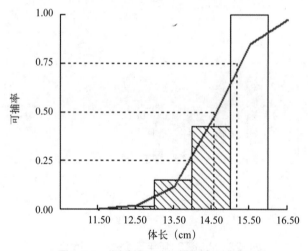

图4-24　北部湾2018年蓝圆鲹可捕系数

第四节　克氏副叶鲹 [*Alepes kleinii* (Bloch, 1793)]

克氏副叶鲹（*Alepes kleinii*）隶属于辐鳍鱼纲（Actinopterygii），鲈形目（Perciformes），鲹科（Carangidae），副叶鲹属（*Alepes*），又名丽叶鲹，俗称甘仔鱼，为暖水性中上层小型鱼类。栖息于热带和亚热带近海海域，常聚集成群，以浮游性甲壳动物、小鱼等为食。主要分布于印度—太平洋海域，西起非洲东岸，东至印度尼西亚，北至日本，南至澳大利亚。在中国产于东海、南海和台湾，是北部湾重要经济种类之一（张月平等，2005；王雪辉等，2010）。

一、2010—2011年渔获

北部湾全年除冬季外，春季、夏季、秋季均采到克氏副叶鲹，全年体长分布为6.6～17.4 cm，其中，9.0～12.0 cm体长范围频数最高，占79.1%（图4-25）；体重分布为4.0～155.4 g，其中，10.0～30.0 g体重范围频数较高，占80.2%（图4-26）。

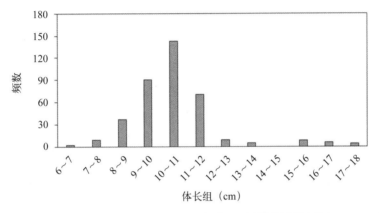

图4-25　北部湾2010—2011年克氏副叶鲹体长频度分布

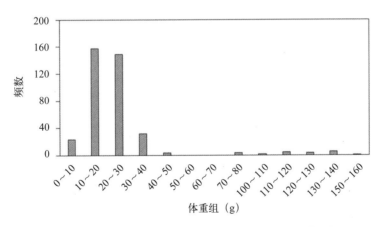

图4-26　北部湾2010—2011年克氏副叶鲹体重频度分布

2010—2011年，克氏副叶鲹春季体长范围为8.5～12.1 cm，平均值为10.7 cm；体重范围为13.5～37.0 g，平均值为25.8 g；夏季体长范围为6.6～17.4 cm，平均值为10.4 cm；体重范围为4.0～155.4 g，平均值为25.3 g；秋季体长范围为8.9～13.3 cm，平均值为10.2 cm；体重范围为14.1～44.0 g，平均值为20.8 g。体长—体重曲线呈显著幂函数关系，关系式为

$W = 0.004\ 7\ L^{3.592\ 6}$（$R^2 = 0.943\ 7$）（图4-27）。按季节分，其体长—体重曲线幂函数曲线 b 系数依次为春季2.972 2、夏季3.627 7、秋季3.049 9。

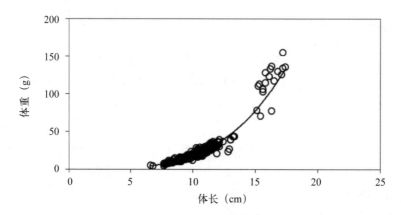

图4-27　北部湾2010—2011年克氏副叶鲹体长体重关系

2010—2011年，北部湾调查海域的4个季节平均水温为25.35℃。克氏副叶鲹极限体长为20.4 cm，K 值为0.26，总死亡系数为1.69，自然死亡系数为0.79，捕捞死亡系数为0.90，开发率为0.53；捕捞可能性分析，体长小于8.7 cm的捕捞可能性小于0.25，小于9.2 cm的捕捞可能性小于0.50，小于9.7 cm的捕捞可能性小于0.75（图4-28）。

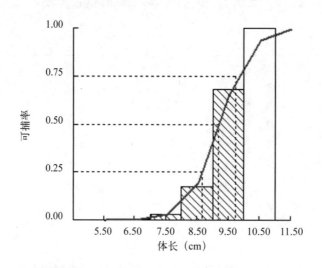

图4-28　北部湾2010—2011年克氏副叶鲹可捕系数

二、2018年渔获

北部湾全年4个季节均采到克氏副叶鲹，全年体长分布为6.3～15.7 cm，其中，9.0～11.0 cm体长范围频数最高，占73.9%（图4-29）；体重分布为3.7～58.4 g，其中，10.0～30.0 g体重范围频数较高，占85.7%（图4-30）。

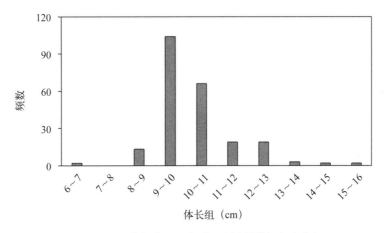

图4-29　北部湾2018年克氏副叶鲹体长频度分布

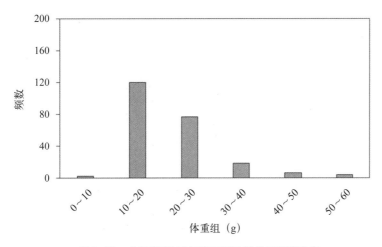

图4-30　北部湾2018年克氏副叶鲹体重频度分布

2018年，克氏副叶鲹春季体长范围为6.3～15.7 cm，平均值为11.7 cm；体重范围为3.7～58.4 g，平均值为31.8 g；夏季体长范围为9.3～11.2 cm，平均值为10.4 cm；体重范围为16.7～32.8 g，平均值为23.7 g；秋季体长范围为8.6～11.4 cm，平均值为9.6 cm；体重范围9.4～27.3 g，平均值为17.8 g；冬季体长范围为8.6～11.5 cm，平均值为9.7 cm；体重范围为11.6～25.5 g，平均值为17.8 g。体长—体重曲线呈显著幂函数关系，关系式为 $W = 0.033\ 0\ L^{2.776\ 8}$（$R^2 = 0.888\ 0$）（图4-31）。按季节分，其体长—体重曲线幂函数曲线 b 系数依次为春季2.981 0、夏季2.568 8、秋季2.624 8、冬季2.090 5。

2018年，北部湾调查海域的4个季节平均水温为26.03℃。克氏副叶鲹极限体长为20.3 cm，K 值为0.17，总死亡系数为1.44，自然死亡系数为0.60，捕捞死亡系数为0.84，开发率为0.58；捕捞可能性分析，体长小于9.6 cm的捕捞可能性小于0.25，小于10.4 cm的捕捞可能性小于0.50，小于11.1 cm的捕捞可能性小于0.75（图4-32）。

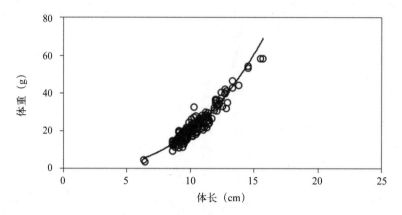

图4-31　北部湾2018年克氏副叶鲹体长—体重关系

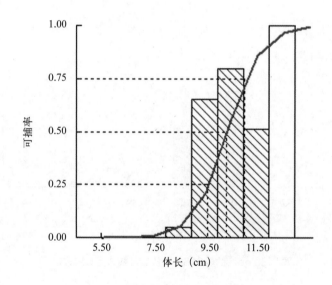

图4-32　北部湾2018年克氏副叶鲹可捕系数

第五节　鹿斑鲾 [*Secutor ruconius* (Hamilton, 1822)]

鹿斑鲾（*Secutor ruconius*）隶属于辐鳍鱼纲（Actinopterygii），鲈形目（Perciformes），鲾科（Leiognathidae），仰口鲾属（*Secutor*），俗称金钱仔、叶仔鱼；为暖水性中下层小型鱼类，栖息于泥沙底质的近海和港湾，有时进入河口区，具洄游习性，喜结群，以桡足类、介形类、萤虾、磷虾、七星鱼等为食。主要分布于印度—西太平洋的热带和亚热带海域，西起红海和非洲南岸，东至菲律宾，北至日本，南至澳大利亚。在中国产于东海、南海和台湾，是北部湾海域底拖网渔业的优势种（王雪辉等，2011；张文超等，2017）。

一、2010—2011 年渔获

北部湾全年仅春季和夏季采到鹿斑鲾，全年体长分布为4.2～7.3 cm，其中，6.0～7.0 cm体长范围频数最高，占55.2%（图4-33）；体重分布为3.0～13.2 g，其中，7.0～10.0 g体重范围频数较高，占55.2%（图4-34）。

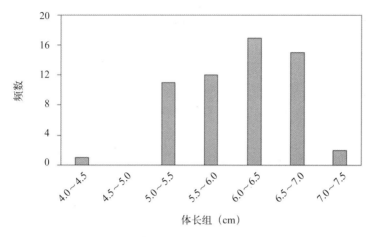

图4-33　北部湾2010—2011年鹿斑鲾体长频度分布

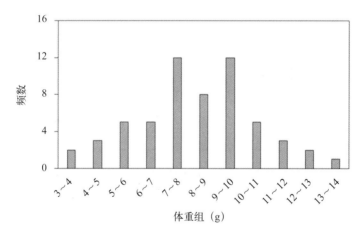

图4-34　北部湾2010—2011年鹿斑鲾体重频度分布

2010—2011年鹿斑鲾春季体长范围为5.1～7.3 cm，平均值为6.1 cm；体重范围为3.7～13.2 g，平均值为8.3 g；夏季体长范围为4.2～6.5 cm，平均值为5.7 cm；体重范围为3.0～9.2 g，平均值为7.0 g。体长—体重曲线呈显著幂函数关系，关系式为$W = 0.061\,0\,L^{2.707\,9}$（$R^2 = 0.825\,3$）（图4-35）。按季节分，其体长—体重曲线幂函数曲线b系数依次为春季2.722 8、夏季2.578 5。

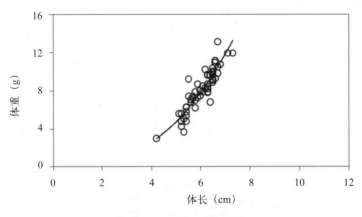

图4-35　北部湾2010—2011年鹿斑鲾体长—体重关系

2010—2011年，北部湾调查海域的4个季节平均水温为25.35℃。鹿斑鲾极限体长为7.1 cm，K值为1.20，总死亡系数为3.40，自然死亡系数为2.87，捕捞死亡系数为1.53，开发率为0.45；捕捞可能性分析，体长小于5.2 cm的捕捞可能性小于0.25，小于5.5 cm的捕捞可能性小于0.50，小于5.8 cm的捕捞可能性小于0.75（图4-36）。

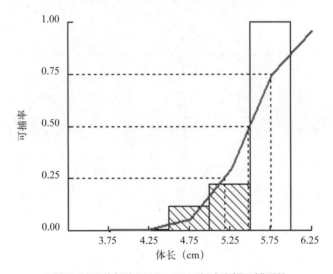

图4-36　北部湾2010—2011年鹿斑鲾可捕系数

二、2018 年渔获

北部湾全年仅春季和冬季采到鹿斑鲾，全年体长分布为3.8~7.4 cm，其中，5.0~6.5 cm体长范围频数最高，占71.7%（图4-37）；体重分布为2.0~13.3 g，其中，5.0~10.0 g体重范围频数较高，占65.0%（图4-38）。

2018年，鹿斑鲾春季体长范围为5.5~7.4 cm，平均值为6.4 cm，体重范围为5.9~13.3 g，平均值为9.4 g；冬季体长范围为2.0~8.7 cm，平均值为5.5 cm，体重范围为3.0~9.2 g，平均值为7.0 g。体长—体重曲线呈显著幂函数关系，关系式为$W = 0.077\ 6\ L^{2.584\ 0}$（$R^2 = 0.906\ 6$）
（图4-39）。按季节分，其体长—体重曲线幂函数曲线b系数依次为春季1.857 3、冬季2.981 3。

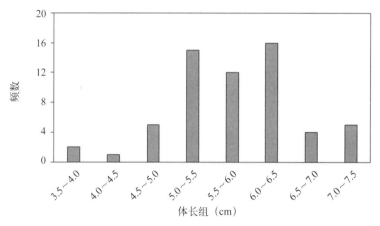

图4-37　北部湾2018年鹿斑鲾体长频度分布

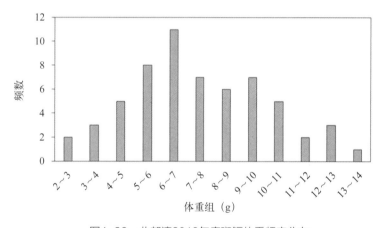

图4-38　北部湾2018年鹿斑鲾体重频度分布

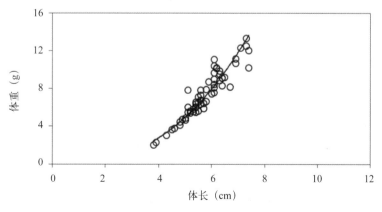

图4-39　北部湾2018年鹿斑鲾体长—体重关系

第六节 发光鲷 [*Acropoma japonicum* (Günther, 1859)]

发光鲷（*Acropoma japonicum*）隶属于辐鳍鱼纲（Actinopterygii）鲈形目（Perciformes），发光鲷科（Acropomatidae），发光鲷属（*Acropoma*）。俗称目本仔、深水恶。分布于印度洋、印度尼西亚、菲律宾、日本，中国分布于南海及台湾附近海域。为近海暖温性鱼类。主要栖息于大陆架斜坡，深度在100~500 m间；肉食性，以甲壳类为主食。为北部湾海域底拖网渔业中的优势种（李渊等，2016a）。

一、2010—2011年渔获

北部湾全年除冬季外，春季、夏季和秋季均采到发光鲷，全年体长分布为2.7~9.0 cm，其中，5.0~7.0 cm体长范围频数最高，占67.9%（图4-40）；体重分布为0.4~23.1 g，其中，1.0~4.0 g和6.0~7.0 g体重范围频数较高，占55.6%（图4-41）。

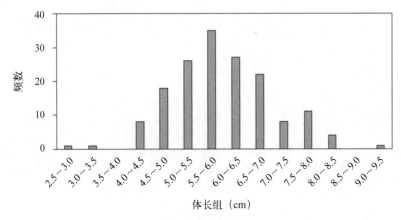

图4-40 北部湾2010—2011年发光鲷体长频度分布

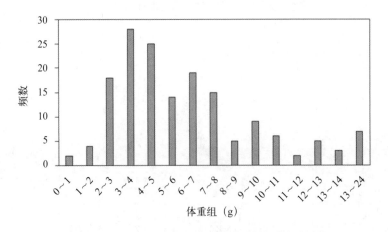

图4-41 北部湾2010—2011年发光鲷体重频度分布

2010—2011年发光鲷春季体长范围为2.7~6.7 cm，平均值为5.0 cm，体重范围为0.4~9.8 g，平均值为3.5 g；夏季体长范围为4.0~9.0 cm，平均值为6.2 cm，体重范围为2.5~23.1 g，平均值为7.0 g；秋季体长范围为4.1~8.1 cm，平均值为6.1 cm，体重范围为1.5~13.6 g，平均值为6.5 g。体长—体重曲线呈显著幂函数关系，关系式为$W = 0.019\ 6\ L^{3.173\ 5}$（$R^2 = 0.937\ 8$）（图4-42）。按季节分，其体长—体重曲线幂函数曲线b系数依次为春季3.292 6、夏季2.950 9、秋季3.227 8。

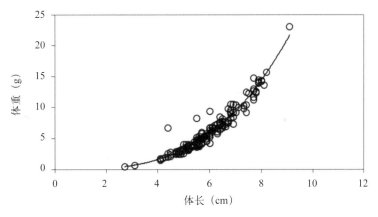

图4-42　北部湾2010—2011年发光鲷体长—体重关系

2010—2011年，北部湾调查海域的4个季节平均水温为25.35℃。发光鲷极限体长为9.7 cm，K值为0.56，总死亡系数为1.92，自然死亡系数为1.60，捕捞死亡系数为0.32，开发率为0.17；捕捞可能性分析，体长小于4.9 cm的捕捞可能性小于0.25，小于5.4 cm的捕捞可能性小于0.50，小于5.9 cm的捕捞可能性小于0.75（图4-43）。

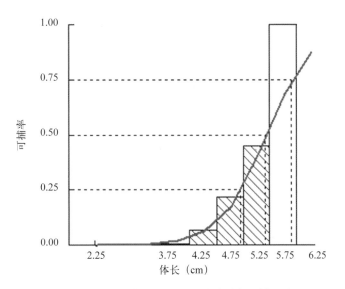

图4-43　北部湾2010—2011年发光鲷可捕系数

二、2018 年渔获

北部湾全年仅春季和冬季采到发光鲷，全年体长分布为4.2～6.3 cm，其中，4.5～5.5 cm体长范围频数最高，占56.8%（图4-44）；体重分布为1.8～6.2 g，其中，2.0～4.0 g体重范围频数较高，占63.6%（图4-45）。

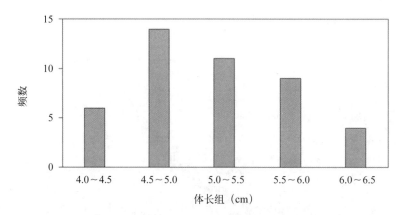

图4-44　北部湾2018年发光鲷体长频度分布

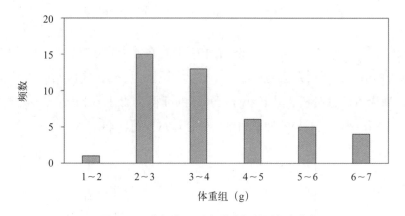

图4-45　北部湾2018年发光鲷体重频度分布

2018年发光鲷春季体长范围为4.2～5.7 cm，平均值为4.8 cm，体重范围为2.1～4.9 g，平均值为3.1 g；冬季体长范围为4.3～6.3 cm，平均值为5.3 cm，体重范围为1.8～6.2 g，平均值为4.1 g。体长—体重曲线呈显著幂函数关系，关系式为$W = 0.030\,4\,L^{2.937\,5}$（$R^2 = 0.932\,6$）（图4-46）。按季节分，其体长—体重曲线幂函数曲线b系数依次为春季2.675 9、冬季2.983 1。

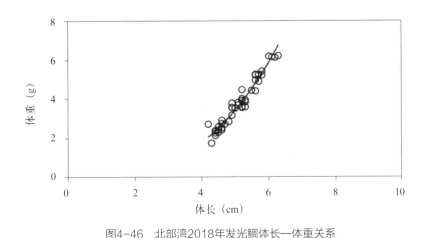

图4-46　北部湾2018年发光鲷体长—体重关系

第七节　条纹鯻 [*Terapon theraps* (Cuvier, 1829)]

条纹鯻（*Terapon theraps*）隶属于辐鳍鱼纲（Actinopterygii），鲈形目（Perciformes），鯻科（Terapontidae），鯻属（*Terapon*），俗称花身仔、斑吾、鸡仔鱼、三抓仔。主要栖息于沿海、河川下海及河口区沙泥底质的底栖性鱼类，一般活动于较浅水域，幼鱼常侵入河口内，属广盐性；肉食性，以小型鱼类、甲壳类及其他底栖无脊椎动物为食。主要分布于印度—西太平洋海域，西起红海和非洲东岸，东至太平洋中部，北至日本，南至澳大利亚。在中国产于东海、南海和台湾，为北部湾重要经济种（王雪辉等，2012；李渊等，2016b）。

一、2010—2011 年渔获

北部湾全年4个季节均采到条纹鯻，全年体长分布为6.0～17.1 cm，其中，10.0～12.0 cm体长范围频数最高，占47.7%（图4-47）；体重分布为6.8～165.1 g，其中，15.0～45.0 g体重范围频数较高，占68.7%（图4-48）。

2010—2011年条纹鯻春季体长范围为9.5～17.1 cm，平均值为11.8 cm，体重范围为21.6～165.1 g，平均值为49.8 g；夏季体长范围为6.2～16.5 cm，平均值为10.2 cm，体重范围为6.8～132.2 g，平均值为34.0 g；秋季体长范围为6.0～13.0 cm，平均值为9.9 cm，体重范围为7.6～66.7 g，平均值为30.6 g；冬季体长范围为8.2～11.6 cm，平均值为9.8 cm，体重范围为18.1～42.1 g，平均值为27.8 g。体长—体重曲线呈显著幂函数关系，关系式为 $W = 0.055\ 1\ L^{2.738\ 2}$（$R^2 = 0.903\ 4$）（图4-49）。按季节分，其体长—体重曲线幂函数曲线 b 系数依次为春季2.925 7、夏季2.773 3、秋季2.545 0、冬季2.578 4。

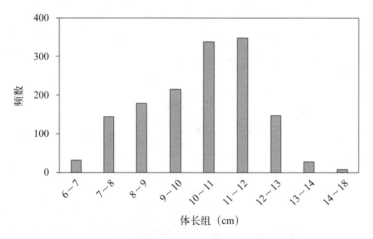

图4-47　北部湾2010—2011年条纹鲥体长频度分布

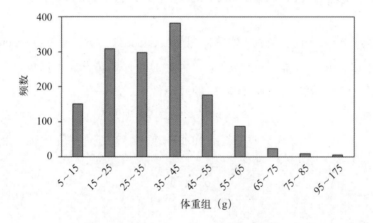

图4-48　北部湾2010—2011年条纹鲥体重频度分布

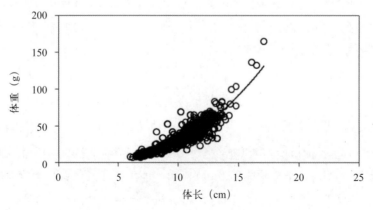

图4-49　北部湾2010—2011年条纹鲥体长—体重关系

2010—2011年，北部湾调查海域的4个季节平均水温为25.35℃。条纹鲱极限体长为21.4 cm，K值为0.32，总死亡系数为3.69，自然死亡系数为0.89，捕捞死亡系数为2.80，开发率为0.76；捕捞可能性分析，体长小于10.2 cm的捕捞可能性小于0.25，小于11.2 cm的捕捞可能性小于0.50，小于12.1 cm的捕捞可能性小于0.75（图4-50）。

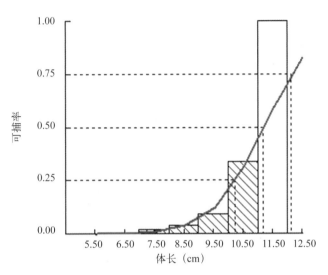

图4-50 北部湾2010—2011年条纹鲱可捕系数

二、2018 年渔获

北部湾全年除夏季外，其余季节均采到条纹鲱，全年体长分布为8.9～15.7 cm，其中，10.0～13.0 cm体长范围频数最高，占70.3%（图4-51）；体重分布为20.1～80.2 g，其中，20.0～50.0 g体重范围频数较高，占77.9%（图4-52）。

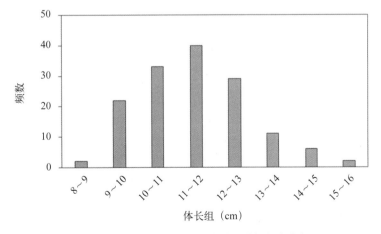

图4-51 北部湾2018年条纹鲱体长频度分布

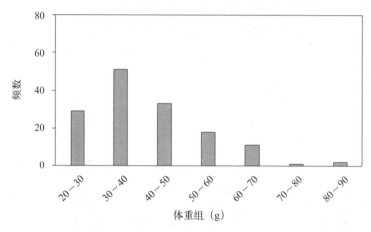

图4-52　北部湾2018年条纹鲫体重频度分布

2018年条纹鲫春季体长范围为8.9～13.1 cm，平均值为10.7 cm，体重范围为20.1～70.4 g，平均值为37.0 g；秋季体长范围为9.7～13.2 cm，平均值为11.4 cm，体重范围为26.7～55.5 g，平均值为40.8 g；冬季体长范围为9.8～15.7 cm，平均值为12.3 cm，体重范围为22.6～80.2 g，平均值为45.1 g。体长—体重曲线呈显著幂函数关系，关系式为$W = 0.108\,7\,L^{2.419\,2}$（$R^2 = 0.823\,0$）（图4-53）。按季节分，其体长—体重曲线幂函数曲线b系数依次为春季3.189 7、秋季2.407 4、冬季2.395 0。

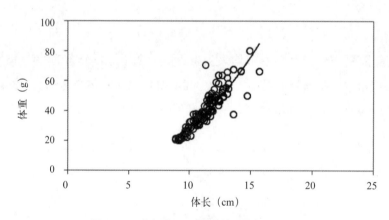

图4-53　北部湾2018年条纹鲫体长—体重关系

2018年，北部湾调查海域的4个季节平均水温为26.03℃。条纹鲫极限体长为16.3 cm，K值为0.64，总死亡系数为1.77，自然死亡系数为1.53，捕捞死亡系数为0.24，开发率为0.14；捕捞可能性分析，体长小于9.8 cm的捕捞可能性小于0.25，小于10.3 cm的捕捞可能性小于0.50，小于10.8 cm的捕捞可能性小于0.75（图4-54）。

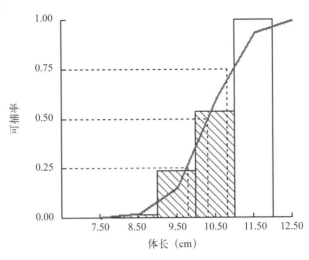

图4-54　北部湾2018年条纹鲾可捕系数

第八节　日本带鱼 [*Trichiurus japonicus* (Temminck et al., 1844)]

日本带鱼（*Trichiurus japonicus*）隶属于辐鳍鱼纲（Actinopterygii），鲈形目（Perciformes），带鱼科（Trichiuridae），带鱼属（*Trichiurus*），俗称白带、瘦带。一般栖息于近泥沙或泥质的大陆架沿岸水域，成鱼在大陆架附近海域活动，产卵时洄游至浅海水域；属于肉食性广食性鱼类，以摄食中上层小型鱼类为主，兼食少量甲壳类和头足类（颜云榕等，2010）。是中国四大海产之一，具重要经济价值（陈大刚等，2015）。广泛分布于印度—西太平洋海域，西起红海和非洲东岸，东至菲律宾，北至日本和朝鲜半岛，南至印度尼西亚。中国各沿海均有分布，是北部湾重要经济鱼类，在该海域渔业生产中占有重要地位（颜云榕等，2010）。

一、2010—2011 年渔获

北部湾全年4个季节均采到日本带鱼，全年肛长分布为5.0～35.7 cm，其中，19.0～25.0 cm肛长范围频数最高，占72.2%（图4-55）；体重分布为1.9～735.8 g，其中，100.0～200.0 g体重范围频数较高，占68.1%（图4-56）。

2010—2011年日本带鱼春季肛长范围为13.4～31.9 cm，平均值为21.8 cm，体重范围为35.9～580.1 g，平均值为181.7 g；夏季肛长范围为8.0～34.0 cm，平均值为21.5 cm，体重范围为9.9～521.4 g，平均值为128.1 g；秋季肛长范围为14.3～31.7 cm，平均值为26.4 cm，体重范围为39.6～447.6 g，平均值为269.5 g；冬季肛长范围为5.0～35.7 cm，平均值为21.2 cm，体重范围为1.9～735.8 g，平均值为203.5 g。肛长—体重曲线呈显著幂函数关系，关系式为

$W = 0.038\ 8\ L^{2.632\ 5}$（$R^2 = 0.913\ 6$）（图4-57）。按季节分，其体长—体重曲线幂函数曲线 b 系数依次为春季2.912 0、夏季2.454 3、秋季2.777 3、冬季2.925 7。

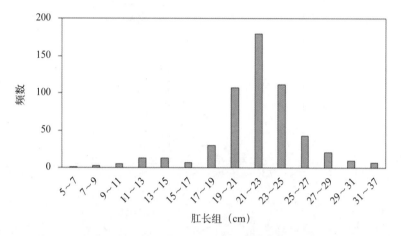

图4-55 北部湾2010—2011年日本带鱼肛长频度分布

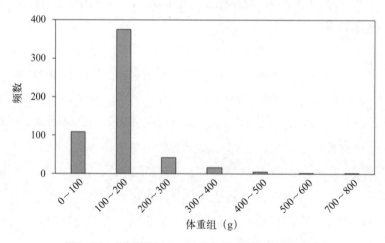

图4-56 北部湾2010—2011年日本带鱼体重频度分布

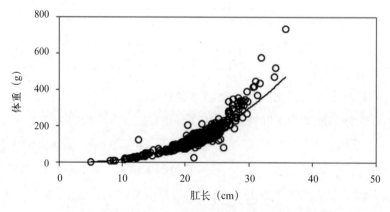

图4-57 北部湾2010—2011年日本带鱼肛长—体重关系

2010—2011年，北部湾调查海域的4个季节平均水温为25.35℃。日本带鱼极限肛长为39.8 cm，K值为0.63，总死亡系数为3.14，自然死亡系数为1.16，捕捞死亡系数为1.98，开发率为0.63；捕捞可能性分析，肛长小于20.3 cm的捕捞可能性小于0.25，小于22.9 cm的捕捞可能性小于0.50，小于25.4 cm的捕捞可能性小于0.75（图4-58）。

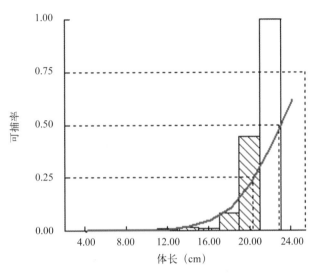

图4-58　北部湾2010—2011年日本带鱼可捕系数

二、2018年渔获

北部湾全年4个季节均采到日本带鱼，全年肛长分布为14.2～43.1 cm，其中，21.0～31.0 cm肛长范围频数最高，占69.8%（图4-59）；体重分布为39.4～973.6 g，其中，100.0～400.0 g体重范围频数较高，占75.4%（图4-60）。

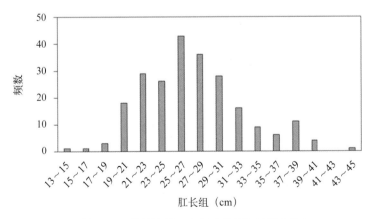

图4-59　北部湾2018年日本带鱼肛长频度分布

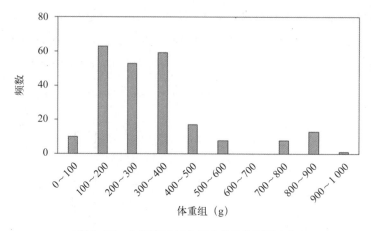

图4-60　北部湾2018年日本带鱼体重频度分布

2018年日本带鱼春季肛长范围为16.6～40.5 cm，平均值为31.4 cm，体重范围为66.1～887.5 g，平均值为531.5；夏季肛长范围为19.0～28.4 cm，平均值为22.6 cm，体重范围为86.1～265.3 g，平均值为148.4 g；秋季肛长范围为17.8～43.1 cm，平均值为25.3 cm，体重范围为68.3～973.6 g，平均值为251.7 g；冬季肛长范围为14.2～36.4 cm，平均值为29.0 cm，体重范围为39.4～580.1 g，平均值为351.5 g。肛长—体重曲线呈显著幂函数关系，关系式为 $W = 0.0130 L^{3.025\,3}$（$R^2 = 0.915\,2$）（图4-61）。按季节分，其体长—体重曲线幂函数曲线 b 系数依次为春季3.132 5、夏季2.467 8、秋季2.973 9、冬季2.925 7。

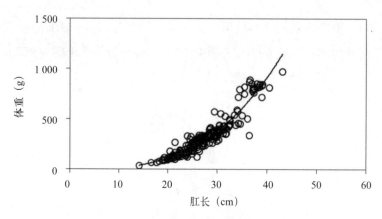

图4-61　北部湾2018年日本带鱼体长—体重关系

2018年，北部湾调查海域的4个季节平均水温为26.03℃。日本带鱼极限肛长为46.2 cm，K 值为0.68，总死亡系数为2.08，自然死亡系数为1.19，捕捞死亡系数为0.89，开发率为0.43；捕捞可能性分析，肛长小于21.2 cm的捕捞可能性小于0.25，小于23.1 cm的捕捞可能性小于0.50，小于25.1 cm的捕捞可能性小于0.75（图4-62）。

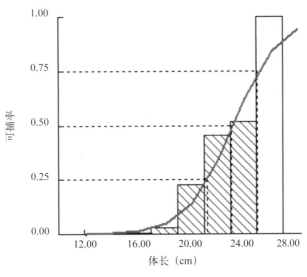

图4-62　北部湾2018年日本带鱼可捕系数

第九节　斑鳍白姑鱼 [*Pennahia pawak* (Lin, 1940)]

斑鳍白姑鱼（*Pennahia pawak*）隶属于辐鳍鱼纲（Actinopterygii），鲈形目（Perciformes），石首鱼科（Sciaenidae），白姑鱼属（*Pennahia*），俗称帕头、春子、斑鳍银姑鱼。斑鳍白姑鱼为暖水性中下层鱼类，栖息于砂泥底质近海，肉食性，以甲壳类等底栖动物为食。主要分布于西太平洋海域，从爪哇西部至中国台湾海域。中国产于东海和南海，为北部湾海域底拖网渔业的重要经济种（颜云榕，2010；王雪辉等，2011）。

一、2010—2011年渔获

北部湾全年4个季节均采到斑鳍白姑鱼，全年体长分布为6.5～20.3 cm，其中，8.0～13.0 cm体长范围频数最高，占84.8%（图4-63）；体重分布为5.2～244.0 g，其中，10.0～40.0 g体重范围频数较高，占71.1%（图4-64）。

2010—2011年斑鳍白姑鱼春季体长范围为10.0～17.1 cm，平均值为9.1 cm，体重范围为19.6～127.0 g，平均值为60.3 g；夏季体长范围为6.5～15.7 cm，平均值为16.2 cm，体重范围为5.2～99.6 g，平均值为17.3 g；秋季体长范围为7.8～18.0 cm，平均值为11.6 cm，体重范围为10.4～118.9 g，平均值为39.1 g；冬季体长范围为7.3～20.3 cm，平均值为11.5 cm，体重范围为9.2～244.0 g，平均值为39.2 g。体长—体重曲线呈显著幂函数关系，关系式为 $W = 0.016\ 3\ L^{3.151\ 0}$（$R^2 = 0.949\ 1$）（图4-65）。按季节分，其体长—体重曲线幂函数曲线 b 系数依次为春季3.238 4、夏季2.868 7、秋季3.088 6、冬季3.054 7。

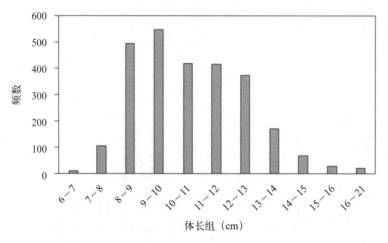

图4-63　北部湾2010—2011年斑鳍白姑鱼体长频度分布

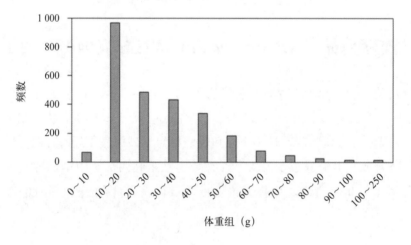

图4-64　北部湾2010—2011年斑鳍白姑鱼体重频度分布

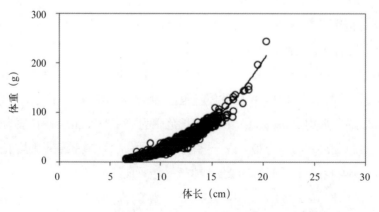

图4-65　北部湾2010—2011年斑鳍白姑鱼体长—体重关系

2010—2011年，北部湾调查海域的4个季节平均水温为25.35℃。斑鳍白姑鱼极限体长为24.5 cm，K值为0.58，总死亡系数为4.52，自然死亡系数为1.26，捕捞死亡系数为3.26，开发率为0.72；捕捞可能性分析，体长小于8.3 cm的捕捞可能性小于0.25，小于8.8 cm的捕捞可能性小于0.50，小于9.2 cm的捕捞可能性小于0.75（图4-66）。

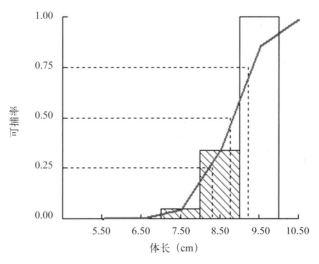

图4-66　北部湾2010—2011年斑鳍白姑鱼可捕系数

二、2018年渔获

北部湾全年4个季节均采到斑鳍白姑鱼，全年体长分布为7.0～21.1 cm，其中，9.0～15.0 cm体长范围频数最高，占72.0%（图4-67）；体重分布为7.5～216.3 g，其中，10.0～30.0 g和40.0～50.0 g体重范围频数较高，占44.4%（图4-68）。

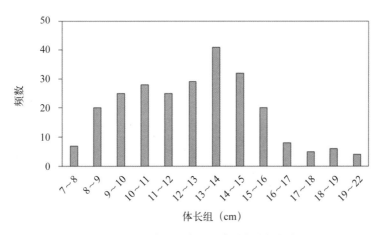

图4-67　北部湾2018年斑鳍白姑鱼体长频度分布

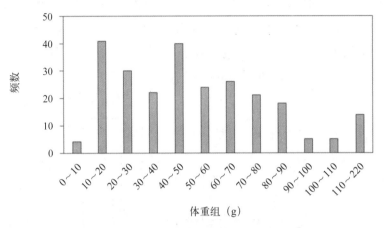

图4-68　北部湾2018年斑鳍白姑鱼体重频度分布

2018年斑鳍白姑鱼春季体长范围为7.0～15.7 cm，平均值为11.5 cm，体重范围为7.5～102.0 g，平均值为46.3 g；夏季体长范围为13.2～18.1 cm，平均值为14.9 cm，体重范围为47.5～123.7 g，平均值为72.7 g；秋季体长范围为8.2～14.7 cm，平均值为10.8 cm，体重范围为11.8～81.9 g，平均值为30.8 g；冬季体长范围为9.5～21.1 cm，平均值为13.9 cm，体重范围为17.8～216.3 g，平均值为70.6 g。体长—体重曲线呈显著幂函数关系，关系式为$W = 0.022\,3\,L^{3.015\,4}$（$R^2 = 0.960\,6$）（图4-69）。按季节分，其体长—体重曲线幂函数曲线b系数依次为春季3.178 1、夏季1.980 7、秋季3.044 0、冬季2.828 4。

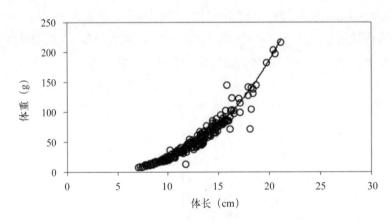

图4-69　北部湾2018年斑鳍白姑鱼体长—体重关系

2018年，北部湾调查海域的4个季节平均水温为26.03 ℃。斑鳍白姑鱼极限体长为23.6 cm，K值为0.26，总死亡系数为1.26，自然死亡系数为0.76，捕捞死亡系数为0.5，开发率为0.40；捕捞可能性分析，体长小于11.0 cm的捕捞可能性小于0.25，小于12.8 cm的捕捞可能性小于0.50，小于14.6 cm的捕捞可能性小于0.75（图4-70）。

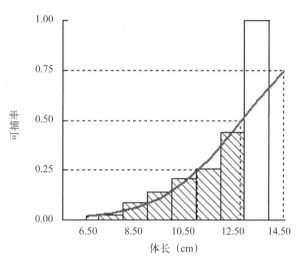

图4-70　北部湾2018年斑鳍白姑鱼可捕系数

第十节　黄带绯鲤 [*Upeneus sulphureus* (Cuvier, 1829)]

黄带绯鲤（*Upeneus sulphureus*）隶属于辐鳍鱼纲（Actinopterygii），鲈形目（Perciformes），羊鱼科（Mullidae），绯鲤属（*Upeneus*），俗称须哥、秋姑。为暖水性小型底栖鱼类，主要栖息在沿岸及近海沙泥底质，会进入河口水域，一般活动于20～60 m，栖息深度为10～90 m；黄带绯鲤是肉食性鱼类，主要以泥地中的甲壳类、软体动物等为食。主要分布于印度—西太平洋海域，西起非洲东岸，东至菲律宾，北至日本南部，南至澳大利亚，在中国主要产于南海，是北部湾海域的渔获优势种（王雪辉等，2012）。

一、2010—2011 年渔获

北部湾全年4个季节均采到黄带绯鲤，全年体长分布为5.3～15.1 cm，其中，8.0～10.0 cm体长范围频数最高，占52.2%（图4-71）；体重分布为4.4～93.0 g，其中，10.0～30.0 g体重范围频数较高，占59.4%（图4-72）。

2010—2011年黄带绯鲤春季体长范围为7.5～14.5 cm，平均值为10.1 cm，体重范围为11.5～89.9 g，平均值为29.9 g；夏季体长范围为5.3～14.3 cm，平均值为10.0 cm，体重范围为4.4～90.6 g，平均值为30.2 g；秋季体长范围为7.0～15.1 cm，平均值为9.5 cm，体重范围为8.3～93.0 g，平均值为26.9 g；冬季体长范围为7.7～14.5 cm，平均值为10.1 cm，体重范围为11.6～82.6 g，平均值为29.4 g。体长—体重曲线呈显著幂函数关系，关系式为 $W = 0.023\ 3\ L^{3.067\ 0}$（$R^2 = 0.937\ 0$）（图4-73）。按季节分，其体长—体重曲线幂函数曲线

b系数依次为春季2.806 4、夏季3.023 4、秋季3.253 4、冬季3.249 3。

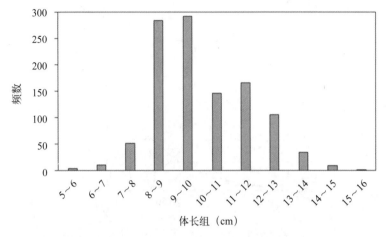

图4-71　北部湾2010—2011年黄带绯鲤体长频度分布

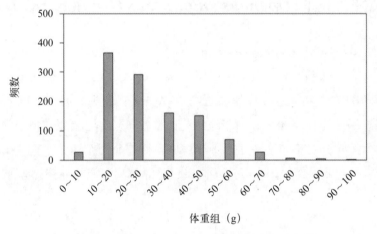

图4-72　北部湾2010—2011年黄带绯鲤体重频度分布

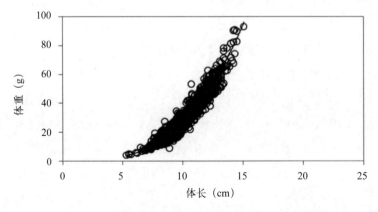

图4-73　北部湾2010—2011年黄带绯鲤体长—体重关系

2010—2011年，北部湾调查海域的4个季节平均水温为25.35℃。黄带绯鲤极限体长为19.3 cm，K值为0.39，总死亡系数为2.13，自然死亡系数为1.04，捕捞死亡系数为1.09，开发率为0.51；捕捞可能性分析，体长小于8.1 cm的捕捞可能性小于0.25，小于8.7 cm的捕捞可能性小于0.50，小于9.2 cm的捕捞可能性小于0.75（图4-74）。

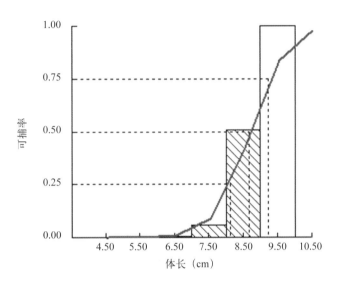

图4-74　北部湾2010—2011年黄带绯鲤可捕系数

二、2018 年渔获

北部湾全年4个季节均采到黄带绯鲤，全年体长分布为8.2～14.5 cm，其中，10.0～12.0 cm体长范围频数最高，占55.0%（图4-75）；体重分布为14.0～76.0 g，其中，20.0～50.0 g体重范围频数较高，占78.4%（图4-76）。

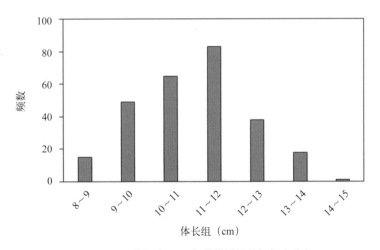

图4-75　北部湾2018年黄带绯鲤体长频度分布

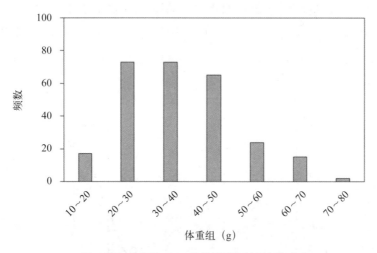

图4-76　北部湾2018年黄带绯鲤体重频度分布

2018年黄带绯鲤春季体长范围为8.9～13.9 cm，平均值为11.2 cm，体重范围为21.0～76.0 g，平均值为39.3 g；夏季体长范围为10.1～13.5 cm，平均值为11.7 cm，体重范围为25.4～68.3 g，平均值为41.8 g；秋季体长范围为8.4～13.9 cm，平均值为11.0 cm，体重范围为17.1～71.3 g，平均值为37.2 g；冬季体长范围为8.2～14.5 cm，平均值为10.5 cm，体重范围为14.0～69.6 g，平均值为32.9 g。体长—体重曲线呈显著幂函数关系，关系式为 $W = 0.027\,0\,L^{2.994\,5}$（$R^2 = 0.918\,3$）（图4-77）。按季节分，其体长—体重曲线幂函数曲线 b 系数依次为春季2.927 0、夏季3.306 5、秋季2.976 4、冬季3.140 6。

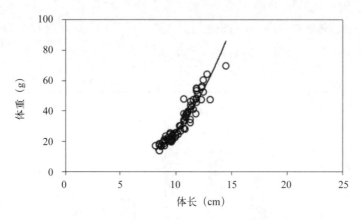

图4-77　北部湾2018年黄带绯鲤体长—体重关系

2018年，北部湾调查海域的4个季节平均水温为26.03℃。黄带绯鲤极限体长为18.2 cm，K 值为0.47，总死亡系数为3.69，自然死亡系数为1.21，捕捞死亡系数为2.48，开发率为0.67；捕捞可能性分析，体长小于10.5 cm的捕捞可能性小于0.25，小于11.3 cm的捕捞可能性小于0.50，小于12.1 cm的捕捞可能性小于0.75（图4-78）。

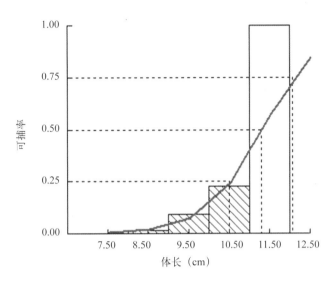

图4-78　北部湾2018年黄带绯鲤可捕系数

第十一节　二长棘犁齿鲷 [*Evynnis cardinalis* (Lacepède, 1802)]

二长棘犁齿鲷（*Evynnis cardinalis*）隶属于辐鳍鱼纲（Actinopterygii），鲈形目（Perciformes），鲷科（Sparidae），棘犁齿鲷属（*Evynnis*），俗称立鱼、腊鱼。主要栖息于大陆架水域，肉食性，以小鱼、小虾或软体动物为主食；会随着季节的改变迁移洄游，通常个体较大群体栖息在较深海域。二长棘犁齿鲷主要分布于西太平洋区，由我国东海至菲律宾附近海域，是北部湾海域底拖网渔业的重要经济种和优势种（杨璐等，2016；蔡研聪等，2017；2018）。

一、2010—2011年渔获

北部湾全年4个季节均采到二长棘犁齿鲷，全年体长分布为4.1～19.6 cm，其中，8.0～12.0 cm体长范围频数最高，占79.2%（图4-79）；体重分布为2.4～338.1 g，其中，20.0～60.0 g体重范围频数较多，占71.9%（图4-80）。

2010—2011年二长棘犁齿鲷春季体长范围为4.1～13.8 cm，平均值为7.5 cm，体重范围为2.4～121.3 g，平均值为23.5 g；夏季体长范围为6.9～15.5 cm，平均值为9.3 cm，体重范围为11.7～168.8 g，平均值为32.6 g；秋季体长范围为7.7～19.6 cm，平均值为10.9 cm，体重范围为22.0～338.1 g，平均值为60.7 g；冬季体长范围为8.2～16.3 cm，平均值为10.8 cm，体重范围为23.7～171.0 g，平均值为55.8 g。体长—体重曲线呈显著幂函数关系，关系式为 $W = 0.028\,7\,L^{3.153\,0}$（$R^2 = 0.959\,3$）（图4-81）。按季节分，其体长—体重曲线幂函数曲线 b 系数依次为春季3.222 5、夏季2.566 9、秋季2.945 7、冬季3.009 1。

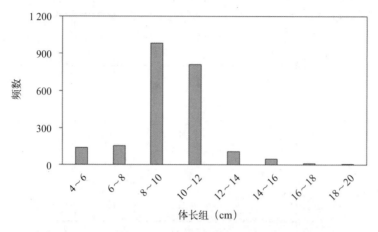

图4-79　北部湾2010—2011年二长棘犁齿鲷体长频度分布

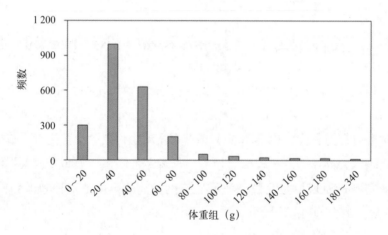

图4-80　北部湾2010—2011年二长棘犁齿鲷体重频度分布

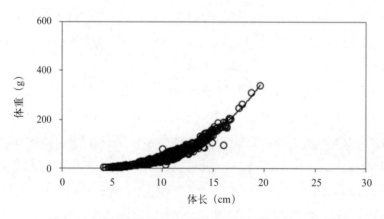

图4-81　北部湾2010—2011年二长棘犁齿鲷体长—体重关系

2010—2011年，北部湾调查海域的4个季节平均水温为25.35℃。二长棘犁齿鲷极限体长为22.0 cm，K值为0.94，总死亡系数为5.04，自然死亡系数为1.78，捕捞死亡系数为3.26，开发率为0.65；捕捞可能性分析，体长小于11.3 cm的捕捞可能性小于0.25，小于14.9 cm的捕捞可能性小于0.50，小于18.6 cm的捕捞可能性小于0.75（图4-82）。

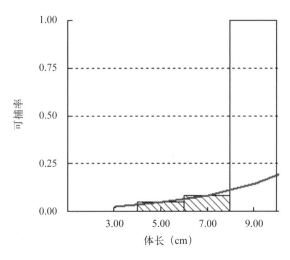

图4-82　北部湾2010—2011年二长棘犁齿鲷可捕系数

二、2018 年渔获

北部湾全年4个季节均采到二长棘犁齿鲷，全年体长分布为5.5～23.7 cm，其中，8.0～12.0 cm体长范围频数最高，占77.4%（图4-83）；体重分布为5.2～396.4 g，其中，20.0～60.0 g体重范围频数较高，占74.4%（图4-84）。

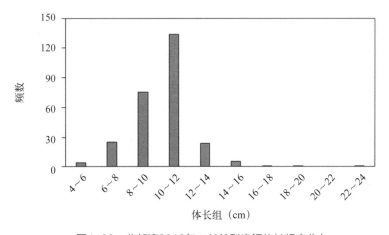

图4-83　北部湾2018年二长棘犁齿鲷体长频度分布

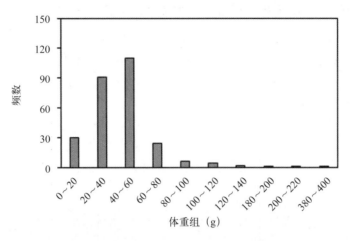

图4-84　北部湾2018年二长棘犁齿鲷体重频度分布

2018年二长棘犁齿鲷春季体长范围为5.5～17.1 cm，平均值为9.4 cm，体重范围为5.2～184.7 g，平均值为45.1 g；夏季体长范围为8.7～10.4 cm，平均值为9.4 cm，体重范围为23.3～41.5 g，平均值为31.7 g；秋季体长范围为8.9～13.0 cm，平均值为10.2 cm，体重范围为27.6～68.8 g，平均值为40.6 g；冬季体长范围为9.1～23.7 cm，平均值为11.2 cm，体重范围为31.2～396.4 g，平均值为56.2 g。体长—体重曲线呈显著幂函数关系，关系式为$W = 0.038\ 8\ L^{2.989\ 6}$（$R^2 = 0.949\ 8$）（图4-85）。按季节分，其体长—体重曲线幂函数曲线b系数依次为春季3.182 8、夏季2.943 3、秋季1.725 7、冬季2.483 6。

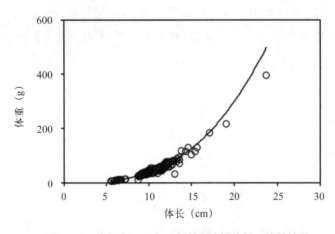

图4-85　北部湾2018年二长棘犁齿鲷体长—体重关系

2018年，北部湾调查海域的4个季节平均水温为26.03℃。二长棘犁齿鲷极限体长为22.1 cm，K值为0.48，总死亡系数为2.12，自然死亡系数为1.16，捕捞死亡系数为0.96，开发率为0.45；捕捞可能性分析，体长小于7.5 cm的捕捞可能性小于0.25，小于8.4 cm的捕捞可能性小于0.50，小于9.4 cm的捕捞可能性小于0.75（图4-86）。

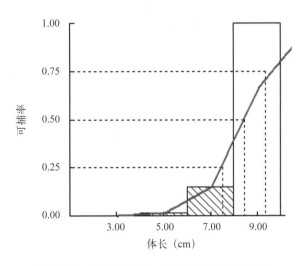

图4-86　北部湾2018年二长棘犁齿鲷可捕系数

参考文献

蔡研聪, 陈作志, 徐姗楠, 等, 2017. 北部湾二长棘犁齿鲷的时空分布特征[J]. 南方水产科学, 13(4): 1-10.

蔡研聪, 徐姗楠, 陈作志, 等, 2018. 南海北部近海渔业资源群落结构及其多样性现状[J]. 南方水产科学, 14(2): 10-18.

陈大刚, 张美昭, 2015. 中国海洋鱼类志[M]. 青岛: 中国海洋大学出版社.

陈再超, 刘继兴, 1982. 南海经济鱼类[M]. 广州: 广东科技出版社, 56-59.

傅昕龙, 徐兆礼, 阙江龙, 等, 2019. 北部湾西北部近海鱼类资源的时空分布特征研究[J]. 水产科学, 38(1): 10-18.

李建生, 严利平, 凌建忠, 2009. 东海中南部竹荚鱼资源现状及其合理利用[J]. 自然资源学报, 24(5): 772-781.

李渊, 张静, 张然, 等, 2016a. 南沙群岛西南部和北部湾口海域鱼类物种多样性[J]. 生物多样性, 24(2): 166-174.

李渊, 王燕平, 张静, 等, 2016b. 北部湾口海域鱼类分类多样性的初步探讨[J]. 应用海洋学学报, 35(2): 229-235.

李忠炉, 张文旋, 何雄波, 等, 2019. 南海北部湾秋季蓝圆鲹与竹荚鱼的摄食生态及食物竞争[J]. 广东海洋大学学报, 39(3): 79-86.

王雪辉, 邱永松, 杜飞雁, 等, 2010. 北部湾鱼类群落格局及其与环境因子的关系[J]. 水产学报, 34(10): 1 579-1 586.

王雪辉, 邱永松, 杜飞雁, 等, 2011. 北部湾鱼类多样性及优势种的时空变化[J]. 中国水产科学, 18(2): 427-436.

王雪辉, 邱永松, 杜飞雁, 等, 2012. 北部湾秋季底层鱼类多样性和优势种数量的变动趋势[J]. 生态学报, 32(2): 331-342.

杨璐, 曹文清, 林元烧, 等, 2016. 夏季北部湾九种经济鱼类的食性类型及营养生态位初步研究[J]. 热带海洋学报, 35(2): 66-75.

颜云榕, 2010. 北部湾主要鱼类摄食生态及食物关系的研究[D]. 青岛: 中国科学院研究生院（海洋研究所）.

张文超, 叶振江, 田永军, 等, 2017. 北部湾洋浦海域鱼类群落结构[J]. 生态学杂志, 36(7): 1894-1904.

张月平, 2005. 南海北部湾主要鱼类食物网[J]. 中国水产科学, (5): 621-631.

第五章

北部湾常见渔获种类营养结构

海湾由于毗邻人口密集区，其鱼类摄食活动及海洋生态系统与功能受到人类活动的强烈影响，尤其在热带海域影响更为明显。海湾鱼类摄食活动直接受饵料生物分布及海洋捕捞等人类活动的影响，饵料鱼类种类更替、数量变动和群落区系分布鱼类摄食习性，成为渔业生物学家广泛关注的热点。早期的鱼类食物网研究主要是应用胃含物分析法，通过直接观察鱼类胃或肠道内未经消化的食物或不能被消化的耳石、鳞片等硬质材料推断其饵料种类与数量，该方法是研究鱼类食性的标准方法，具有简单、直观的优点，但是偶然性较大，不能反映已消化或以前生长阶段的食物组成。稳定同位素法是根据消费者碳稳定同位素比值与其食物相应同位素比值相近的原则来判断此生物的食物来源，进而确定食物贡献；并且通过测定各种营养级动物的氮稳定同位素比值可以估算生物营养级。随着碳氮稳定同位素技术的发展，该技术在食物来源、营养级定量分析和食物网研究等方面得到了大量的深入应用。

第一节　北部湾主要渔获种类营养结构

一、主要渔获种类碳、氮稳定同位素特征

北部湾主要渔业生物（鱼类、头足类、甲壳类和贝类）碳、氮稳定同位素的范围分别为−17.83‰～−14.67‰和8.66‰～16.60‰，从碳、氮稳定同位素分析结果来看，北部湾渔业生物食物来源范围较小，但营养级跨度比较大。从平均$\delta^{13}C$的结果来看，北部湾大部分渔业生物平均碳稳定同位素值主要集中在−17‰～−15‰范围之间，占比83.33%，尤其是−17‰～−16‰，重叠种类数量最多，占比59.72%，说明北部湾大部分渔业生物的食物来源相对集中或其摄食习性比较相似，种间竞争激烈；从$\delta^{15}N$的结果来看，北部湾大部分渔业生物平均氮稳定同位素值主要集中在10‰～14‰，占比72.22%，其中，最密集的范围是12‰～14‰，占比51.39%，表明该海域大部分渔业生物的营养层次相对集中。

通过分析主要渔业生物的平均碳、氮稳定同位素，可以反映北部湾海洋食物网的基本情况。北部湾主要渔业生物的碳稳定同位素范围差异不大，但氮稳定同位素值跨度较大，其跨度分别为3.16‰和7.94‰。对比发现北部湾鱼类的碳稳定同位素范围明显小于东

海等海域，如高春霞等（2020）研究发现，浙江南部近海主要渔业生物碳、氮稳定同位素跨度分别为5.70‰和6.64‰；纪炜炜等（2011）调查研究发现，东海中北部鱼类碳、氮稳定同位素的跨度分别为6.00‰和6.50‰，究其原因可能是海域的不同，饵料基础和营养来源多样性也不尽相同；其次，生物种类组成也存在一定的差异，由于只对北部湾主要渔业生物的碳、氮稳定同位素做了测定，种类组成比较简单，从而表现出碳稳定同位素值跨度比其他海域小。

碳稳定同位素值范围能反映食物网的食物来源多样性水平，研究表明，碳稳定同位素跨度越大，则该物种的食物来源多样性水平越高（Layman et al., 2007）。本次北部湾主要渔业生物碳稳定同位素范围跨度较小，说明各物种之间的营养源比较相似，其营养来源多样性水平较低。氮稳定同位素一般用来计算生物的营养级（Peterson et al., 1987; Hannson et al., 1997）以反映生物在生态系统或食物网中所处的营养层次。$\delta^{15}N$在营养级的富集度经验值为3.4‰（Post, 2002）。北部湾主要渔业生物的氮稳定同位素值的跨度范围较大，为7.94‰，说明营养层次跨度大。

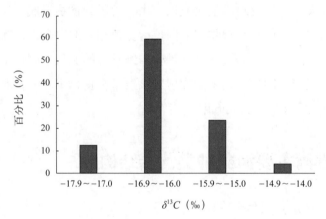

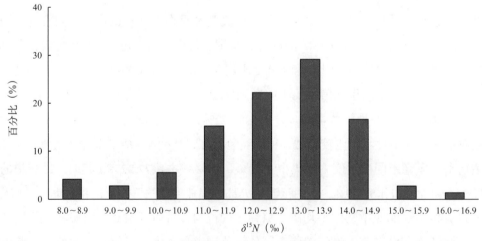

图5-1　北部湾渔业生物平均碳氮稳定同位素特征值分布

二、北部湾鱼类群落生态位特征

基于平均碳、氮稳定同位素值构建的营养结构分析图分析北部湾鱼类群落的生态位特征值（图5-2，表5-1），可以得出北部湾鱼类群落生态位总空间（TA）和核心生态位空间（SEA）的值都比较大，TA值和SEA值分别为14.17和3.01。在所有样品的同位素生态指标中，食物来源多样性（CR）、营养长度（NR）以及营养多样性（CD）值分别为3.16、7.63及1.35。鱼类群落的营养密度（MNND）和鱼类群落营养均匀度（SDNND）指标值均不大，分别为0.27、0.26。

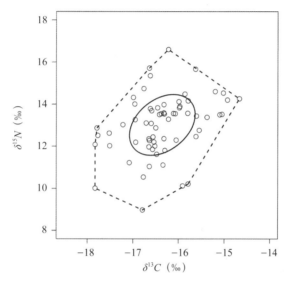

图5-2　北部湾鱼类群落营养框架图

表5-1　北部湾鱼类群落营养生态位变量

生态指标	生态位变量
食物来源多样性(CR)	3.16
营养长度(NR)	7.63
营养多样性(CD)	1.35
核心生态位空间(SEA)	3.01
生态位总空间(TA)	14.47
营养密度(MNND)	0.27
营养均匀度(SDNND)	0.26

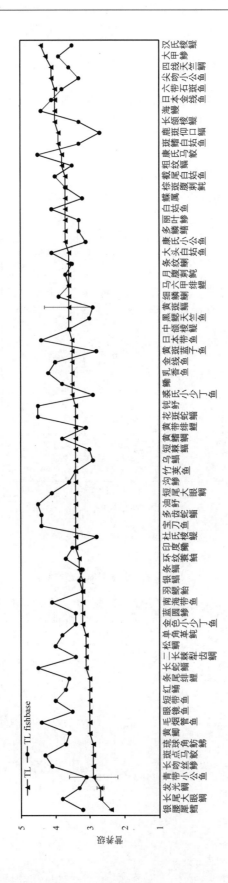

图5-3 北部湾鱼类连续营养级谱

（TL为估算的北部湾鱼类年平均营养级；TL fishbase为fishbase数据库上查询的营养级数据）

以长肋日月贝的氮稳定同位素值为基准值，依据北部湾鱼类的氮稳定同位素平均值计算营养级，进而构建北部湾鱼类群落的连续营养级谱（图5-3）。北部湾主要鱼类平均营养级范围为2.4～4.4，其中，最低营养级的鱼类是银腰犀鳕，最高的是汉氏棱鳀。该海域鱼类营养级主要集中在3.0～4.0级，占比约79.17%。各个物种中，营养级大于4.0级的有4种，为尖吻小公鱼、四线天竺鲷、大甲鲹、汉氏棱鳀；小于3.0级的有7种，分别为银腰犀鳕、长尾大眼鲷、发光鲷、青带小公鱼、长吻丝鲹、斑点马鲛、琉球、角鲂鲱；处于3.0～4.0级的有60种，为黄鲫、毛烟管鱼、眼镜鱼、短带鱼等。物种个体之间也存在一定的营养级跨度，其中跨度大于1的有6种，分别为海鳗、斑鳍白姑鱼、黑鳃天竺鱼、丽叶鲹、日本带鱼、短带鱼；跨度大于2的只有1种，为多齿蛇鲻，跨度为2.22。

从整体上分析，北部湾鱼类营养级比闽江口鱼类（康斌等，2018）的营养级低。经查询，北部湾71种主要经济鱼类均在fishbase网站有参考数据，单因素方差分析表明，北部湾鱼类的营养级与fishbase网站获取的对应种类的营养级之间差异极显著（$p<0.01$）。对比发现，大部分种类的营养级偏离较远或不在变动范围内，有43种（60.56%）鱼类的营养级平均值小于fishbase网站平均值；在0.5个营养级误差范围内的有36种（50.70%）鱼类。

第二节　北部湾重要渔业生物食性与生态位

一、北部湾重要贝类——长肋日月贝的食性与同位素特征

（一）北部湾长肋日月贝摄食习性

在实验室内使用双筒解剖镜对胃含物进行分析鉴定，鉴定出北部湾长肋日月贝的胃含物包含饵料种类共有8门45属，主要以藻类为主，其中包括硅藻门（Bacillariophyta）31属、甲藻门（Pyrrophyta）4属、蓝藻门（Cyallophyta）3属、绿藻门（Chlorophyta）4属、裸藻门（Euglenophyta）2属和金藻门（Chrysophyceae）1属，部分胃含物里出现少数盘状表壳虫（*Arcella discoides*）以及一些不可辨认桡足类残肢（表5-2）。

根据胃含物的鉴定分析结果可知，双壁藻属（*Diploneis*）、舟形藻属（*Navicula*）、细柱藻属（*Leptocylindrus*）、羽纹藻属（*Pinnularia*）、斜纹藻属（*Pleurosigma*）、小球藻属（*Chlorella*）以及圆筛藻属（*Coscinodiscus*）等为长肋日月贝的优势饵料种类。

表5-2　北部湾长肋日月贝食物类型出现频率季节变化

门	属	春	夏	秋	冬
硅藻 Bacillariophyta	圆筛藻属 Coscinodiscus	6.00	6.50	3.47	7.69
	小环藻属 Cyclotella	—	12.65	3.29	3.90
	海线藻属 Thalassionema	2.00	3.20	3.10	1.50
	细柱藻属 Leptocylindrus	2.00	9.25	2.56	2.86
	曲舟藻属 Pleurosigma	12.43	15.20	2.46	4.31
	双壁藻属 Diploneis	13.86	18.81	2.37	3.39
	足囊藻属 Podocystis	—	—	2.00	—
	针杆藻属 Synedra	2.00	11.25	1.97	3.50
	辐环藻属 Actinocyclus	1.75	8.00	1.96	3.00
	舟形藻属 Navicula	1.00	7.00	1.78	2.70
	角毛藻属 Chaetoceros	—	—	1.67	—
	双菱藻属 Surirella	2.60	7.86	1.58	3.07
	卵形藻属 Cocconeis	—	3.00	1.53	3.72
	海链藻属 Thalassiosira	—	—	1.38	
	菱形藻属 Nitzschia	1.00	4.50	1.36	3.44
	羽纹藻属 Pinnularia	14.14	6.25	1.22	2.10
	辐裥藻属 Actinoptychus	1.00	3.67	1.10	4.00
	布纹藻属 Gyrosigma	—	7.75	1.00	2.42
	漂流藻属 Planktoniella	—	1.00	1.00	—
	三角藻属 Triceratium	—	—	1.00	1.50
	粗纹藻属 Trachyneis	—	—	1.00	0.50
	骨条藻属 Skeletonema	—	—	1.00	—
	星杆藻属 Asterionella	—	—	1.00	—
	海毛藻属 Thalassiothrix	—	—	0.50	3.75
	辐杆藻属 Bacteriastrum	—	—	0.50	—
	圆箱藻属 Hyalodiscus	—	—	0.50	—
	针杆藻属 Synedra	—	2.50	—	—
	直链藻属 Melosira	—	0.50	—	2.00
	斑条藻属 Grammatophora	—	—	—	0.50
	半盘藻属 Hemidiscus	—	—	—	0.50
	盒形藻属 Biddulphia	—	—	—	0.50

续表

门	属	春	夏	秋	冬
甲藻 Pyrrophyta	膝沟藻属Gonyaulax	—	1.50	1.53	—
	舌甲藻属Lingulodinium	—	—	1.23	—
	原甲藻属Prorocentrum	—	—	1.00	—
	鸟尾藻属Ornithocercus	—	—	—	1.50
蓝藻 Cyanophyta	颤藻属Oscillatoria	—	—	7.00	—
	鱼腥藻属Anabeana	—	0.75	1.00	0.50
	念珠藻属Nostoc	—	1.00	0.50	—
绿藻 Chlorophyta	实球藻属Pandorina	—	3.50	1.67	3.75
	小球藻属Chlorella	16.00	5.79	1.40	1.83
	浮球藻属Planktosphaeria	—	2.50	—	2.20
	新月藻属Closterium	—	1.75	—	—
裸藻 Euglenophyta	囊裸藻属Trachelomonas	—	—	1.00	—
	扁裸藻属Phacus	—	—	—	1.50
金藻 Chrysophyta	硅鞭藻属Dictyocha	—	—	—	0.50
不可辨认 Unknown	不可辨认1 unknown 1	—	—	1.38	—
	不可辨认2 unknown 2	—	1.00	—	—
	不可辨认3 unknown 3	—	1.00	—	—

注：表中"—"表示该物种未出现。

长肋日月贝的食物组成存在季节性的差异，各个季节的变化如表5-2所示，春季有2门13属，其中硅藻门有12属，优势属有羽纹藻属（*Pinnularia*）、双壁藻属（*Diploneis*）、曲舟藻属（*Pleurosigma*）及圆筛藻属（*Coscinodiscus*），绿藻门只有小球藻属（*Chlorella*）；夏季有4门25属，其中硅藻门有18属，优势属有双壁藻属（*Diploneis*）、曲舟藻属（*Pleurosigma*）、小环藻属（*Cyclotella*）、针杆藻属（*Synedra*）、细柱藻属（*Leptocylindrus*）及辐环藻属（*Actinocyclus*）等，甲藻门只有膝沟藻属（*Gonyaulax*），蓝藻门有鱼腥藻属（*Anabeana*）和念珠藻属（*Nostoc*），绿藻门有4属，优势属为小球藻属（*Chlorella*）和实球藻属（*Pandorina*）；秋季5门35属，其中硅藻门有26属，其优势属有圆筛藻属（*Coscinodiscus*）、小环藻属（*Cyclotella*）、海线藻属（*Thalassionema*）、细柱藻属（*Leptocylindrus*）、曲舟藻属（*Pleurosigma*）、双壁藻属（*Diploneis*）及足囊藻属（*Podocystis*）等，甲藻门有3属，优势属为膝沟藻属（*Gonyaulax*），蓝藻门3属，优势属为颤藻属（*Oscillatoria*），绿藻门2属，优势属为实球藻属（*Pandorina*），裸藻门仅囊裸藻属（*Trachelomonas*）1属；冬季6门29属，其中硅藻门22属，优势属有圆筛藻属（*Coscinodiscus*）、曲舟藻属（*Pleurosigma*）、辐裥藻（*Actinoptychus*）、小环藻属（*Cyclotella*）、针杆藻属（*Synedra*）、双壁藻属（*Diploneis*）、辐环藻属（*Actinocyclus*）、双菱藻（*Surirella*）、卵形藻属（*Cocconeis*）、菱形藻（*Nitzschia*）及海毛藻属（*Thalassiothrix*），甲藻门仅鸟尾藻属（*Ornithocercus*）1属，蓝藻门仅鱼腥藻属（*Anabeana*）1属，绿藻门3属，优势属为实球藻属（*Pandorina*），裸藻门仅扁裸藻属（*Phacus*）1属，金藻门仅硅鞭藻属（*Dictyocha*）1属。

（二）北部湾长肋日月贝碳、氮稳定同位素特征

长肋日月贝的碳、氮稳定同位素分布范围比较集中，$\delta^{13}C$范围为$-21.45‰ \sim -17.56‰$，$\delta^{15}N$的范围是$6.41‰ \sim 12.80‰$，二者的平均值为（-19.54 ± 0.11）‰和（8.89 ± 0.12）‰。长肋日月贝的$\delta^{13}C$和$\delta^{15}N$的相关性极显著（Pearson, $r=0.696$, $p<0.01$, $n=88$）。

基于平均碳、氮稳定同位素值构建的营养结构分析图（图5-4），计算得到北部湾长肋日月贝生态位特征值（表5-3）。北部湾长肋日月贝种群生态位总空间（TA）为13.27，核心生态位空间（SEA）、食物来源多样性（CR）、营养长度（NR）以及营养多样性（CD）值分别为3.01、3.89、6.38及1.26。长肋日月贝的营养密度（$MNND$）和营养均匀度（$SDNND$）指标值均不大，分别为0.19、0.26。

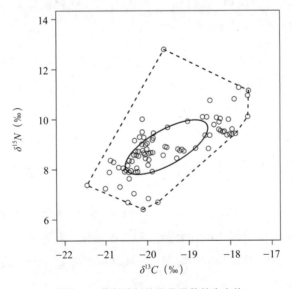

图5-4　北部湾长肋日月贝营养生态位

表5-3　北部湾长肋日月贝营养生态位指标

生态指标	生态位变量
食物来源多样性（CR）	3.89
营养长度（NR）	6.38
营养多样性（CD）	1.26
核心生态位空间（SEA）	3.01
生态位总空间（TA）	13.27
营养密度（MNND）	0.19
营养均匀度（SDNND）	0.26

（三）碳、氮稳定同位素的季节变动

北部湾长肋日月贝的$\delta^{13}C$和$\delta^{15}N$值的春季范围分别为$-19.27‰ \sim -17.58‰$和$8.82‰ \sim 10.18‰$；夏季范围分别为$-20.22‰ \sim -17.80‰$和$8.72‰ \sim 11.27‰$；秋季范围分别为$-21.45‰ \sim -17.60‰$和$7.24‰ \sim 11.14‰$；冬季范围分别为$-20.91‰ \sim -18.84‰$和$6.41‰ \sim 12.80‰$（表5-4）。

表5-4　北部湾长肋日月贝$\delta^{13}C$、$\delta^{15}N$特征

季节	$\delta^{13}C/‰$		$\delta^{15}N/‰$	
	范围	平均值±标准差	范围	平均值±标准差
春	$-19.27 \sim -17.58$	-18.25 ± 0.16	$8.82 \sim 10.18$	9.53 ± 0.17
夏	$-20.22 \sim -17.80$	-18.43 ± 0.14	$8.72 \sim 11.27$	9.80 ± 0.16
秋	$-21.45 \sim -17.56$	-20.06 ± 0.15	$7.24 \sim 11.14$	8.80 ± 0.17
冬	$-20.91 \sim -18.84$	-19.94 ± 0.09	$6.41 \sim 12.80$	8.34 ± 0.21
全年	$-21.45 \sim -17.56$	-19.54 ± 0.11	$6.41 \sim 12.80$	8.89 ± 0.12

其$\delta^{13}C$和$\delta^{15}N$值的季节性变化如图5-5所示，从春季到冬季，$\delta^{13}C$和$\delta^{15}N$两组数值的降幅相似。单因素方差表明，北部湾长肋日月贝$\delta^{13}C$（$p<0.01$）和$\delta^{15}N$（$p<0.01$）值与季节有极显著差异。

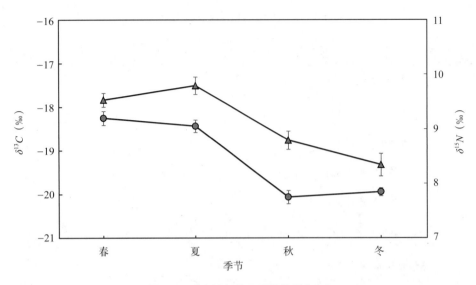

图5-5　北部湾长肋日月贝的季节变化

注：实心圆和三角形为$\delta^{13}C$和$\delta^{15}N$平均值，误差条为标准差。

（四）碳、氮稳定同位素特征随壳长增长的变化

单因素方差分析结果表明，不同壳长组之间的$\delta^{15}N$没有明显的显著性差异，但是$\delta^{13}C$在不同壳长组之间差异显著（$p<0.005$）。从图5-6可以看出，随着壳长的增长，$\delta^{13}C$和$\delta^{15}N$值呈现相似的变化趋势，$\delta^{13}C$保存持续增长的趋势，而$\delta^{15}N$呈现先小幅度下降而后快速增长的趋势。

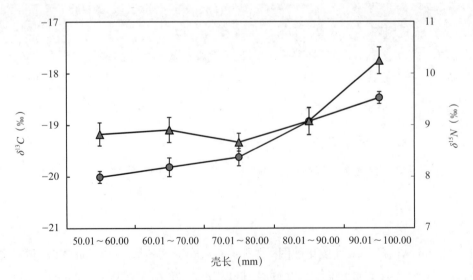

图5-6　长肋日月贝$\delta^{13}C$和$\delta^{15}N$值随壳长组的变化

注：实心圆和三角形为$\delta^{13}C$和$\delta^{15}N$平均值，误差条为标准差

（五）碳、氮稳定同位素特征的空间变化

分析表明，不同站点间，长肋日月贝碳、氮稳定同位素差异性极显著（ANOVA *p*<0.01）。近岸海域附近站点的长肋日月贝的碳、氮稳定同位素值明显比离岸较远的站点的值高。根据站点的水深，从10～70 m均有分布，不同水深组之间，长肋日月贝碳、氮稳定同位素值也显示差异性极显著（ANOVA *p*<0.01），随着水深的增加，碳、氮稳定同位素平均值呈下降趋势（表5-5）。

表5-5 长肋日月贝的碳、氮稳定同位素值随水深的变化

水深 (m)	样品数N	$\delta^{13}C$ (‰)		$\delta^{15}C$ (‰)	
		范围	平均值	范围	平均值
20.1 ～ 30.0	4	—19.691 ～ —17.559	—18.183 ± 0.509	8.535 ～ 11.140	10.356 ± 0.611
30.1 ～ 40.0	7	—20.308 ～ —18.896	—19.480 ± 0.254	7.688 ～ 9.368	8.748 ± 0.260
40.1 ～ 50.0	31	—20.911 ～ —17.576	—18.911 ± 0.154	7.465 ～ 11.266	9.222 ± 0.144
50.1 ～ 60.0	36	—21.451 ～ —18.993	—20.147 ± 0.067	6.411 ～ 12.795	8.388 ± 0.149
60.1 ～ 70.0	10	—20.717 ～ —20.012	—20.431 ± 0.070	6.415 ～ 7.428	6.680 ± 0.124

（六）长肋日月贝作为北部湾同位素基线的探讨

1. 食性分析

在过去的一个世纪中，学者对双壳类动物的摄食习性进行了广泛的研究。在已有的文献报道中，学者对双壳类动物的主要食物来源的观点仍存在分歧，其中一部分研究人员基于肠胃含物的分析发现，碎屑是多种双壳类动物的主要食物来源（Petersen，1908；Petersen et al.，1911； Blegvad，1914），Allen（1914）甚至发现个别淡水贻贝属于动物食性；但更多的学者研究发现双壳软体动物主要以浮游植物和碎屑颗粒为食，尤其是以硅藻为主（Field，1911； Martin，1925； Galtsoff，1964； Rosa et al.，2018）。与先前大多数关于双壳类动物食性研究结果类似，本研究发现，北部湾长肋日月贝主要以摄食硅藻为主，同时摄入少量动物性食物和碎屑。在北部湾，硅藻同样是其他贝类的主要食物，例如在日本日月贝（*Amusium japonicum*）的胃含物属于优势饵料（叶王戟等，1990）。这可能与双壳类动物的摄食偏好或季节性特定物种的可获得性有关，因为大多数扇贝是机会性进食者，它们会摄食可获得的悬浮性饵料，同时它们的进食量会受到颗粒种类的组成和在特定水中的饵料分布的影响（Shumway et al.，1985；Ward et al.，2004； Rosa et al.，2018）。高东阳等（2001）调查发现北部湾海域有浮游植物382种，分别属于硅藻（占67%）、甲藻、蓝藻和金藻，浮游植物多样性指数最高值出现在5月和9月，最低值出现在

12月（南部海域）和2月（北部海域），说明在一定程度上贝类所摄食的浮游生物可以反映北部湾浮游物种的组成与季节变化情况。硅藻类在长肋日月贝每个季节的食物组成中均占绝对优势的结果也印证了这一观点。

2. 稳定同位素的空间异质性

以往的研究发现，近海海域不同地点双壳类生物的碳、氮稳定同位素值会表现出明显的变化，表明沿海水域碳、氮稳定同位素基线的空间异质性（Hsieh et al., 2000；Mckinney et al., 2001）。本研究中，同样发现长肋日月贝碳、氮稳定同位素值的空间分布差异，其中北部湾北部近岸海域长肋日月贝的$\delta^{13}C$和$\delta^{15}N$值明显高于其他离岸较远、水深较深样品的同位素值。这些差异可能与海湾地区的营养差异和周围的人类活动有关。首先，北部湾北部海域属于该海域众多经济鱼类的重要产卵场和索饵场（王雪辉等，2010；陈作志等，2005），其生产力高于南部；同时，高东阳等（2001）研究发现北部湾北部海域的浮游植物更丰富。这或许是北部海域$\delta^{13}C$值较高的原因之一，因为海洋生态系统中生物的$\delta^{13}C$可能受到浮游植物生长速率（Laws et al., 1995）、水华现象（Gervais et al., 2001；Nakatsuka et al., 1992）、初级生产力（Laws et al., 1995；Schell, 2000）和CO_2浓度（Burkhardt et al., 1999；Tortell et al., 2000）等因素的影响。另外，相关研究表明，与未受影响的参考海水相比，来自养殖场的生物更容易富集$\delta^{15}N$（Dolenec et al., 2007；2006）。McKinney等（2001）报道沿海盐沼中贻贝的$\delta^{15}N$值有很大的变化，并指出贻贝的$\delta^{15}N$值受到邻近沼泽流域人类活动产生的氮的影响。Fukumori等（2008）甚至提出牡蛎的$\delta^{15}N$值相对较高可能是受水产养殖的影响。因此，北部湾海域中长肋日月贝较高的$\delta^{13}C$和$\delta^{15}N$值可能不仅是由于生产力高，而且还受人类活动的影响，因为北部海域涠洲岛附近海域是重要的水产养殖区，会有更多的碳或氮的补充。

3. 长肋日月贝作为同位素基线指示物的探讨

稳定同位素分析已被广泛用于水生生态系统中的摄食关系和能量流动研究中（Kling et al., 1992；Peterson et al., 1987；徐军等，2013）。同位素基线指示物对于使用稳定同位素数据评价海洋生物的营养位置和生态系统间或内部的食物网结构比较至关重要（徐军等，2011）。稳定同位素研究分析的准确性很大程度上取决于适当的基线指示物的选取（Fukumori et al., 2008）。基线生物反映的是食物网生物最初来源的同位素特征，适当的同位素基准取决于生态学家所研究的生态系统特征（Vander et al., 2007），基准生物的选择以及基准同位素的准确性对推断和分析不同层次与尺度的生态学问题至关重要。在水生生态系统的摄食生态学研究中，颗粒状有机质（POM）、浮游动物和底栖生物等初级消费者是首选的同位素基线（Zanden et al., 2003），双壳类软体动物也是常见的基线生物，这在淡水和海洋生态系统相关研究中比较常见（Fukumori et al., 2008；Mckinney et al., 1999）。

以往的相关研究中，选取的同位素基线生物多种多样，没有统一的标准基线，导致研究间的比较分析和有效评估存在一定的误差。北部湾长肋日月贝的平均稳定氮同位素值（8.89‰）比整个北部湾的鱼类、头足类和虾（8.92‰~17.63‰）的氮稳定同位素平均值低（颜云榕，2014）。其次，根据以往的相关研究，浮游生物食性的双壳贝类是研究海洋系统的合适同位素值基准，因为它们具有稳定的摄食习性、寿命较长和易于采样等特点（Cabana et al., 1996; Fukumori et al., 2008; Mckinney et al., 2001）。Guo等（2012）报道过长肋日月贝主要以浮游生物和有机碎屑为食，本研究中对北部湾长肋日月贝的摄食习性研究也同样证实了此结果（He et al., 2019）。Norte（1988）还发现长肋日月贝的寿命较长，约为两年，这也符合基线选取的条件。最后，Mackey（2015）提出"双壳类具有丰度高、分布范围广的特点，适合用作比较大空间尺度上的基线，并为沿海水域的基线提供可靠的指标"；北部湾长肋日月贝广泛分布于南海北部海域（付玉等，2012; Wang et al., 2016），恰好满足这一条件；尽管北部湾的长肋日月贝的$\delta^{15}N$值在季节和站点之间存在显著差异，但可以通过增加采样的时空密度，将误差控制在合适的范围内。综上所述，长肋日月贝可以作为北部湾、南海北部近海海域海洋生态系统和食物网研究的同位素基线生物。

二、北部湾中上层鱼类——宝刀鱼的食性与营养级

（一）北部湾宝刀鱼的食物组成

北部湾宝刀鱼摄食饵料生物包含鱼类、甲壳类和头足类3大类，其中可辨别鱼类24种（表5-6）。从各饵料相对重要性指数百分比（%IRI）看，宝刀鱼主要摄食鱼类，占食物组成的99.7%，其次为甲壳类和头足类，分别占0.2%和0.1%；在能鉴定出的种类中，优势饵料生物为犀鳕属（*Bregmaceros*）、小公鱼属（*Thryssa*）、小沙丁鱼属（*Sardinella*）、毛虾属（*Acetes*）等，属于广食性鱼类。

表5-6 北部湾宝刀鱼的食物组成

饵料种类	个数百分比 N（%）	重量百分比 W（%）	频率百分比 F（%）	相对重要性指数 IRI	IRI比例%IRI（%）
甲壳类Crustacea					
中国毛虾*Acetes chinensis*	2.70	0.12	2.44	6.89	0.16
鹰爪虾*Trachypenaeus curvirostris*	0.13	—	0.24	0.03	—
不可辨别虾类Unidentified shrimps	0.77	0.03	1.22	0.98	0.02
不可辨别蟹类Unidentified crabs	0.13	0.01	0.24	0.03	—

续表

饵料种类	个数百分比 N（%）	重量百分比 W（%）	频率百分比 F（%）	相对重要性指数IRI	IRI比例%IRI（%）
鱼类Pisces					
金色小沙丁鱼Sardinella aurita	0.51	0.46	0.73	0.71	0.02
裘氏小沙丁鱼Sardinella jussieu	1.03	4.72	1.22	7.03	0.16
鳓Ilisha elongata	0.13	0.12	0.24	0.06	—
尖吻小公鱼Stolephorus heteroloba	0.39	0.56	0.73	0.69	0.02
青带小公鱼Stolephorus zollingeri	4.24	10.27	3.67	53.23	1.21
康氏小公鱼Stolephorus commersoni	1.16	2.77	1.71	6.73	0.15
中华小公鱼Stolephorus chinensis	1.16	1.77	1.22	3.58	0.08
小公鱼属Stolephorus	6.56	12.74	8.31	160.43	3.64
赤鼻棱鳀Thryssa kammalensis	0.13	0.30	0.24	0.11	—
汉氏棱鳀Thryssa hamiltonii	0.51	2.21	0.73	2.00	0.05
中颌棱鳀Thryssa mystax	0.13	0.38	0.24	0.12	—
杜氏棱鳀Thryissa dussumieri	0.13	0.37	0.24	0.12	—
长颌棱鳀Thryssa setirostris	1.54	2.32	1.71	6.61	0.15
黄鲫Setipinna taty	0.51	2.25	0.49	1.35	0.03
少鳞犀鳕Bregmaceros Rarisquamosus	22.88	9.36	19.32	622.76	14.14
银腰犀鳕Bregmaceros nectabanus	1.03	0.14	1.22	1.42	0.03
犀鳕属Bregmaceros	0.13	0.02	0.24	0.04	—
多鳞鱚Sillago maculate	0.39	0.42	0.49	0.39	0.01
丽叶鲹Caranx kalla	0.26	1.77	0.49	0.99	0.02
游鳍叶鲹Caranx mate	0.51	2.73	0.73	2.38	0.05
蓝圆鲹Decapterus maruadsi	0.77	4.11	1.47	7.16	0.16
竹荚鱼Trachurus japonicus	0.26	0.72	0.49	0.48	0.01
鹿斑鲾Leiognathus ruconius	0.26	0.25	0.48	0.12	—
粗纹鲾Leiognathus lineolatus	0.51	0.62	0.73	0.83	0.02
条鲾Leiognathus riviulatus	0.13	0.00	0.24	0.03	—
带鱼Trichiurus lepturus	1.03	2.23	1.96	6.38	0.14
不可辨别鱼类Unidentified fishes	47.69	34.28	42.79	3 506.97	79.62

饵料种类	个数百分比 N (%)	重量百分比 W (%)	频率百分比 F (%)	相对重要性指数IRI	IRI比例%IRI (%)
头足类Cephalopoda					
乌贼属Sepia	1.03	0.40	1.47	2.09	0.05
枪乌贼属Loligo	0.26	0.14	0.48	0.09	—
中国枪乌贼Loligo chinensis	0.51	1.37	0.73	1.38	0.03
双喙耳乌贼Sepiola birostrata	0.13	0.01	0.24	0.03	—

注：表中"—"表示所占比例<0.01%。

（二）北部湾宝刀鱼摄食随个体生长发育的变化

北部湾宝刀鱼摄食强度在性腺发育过程中比较稳定（图5-7），Ⅰ～Ⅵ间的空胃率稳定保持在50%左右的水平，反映其摄食强度比较稳定；平均饱满指数RI则波动较大，RI在产卵期（Ⅴ）达到最高值（1.50%），在Ⅱ期则为最低（0.72%），但Ⅱ期的空胃率也达最高值（56.89%）。宝刀鱼产卵后Ⅵ-Ⅱ期接近RI最低值（0.75%），同时Ⅵ-Ⅱ期空胃率降至最低（33.33%），反映宝刀鱼在产卵后开始大量摄食以补充产卵期消耗的能量。

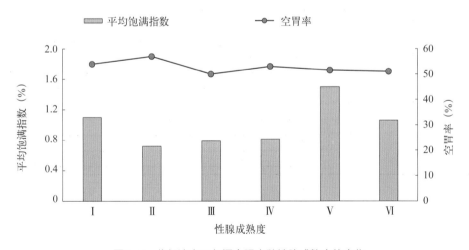

图5-7 北部湾宝刀鱼摄食强度随性腺成熟度的变化

北部湾宝刀鱼摄食饵料平均重量和个数随叉长组变化明显，随着叉长增大，摄食饵料个数和重量逐渐增加（图5-8），12个叉长组间摄食平均饵料重量差异极显著［Kruskal-Wallis 检验 $H_{(11, 645)}$ = 32.05，$p<0.001$］，摄食的平均饵料个数差异也很显著［Kruskal-Wallis 检验$H_{(11, 645)}$ =26.973，$p<0.001$］，但在最大的两个叉长组中平均饵料重量则出现较大波动。

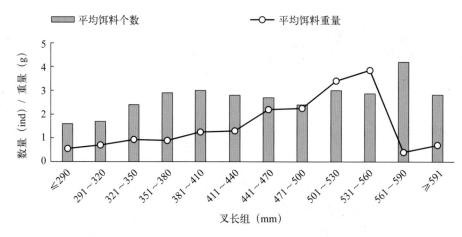

图5-8 北部湾宝刀鱼摄食饵料个数及重量随生长发育的变化

北部湾宝刀鱼样品叉长范围为193～782 mm，根据叉长进行分组的标准为290 mm以下和590 mm以上各合并为一组，其余按30 mm为间距等分，共分为12组。基于不同叉长组食物组成中各饵料种类%*IRI*的聚类分析（图5-9）表明，各叉长组间食物相似性系数变化较明显，可分为380 mm以下、381～530 mm以及531 mm以上三大组。

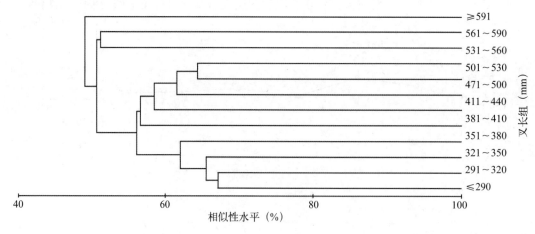

图5-9 基于相对重要性指数百分比对北部湾宝刀鱼不同叉长组食物组成的聚类分析图

（三）北部湾宝刀鱼碳氮稳定同位素特征与营养级

宝刀鱼的碳、氮稳定同位素分布范围比较广泛（图5-10），$\delta^{13}C$范围为$-16.74‰$～$-14.33‰$，$\delta^{15}N$的范围是$11.72‰$～$14.92‰$，二者的平均值和标准差为（-15.61 ± 0.69）‰和（13.44 ± 0.91）‰。宝刀鱼的$\delta^{13}C$和$\delta^{15}N$的相关性极显著（Pearson, $r=0.500$, $p<0.01$, $n=13$）。

通过构建北部湾宝刀鱼营养结构图分析其生态位特征值（图5-10，表5-7）。从表中可以得出宝刀鱼种群生态位总空间（*TA*）、核心生态位空间（*SEA*）、食物来源多样性（*CR*）、营养长度（*NR*）以及营养多样性（*CD*）值分别为3.95、1.71、2.41、3.20及0.99。宝刀鱼的营养密度（*MNND*）和营养均匀度（*SDNND*）指标值均小于0.01。

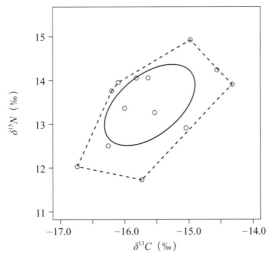

图5-10　北部湾宝刀鱼营养生态位

表5-7　北部湾宝刀鱼营养生态位指标

生态指标	生态位变量
食物来源多样性（*CR*）	2.41
营养长度（*NR*）	3.20
营养多样性（*CD*）	0.99
核心生态位空间（*SEA*）	1.71
生态位总空间（*TA*）	3.95
营养密度（*MNND*）	<0.01
营养均匀度（*SDNND*）	<0.01

北部湾宝刀鱼各叉长组的稳定同位素特征值如表5-8所示，其中$\delta^{13}C$各月平均值为15.61‰，以该值作单样本t检验，不同叉长组间差异不显著（$t=-0.013$，$p=0.990$），反映宝刀鱼于各生命阶段中在上下水层均有摄食，且食物来源广泛。根据$\delta^{15}N$计算出各叉长组营养级范围为2.90～3.84，平均值为2.95，以该值作单样本t检验，营养级TL月份差异不显著（$t=0.061$，$p=0.953$）。

表5-8　北部湾宝刀鱼$\delta^{13}C$、$\delta^{15}N$和营养级随生长的变化

叉长组（mm）	$\delta^{13}C$（‰）	$\delta^{15}N$（‰）	C:N	营养级
261～290	—15.733	11.724	2.94	2.90
291～320	—16.001	13.362	2.94	3.38
321～350	—15.041	12.911	3.07	3.25
351～380	—16.096	13.955	3.09	3.56
381～410	—14.974	14.921	3.06	3.84
411～440	—14.556	14.234	3.16	3.64
441～470	—14.325	13.906	3.16	3.54
471～500	—15.531	13.260	3.08	3.35
501～530	—15.633	14.057	3.18	3.59
531～560	—16.740	12.029	3.16	2.99
561～590	—15.815	14.054	3.10	3.59
591～620	—16.254	12.504	3.11	3.13
651～680	—16.199	13.761	3.59	3.50

（四）宝刀鱼摄食习性分析

宝刀鱼为热带、亚热带暖水性中上层鱼类，北部湾宝刀鱼主要以摄食青带小公鱼、裘氏小沙丁鱼、长颌棱鳀、黄鲫、游鳍叶鲹、竹荚鱼和蓝圆鲹等小型中上层鱼类为主，同时也捕食少鳞犀鳕、银腰犀鳕、粗纹鲢和鹿斑鲾等小型底层鱼类。胃含物分析与碳稳定同位素结果一致反映该鱼种在各水层中广泛摄食，属于广食性动物食性鱼类，这可能跟宝刀鱼游泳能力较强有关。北部湾宝刀鱼以鱼类为最主要食物，重量百分比高达99.71%，按$\delta^{15}N$计算所得的叉长组平均营养级为3.4。所罗门群岛潟湖宝刀鱼食性同样以鱼类为主，其中贝拉马棱鳀（*Thryssa baelama*）、天竺鲷科（Apogonidae）、不能辨别鱼类及绣眼银带鲱（*Spratelloides delicatulus*）占比分别为57.00%、21.80%、15.83%和2.67%，根据胃含物分析所得营养级为4.5（Blaber et al., 1990）。对比两海域宝刀鱼食物组成及营养级，除海域饵料生物构成区别外，北部湾宝刀鱼食物组成以小型低营养层次鱼类占据绝对多数，考虑到目前北部湾内的高海洋捕捞强度，在一定程度上反映了Pauly等提出的"捕捞导致海洋食物网平均营养级下降"的观点（Pauly et al., 1998）。

基于胃含物分析结果利用%*IRI*所做聚类分析发现（图5-9），北部湾宝刀鱼在350～380 mm叉长附近出现食性转换现象（相似性指数＞60%），而$\delta^{13}C$、$\delta^{15}N$以及营养

级（表5-8）在该叉长组附近并没有出现明显的变化。由于稳定同位素值反映较长时间中吸收同化食物的比例（Sherwood et al., 2005），同位素的富集度与生物体的组织更新率有关（Lorrain et al., 2002），本研究所选取的宝刀鱼及其饵料鱼类同位素测定部位为肌肉，其组织更新时间长，能够反映较长时间甚至一生对食物中稳定同位素的同化率（Liu et al., 2009），有别于胃含物分析所反映的是生物个体被捕捞前某段时间内摄食的饵料种类。因此，稳定同位素法与传统胃含物法在研究鱼类食性转换现象的差异上还需要作进一步的探索。

随着叉长的增加，北部湾宝刀鱼饵料生物个数变化较小，虽然宝刀鱼的个体变大，但小型饵料生物如少鳞犀鳕、青带小公鱼、中国毛虾等个数较多且比例较大，产生这一结果的原因可能是该海域可供选择的饵料生物种类较少且小型化明显。平均单个饵料生物重量随着宝刀鱼叉长变大而明显增加，尤其在500～530 mm、530～560 mm两个叉长组间最为显著，伴随生长发育，宝刀鱼的摄食和消化器官都在不断增强与其肉食性的适应性，游泳能力也不断提高，增强对较大个体饵料生物的捕食能力，该结果与同海域的多齿蛇鲻（Yan et al., 2010）一致。但在560～590 mm及590 mm以上叉长组平均饵料重量突然下降至最低，推断是由于该叉长组样品所摄食的饵料生物个数较多以及该长度组样品相对较少产生一定的差异，其原因尚待进一步分析。

北部湾宝刀鱼食物种类较少，除少鳞犀鳕、青带小公鱼、尖吻小公鱼和带鱼等出现较频繁外，其他种类波动较大，其中金色小沙丁鱼、康氏小公鱼、鳀和赤鼻棱鳀等10多种饵料鱼类仅在单月份偶然出现，说明宝刀鱼摄食具有较强的随机选择性。宝刀鱼各叉长组食物组成的聚类分析表明，不同叉长组间食物相似性系数较高；叉长在380 mm以下的群体以少鳞犀鳕和小公鱼属为主要食物，相似性系数大于60%，而530 mm以上叉长组食物组成与其他组差别较大，相似性系数小于50%。在本研究中，由于宝刀鱼胃含物中的较大部分鱼类、虾类和头足类消化后仅余残体，不能鉴定到种，影响对各叉长组食性的准确分析，所收集的样品中缺少193 mm以下叉长的个体，对于宝刀鱼仔稚鱼食性研究有待深入。

三、北部湾中下层鱼类——日本带鱼的食性与营养级

（一）日本带鱼食物组成

北部湾日本带鱼主要摄食鱼类为主，占比56.76%，兼食少量甲壳类和头足类，属于肉食性鱼类。饵料种类数为40种（鱼类29种，甲壳类6种，头足类5种），其可鉴定到种的饵料优势种为蓝圆鲹（*Decapterus maruadsi*）、银腰犀鳕（*Bregmaceros nectabanus*）、少鳞犀鳕（*Bregmaceros rarisquamosus*）、尖吻小公鱼（*Anchoviella heteroloba*）和甲壳

类的中国毛虾（*Acetes chinensis*），饵料常见种为裘氏小沙丁（*Sardinella jussieui*）、粗纹鲾（*Leiognathus lineolatus*）、黄斑鲷（*Sparus latus*）、康氏小公鱼（*Anchoviella commersoni*）和头足类的中国枪乌贼（*Uroteuthis chinensis*），其余种类均为*IRI*值小于10的少见种。

表5-9 北部湾日本带鱼胃含物饵料种类组成表

饵料	F%	N%	W%	IRI	%IRI
未识别鱼类Unidentified pisces	30.29	5.44	12.07	530.42	22.90
蓝圆鲹*Decapterus maruadsi*	12.79	5.70	26.85	416.40	17.98
银腰犀鳕*Bregmaceros nectabanus*	15.93	11.23	4.95	257.64	11.12
少鳞犀鳕*Bregmaceros rarisquamosus*	15.67	11.70	4.14	248.11	10.71
尖吻小公鱼*Anchoviella heteroloba*	11.23	5.62	4.31	111.47	4.81
裘氏小沙丁*Sardinella jussieui*	6.53	1.33	13.36	95.87	4.14
粗纹鲾*Leiognathus lineolatus*	10.44	4.50	2.33	71.38	3.08
黄斑鲷*Sparus latus*	5.74	3.81	2.65	37.15	1.60
带鱼*Trichiurus*	2.87	0.56	5.67	17.89	0.77
康氏小公鱼*Anchoviella commersoni*	4.70	1.80	1.59	15.95	0.69
日本发光鲷*Acropoma japonicum*	2.61	0.94	0.84	4.65	0.20
青带小公鱼*Acropoma japonicum*	3.13	0.60	0.78	4.32	0.19
竹荚鱼*Trachurus japonicus*	1.83	0.99	1.04	3.70	0.16
丽叶鲹*Alepes kleinii*	1.57	0.43	1.45	2.94	0.13
长颌棱鳀*Thrissa setiostris*	1.83	0.39	0.37	1.38	0.06
汉氏棱鳀*Thrissa hamiltoni*	1.57	0.34	0.47	1.28	0.06
鹿斑鲾*Leiognathus ruconius*	1.31	0.43	0.48	1.18	0.05
金线鱼*Nemipterus virgatus*	0.52	0.09	1.87	1.02	0.04
多齿蛇鲻*Saurida tumbil*	0.52	0.13	0.77	0.47	0.02
弓背鳄齿鱼*Champsodon atridorsalis*	0.78	0.17	0.13	0.24	0.01
金色小沙丁*Sardinella aurita*	0.26	0.04	0.76	0.21	0.01
白姑鱼*Argyrosomus argentatus*	0.26	0.04	0.68	0.19	0.01
杜氏棱鳀*Thryssa dussumieri*	0.52	0.09	0.23	0.16	0.01
背点棘赤刀鱼*Acanthocepola limbata*	0.26	0.04	0.50	0.14	0.01

续表

饵料	F%	N%	W%	IRI	%IRI
短鳄齿鱼Champsodon snyderi	0.52	0.09	0.12	0.11	0.00
纵纹叶鰕虎鱼Gobiodon verticalis	0.26	0.04	0.21	0.06	0.00
四线天竺鲷Apogon quadrifasciatus	0.26	0.13	0.03	0.04	0.00
海鳗Muraenesocidae	0.26	0.04	0.11	0.04	0.00
大头白姑鱼Pennahia macrocephalus	0.26	0.04	0.02	0.02	0.00
中国毛虾Acetes chinensis	9.92	38.11	1.55	393.43	16.99
未识别虾类Unidentified decapoda	3.92	0.73	0.74	5.76	0.25
细鳌虾Leptochela gracilis	1.04	0.51	0.08	0.62	0.03
滑脊等腕虾Procletes levicarina	1.04	0.17	0.10	0.28	0.01
口虾姑Oratosquilla oratoria	0.52	0.13	0.04	0.09	0.00
红斑后海鳌虾Metanephrops thomsoni	0.26	0.04	0.02	0.02	0.00
中国枪乌贼Uroteuthis chinensis	9.14	1.76	7.54	84.93	3.67
安德曼钩腕乌贼Abralia andamanica	4.44	0.94	0.15	4.85	0.21
枪乌贼Uroteuthis	1.31	0.43	0.63	1.38	0.06
双喙耳乌贼Sepiola birostrata	0.52	0.21	0.31	0.28	0.01
柏氏四盘耳乌贼Euprymna berryi	0.78	0.21	0.06	0.22	0.01

（二）日本带鱼碳、氮稳定同位素特征

日本带鱼的碳氮稳定同位素分布范围比较集中（图5-11），$\delta^{13}C$范围为$-20.25‰$ ～ $-15.76‰$，$\delta^{15}N$的范围是$11.02‰$ ～ $16.69‰$，二者的平均值和标准差为（-18.37 ± 0.73）‰ 和（13.68 ± 1.08）‰。日本带鱼的$\delta^{13}C$和$\delta^{15}N$的相关性极显著（Pearson，$r=0.271$，$p<0.01$，$n=228$）。$\delta^{13}C$值方面，日本带鱼$\delta^{13}C$优势值主要集中在$-19‰$ ～ $-17‰$，占比为81.14%，尤其是集中在$-19‰$ ～ $-18‰$的样品数量占比高达57.02%；$\delta^{15}N$值方面，其优势值主要集中在$12‰$ ～ $15‰$，占比为83.77%，其中，以$13‰$ ～ $14‰$的样品数量最多，占比为39.04%（图5-11）。

基于碳氮稳定同位素值构建北部湾日本带鱼营养结构图（图5-12）分析其生态位特征。从各项生态指标（表5-10）来看，北部湾日本带鱼生态位总空间（TA）值比较大，营养长度（NR）跨度较长，其值分别为18.43、5.66。核心生态位空间（SEA）值为2.38，食物来源多样性（CR）以及营养多样性（CD）值分别为4.49及1.10。其营养密度（MNND）和营养均匀度（SDNND）指标值均为0.13。

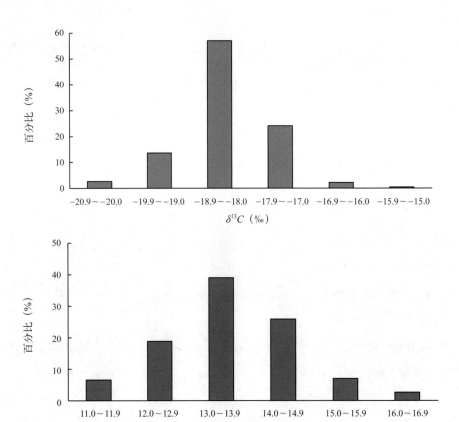

图5-11　日本带鱼碳、氮稳定同位素值分布

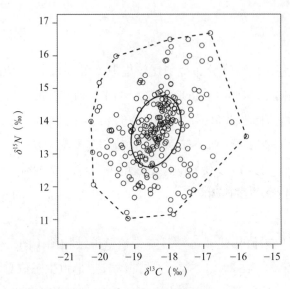

图5-12　北部湾日本带鱼营养生态位

表5-10　北部湾日本带鱼营养生态位指标

生态指标	生态位变量
食物来源多样性（CR）	4.49
营养长度（NR）	5.66
营养多样性（CD）	1.10
核心生态位空间（SEA）	2.38
生态位总空间（TA）	18.43
营养密度（$MNND$）	0.13
营养均匀度（$SDNND$）	0.13

（三）主要饵料生物的碳氮稳定同位素特征与营养级

北部湾带鱼主要饵料生物的$\delta^{15}N$值范围为8.918‰~14.481‰（表5-11），差值达5.563‰。$\delta^{13}C$值范围为-17.830‰~-14.925‰，差值为2.905‰。从饵料生物的营养级看：康氏小公鱼（*Stolephorus commersoni*）、棱鳀属（*Thryssa*）、粗纹鲾（*Leiognathus lineolatus*）、日本金线鱼（*Nemipterus japonicus*）和多齿蛇鲻（*Saurida tumbil*）等的营养级较高，青带小公鱼（*Stolephorus zollingeri*）、蓝圆鲹（*Decapterus maruadsi*）、银腰犀鳕（*Bregmaceros nectabanus*）和曼氏无针乌贼（*Sepiella maindroni*）等的营养级较低，差值达1.6个营养级。日本金线鱼（*Nemipterus japonicus*）和鹰爪虾（*Trachypenaeus anchoralis*）则分别具有最高和最低的碳氮比，差值为0.71。小公鱼属（*Stolephorus*）、鲾属（*Leiognathus*）的$\delta^{15}N$值及其反映的营养级差异较大，曼氏无针乌贼（*Sepiella maindroni*）由于混合了30~147 mm胴长组的数据也呈现出较低的营养级，具体原因是取样长度差别或是个体差异尚需要进一步研究分析。

Davenport等（2002）研究发现，$\delta^{13}C$值随着生物栖息水层的深度而增加，即由中上层向底层逐渐变大。根据北部湾日本带鱼主要饵料生物的$\delta^{15}N$和$\delta^{13}C$值绘制其分布图（图5-13），实心点表示中上层鱼类，空心点表示底层生物，生物代码见表5-10。横坐标由左向右反映生物栖息水层深度的增加，纵坐标反映可计算出$\delta^{15}N$所代表的营养层次的提高。蓝圆鲹$\delta^{13}C$值最低，与其典型中上层生活习性相吻合，同样营中上层生活的竹䇲鱼也具有较低的$\delta^{13}C$值；粗纹鲾$\delta^{13}C$值最高，与其底栖生活相适应，多齿蛇鲻也是典型底层鱼类，$\delta^{13}C$值居第二。

表5-11　北部湾带鱼主要饵料生物的碳、氮稳定同位素比值和碳、氮百分含量

主要饵料生物	代码	比重 (%)	长度 (mm)	$\delta^{13}C$ (‰)	$\delta^{15}N$ (‰)	C:N	营养级
中上层鱼类 pelagic fish							
裴氏小沙丁鱼 *Sardinella jussieu*	SJ	10.21	98～130	−16.637	12.270	2.92	3.1
青带小公鱼 *Stolephorus zollingeri*	SZ	0.69	—	−16.794	8.966	3.10	2.1
康氏小公鱼 *Stolephorus commersoni*	SC	1.28	74～88	−15.861	14.481	3.10	3.7
杜氏棱鳀 *Thryssa dussumieri*	TD	0.17	84～95	−16.313	13.543	3.33	3.4
长颌棱鳀 *Thryssa setirostris*	TS	0.33	61～83	−15.980	13.834	3.23	3.5
丽叶鲹 *Caranx kalla*	CK	1.11	92～119	−16.318	13.591	3.28	3.5
蓝圆鲹 *Decapterus maruadsi*	DM	26.19	156～190	−17.830	10.007	3.01	2.4
竹荚鱼 *Trachurus japonicus*	TJ	1.31	131～171	−17.791	11.144	3.34	2.7
底层生物 benthic organism							
带鱼 *Trichiurus lepturus*	TL	4.34	101～440	−16.448	13.691	3.16	3.5
多齿蛇鲻 *Saurida tumbil*	ST	0.59	152～199	−15.270	13.743	3.13	3.5
银腰犀鳕 *Bregmaceros nectabanus*	BN	3.78	56～92	−15.911	10.115	3.09	2.4
发光鲷 *Acropoma japonicum*	AJ	0.64	45～88	−16.770	10.543	3.08	2.6
日本金线鱼 *Nemipterus japonicus*	NJ	1.43*	139	−16.616	13.644	3.60	3.5
鹿斑鲾 *Leiognathus ruconius*	LR	0.73	32～49	−16.497	12.875	3.41	3.2
黄斑鲾 *Leiognathus bindus*	LB	3.67	48～80	−17.084	11.223	3.23	2.8
粗纹鲾 *Leiognathus lineolatus*	LL	1.80	51～63	−14.925	14.200	3.12	3.6
大管鞭虾 *Solenocera alticarinata*	SA	0.02*	—	−16.165	9.840	3.06	2.3
鹰爪虾 *Trachypenaeus anchoralis*	TA	0.01	—	−15.791	10.211	2.89	2.5
滑脊等腕虾 *Heterocarpoides laevicarina*	HL	0.10	—	−16.111	10.686	3.13	2.6
杜氏枪乌贼 *Loligo duvaucelii*	LD	6.07*	42～156	−16.966	11.037	3.24	2.7
曼氏无针乌贼 *Sepiella maindroni*	SM	0.97*	30～147	−16.410	8.918	3.02	2.1

　　注：*表示部分饵料生物种类由于季节性或区域性原因未取到该种，以其同属相近种类近似替代，其中曼氏无针乌贼比重为头足类中除去枪乌贼属的比重。

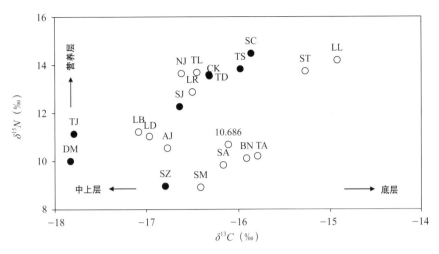

图5-13　北部湾日本带鱼主要饵料生物$\delta^{15}N$和$\delta^{13}C$值

（四）日本带鱼营养级及随肛长的变化

北部湾日本带鱼$\delta^{13}C$与$\delta^{15}N$随肛长的变化如表5-12所示，其平均碳氮比值为3.36 ± 0.35。日本带鱼$\delta^{13}C$特征值与肛长相关性不显著（Pearson，$r=0.079$，$p=0.235$，$n=228$）；$\delta^{15}N$特征值表现为极显著相关性（Pearson，$r=0.509$，$p<0.01$，$n=228$），$\delta^{15}N$值的变化与肛长呈正相关性，随肛长增长（图5-14）。

北部湾日本带鱼营养级变化范围为$2.78 \sim 4.03$，平均营养级为3.41 ± 0.32，皮尔逊相关性分析表明，营养级与肛长的相关性显著（$r=0.509$，$p<0.01$），随肛长的变化，营养级整体上呈现缓慢的增长趋势（图5-15）。

表5-12　北部日本湾带鱼$\delta^{15}N$、$\delta^{13}C$和营养级随生长的变化

肛长 (mm)	$\delta^{13}C$ (‰)	$\delta^{15}N$ (‰)	C:N	TL
140 ~ 159	−17.40	11.82	3.57	2.86
160 ~ 179	−18.25	11.55	3.39	2.78
180 ~ 199	−18.18	12.83	3.39	3.16
200 ~ 219	−18.18	13.24	3.44	3.28
220 ~ 239	−18.53	13.44	3.34	3.34
240 ~ 259	−18.45	13.37	3.36	3.32
260 ~ 279	−18.64	13.57	3.35	3.38
280 ~ 299	−18.53	13.75	3.26	3.43
300 ~ 319	−18.10	14.01	3.33	3.51

续表

肛长 (mm)	$\delta^{13}C$ (‰)	$\delta^{15}N$ (‰)	C:N	TL
320～339	−17.84	14.28	3.56	3.58
340～359	−18.40	14.19	3.35	3.56
360～379	−18.24	15.20	3.32	3.86
380～399	−18.00	15.08	3.36	3.82
400～419	−17.50	15.81	3.34	4.03
420～439	−18.01	14.40	3.28	3.62
平均值	−18.36	13.68	3.36	3.41

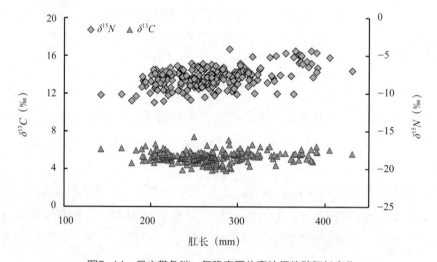

图5-14　日本带鱼碳、氮稳定同位素特征值随肛长变化

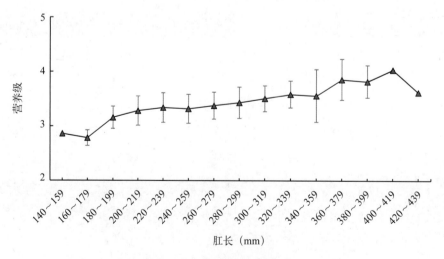

图5-15　日本带鱼营养级随肛长变化

（五）日本带鱼营养级及其随生长发育的周年变化

Miyake等（1967）首次发现$\delta^{15}N$在食物链中逐层富集，Minagawa等（1984）、Post（2002）研究证明，$\delta^{15}N$在一个营养层次以平均3.4‰的值增加，因此，$\delta^{15}N$可作为判断动物营养级的有效指标。在本研究中，以$\delta^{15}N$为指标计算的北部湾日本带鱼各肛长组平均营养级为3.41，低于胃含物分析结果的估算值（4.4）（颜云榕等，2010），但与黄海、东海带鱼平均营养级校正值3.82（为原数值+1）（蔡德陵等，2005）接近。

北部湾日本带鱼营养级随肛长增长略呈上升趋势，但相关系数不明显（$R^2 = 0.258\ 7$）。蔡德陵等（2005）研究发现，黄海、东海带鱼（体长27.9～76.0 cm）$\delta^{15}N$值为9.17‰～12.93‰，其营养级与长度变化也不呈明显线性相关。胃含物分析结果中各肛长组食物组成均以小型低营养层次饵料生物为主，表明研究海域可供带鱼摄食的高营养层次生物缺乏，再考虑到北部湾的高捕捞强度，在一定程度上反映了Pauly等提出的"捕捞导致海洋食物网营养级下降（Fishing Down Marine Food Webs）"（Pauly D et al., 1998），该现象应引起北部湾渔业资源保护的足够重视。

四、北部湾底层鱼类——多齿蛇鲻的食性与营养级

（一）北部湾多齿蛇鲻的食物组成

2010年8月至2011年5月，分4个季度在北部湾海上采样，共取得多齿蛇鲻2 272尾，实胃数1 637尾，样品体长范围50～281 mm。研究表明，北部湾多齿蛇鲻各季度均以鱼类为最主要饵料食物（表5-13）。其中，竹荚鱼（*Trachurus japonicus*）占全年的质量比重最大（12.94%），其次蓝圆鲹（*Decapterus maruadsi*）占6.79%，发光鲷（*Acropomidae*）占6.06%，其他如天竺鱼属、粗纹鲾（*Leiognathus lineolatus*）、裘氏小沙丁（*Sardinella jussieu*）、多齿蛇鲻（*Saurida tumbil*）、金线鱼等鱼类也具有一定的质量比例；另外，虾蟹类和枪乌贼属（*Uroteuthis*）在多齿蛇鲻周年食物组成中，部分季度也有一定比例的出现。北部湾多齿蛇鲻在夏季、秋季和春季的空胃率保持在37%左右，而冬季的空胃率则高达63%，平均饱满指数RI与空胃率呈现负相关性，反映了北部湾多齿蛇鲻在全年中有摄食强度的波动，并且有季节性变化。

表5-13 北部湾多齿蛇鲻食物组成质量百分比季度变化表

主要饵料生物	夏季	秋季	冬季	春季
已消化Digestion	9.35	28.21	1.38	17.03
不可辨别鱼类Unidentified pisces	13.37	6.53	15.56	14.13
不可辨别虾蟹类Unidentified shrimps	2.50	0.80	2.62	1.50

续表

主要饵料生物	夏季	秋季	冬季	春季
枪乌贼属 *Uroteuthis*	10.82	—	2.52	0.13
小公鱼属 *Anchoviella*	10.10	4.40	3.90	5.10
天竺鱼属 *Apogonidae*	10.30	—	1.60	2.10
篮子鱼属 *Siganus*	1.70	—	—	—
棱鳀属 *Thrissa*	—	—	12.60	—
天竺鲷属 *Apogon*	—	0.80	—	2.20
蓝圆鲹 *Decapterus maruadsi*	6.40	—	21.10	9.80
发光鲷 *Acropoma japonicum*	7.90	5.60	12.50	3.50
黄斑鲾 *Leiognathus bindus*	1.70	12.30	3.40	0.70
粗纹鲾 *Squillidae*	14.18	—	—	—
虾蛄科 *Squillidae*	0.40	—	—	0.20
虾虎鱼属 *Gobiidae*	1.80	2.90	—	0.10
少鳞犀鳕 *Bregmaceros rarisquamosus*	2.40	0.20	—	0.20
裘氏小沙丁 *Sardinella jussieu*	0.10	9.50	4.10	—
毛烟管鱼 *Fistularia villosa*	2.70	—	—	—
多齿蛇鲻 *Saurida tumbil*	3.80	0.20	—	—
鳎科 *Soleidae*	0.30	1.50	—	0.20
鲬科 *Flatheads*	0.20	0.70	—	—
短鲽 *Brachypleura novaezeelandiae*	—	2.70	3.00	
条尾鲱鲤 *Upeneus bensari*	—	—	7.90	
竹荚鱼 *Trachurus japonicus*	—	—	—	38.80
中国枪乌贼 *Uroteuthis chinensis*	—	6.40	0.30	4.20
鳓 *Ilisha elongata*	—	0.70	—	—
黑鳃天竺鱼 *Apogonichthys arafurae*	—	0.50	—	—
冠蝶科 *Samarisdae*	—	—	0.60	
半线天竺鲷 *Apogon semilineatus*	—	0.80	—	
黑边天竺鱼 *Apogonichthys ellioti*	—	0.40	—	
黄带鲱鲤 *Upeneus sulphureus*	—	1.40	—	
青带小公鱼 *Stolephorus zollingeri*	—	12.80	—	
须赤虾 *Metapenaeopsis barbata*	—	0.70	4.90	0.10
金线鱼 *Nemipterus virgatus*	—	—	—	—

注：表中"—"表示该物种未出现。

（二）北部湾多齿蛇鲻氮稳定同位素特征与营养生态位

北部湾多齿蛇鲻的碳氮稳定同位素比值范围均较为集中（图5-16），$\delta^{13}C$范围为−19.13‰~−15.27‰，平均值为（17.77±0.83）‰；$\delta^{15}N$的范围则是7.92‰~15.69‰，平均值为（12.51±1.65）‰，平均营养级为2.9±0.05。多齿蛇鲻$\delta^{13}C$和$\delta^{15}N$的相关性极显著（Pearson，r=0.417，p=0.002，n=55）。

从各项生态指标（表5-14）来看，北部湾多齿蛇鲻生态位总空间（TA）值比较大，营养长度（NR）跨度较长，分别为15.91、7.54。核心生态位空间（SEA）值为3.90，食物来源多样性（CR）以及营养多样性（CD）值分别为3.86及1.50。其营养密度（$MNND$）和营养均匀度（$SDNND$）指标值均不大，均为0.24。

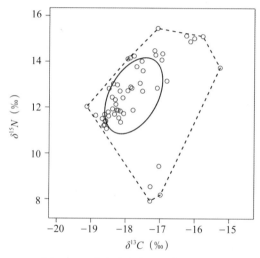

图5-16 北部湾多齿蛇鲻营养生态位

表5-14 北部湾多齿蛇鲻营养生态位指标

生态指标	生态位变量
食物来源多样性（CR）	3.86
营养长度（NR）	7.54
营养多样性（CD）	1.50
核心生态位空间（SEA）	3.90
生态位总空间（TA）	15.91
营养密度（$MNND$）	0.24
营养均匀度（$SDNND$）	0.24

对4个季度采样按体长分组进行预处理测定其$\delta^{15}N$值，并计算营养级（表5-15）。春季$\delta^{15}N$值范围为13.71‰～15.69‰，平均值为14.36‰，营养级范围为3.23～3.81，平均营养级为3.42；夏季$\delta^{15}N$值范围为12.67‰～15.61‰，平均值为13.90‰，营养级范围为2.84～3.71，平均营养级为3.42；秋季$\delta^{15}N$值范围为10.82‰～13.46‰，平均值为12.38‰，营养级范围为2.59～3.37，平均营养级为3.05；冬季$\delta^{15}N$值范围为13.38‰～14.61‰，平均值为14.10‰，营养级范围为3.48～3.84，平均营养级为3.69。

表5-15 北部湾多齿蛇鲻$\delta^{15}N$和营养级随体长的变化

体长组 (mm)	春季		夏季		秋季		冬季	
	$\delta^{15}N$ (‰)	营养级	$\delta^{15}N$ (‰)	营养级	$\delta^{15}N$ (‰)	营养级	$\delta^{15}N$ (‰)	营养级
91～105	—	—	14.32	3.33	11.89	2.91	—	—
106～120	—	—	12.97	2.93	11.14	2.69	13.84	3.62
121～135	13.71	3.23	13.91	3.21	12.11	2.97	13.38	3.48
136～150	13.79	3.25	14.40	3.35	12.35	3.04	14.32	3.76
151～165	13.72	3.23	14.16	3.28	13.29	3.32	14.25	3.74
166～180	13.82	3.26	13.85	3.19	13.46	3.37	14.61	3.84
181～195	14.85	3.56	14.07	3.26	13.33	3.33	14.18	3.72
196～210	15.69	3.81	13.91	3.21	12.45	3.07	—	—
211～225	14.93	3.59	13.05	2.96	12.66	3.14	—	—
226～240	—	—	12.67	2.84	12.69	3.14	—	—
241～255	—	—	13.87	3.20	10.82	2.59	—	—
271～285	—	—	15.61	3.71	—	—	—	—

注：表中"—"表示该物种未出现。

（三）多齿蛇鲻主要饵料生物的氮同位素特征

北部湾多齿蛇鲻主要饵料生物的$\delta^{15}N$值范围为10.211‰～16.963‰（表5-16），差值达6.752‰。从饵料生物的营养级看：多齿蛇鲻（Saurida tumbil）、小公鱼属（Stolephorus）、日本金线鱼（Nemipterus japonicus）、鲾属（Leiognathus）等的营养级较高，褐篮子鱼（Siganus fuscessens）、天竺鱼属（Apogonichthys）、银腰犀鳕（Bregmaceros nectabanus）等的营养级较低，差值1.8个营养级。其中，食性相近的同属鱼类的$\delta^{15}N$值及其营养级会存在差异，例如鲾属中的黄斑鲾和粗纹鲾所反映的营养级的差值为0.4个营养级，个体取样和个体生长都有可能造成差异，具体原因有待进一步研究分析。

表5-16　北部湾多齿蛇鲻主要饵料生物的氮稳定同位素百分含量

主要饵料生物	代码	比重%W（%）	$\delta^{15}N$（‰）	营养级
中上层鱼类Pelagic fish				
裴氏小沙丁Sardinella jussieu	SJ	3.3	14.236	3.2
蓝圆鲹Decapterus maruadsi	DM	6.8	13.599	3.0
竹荚鱼Trachurus japonicus	TJ	12.9	13.385	3.0
*杜氏棱鳀Thryssa dussumieri	TD	1.0	13.543	3.4
*尖吻小公鱼Anchoviella heteroloba	AH	10.1	15.915	3.7
*马六甲鲱鲤Upeneus moluccensis	UM	1.1	12.413	2.7
日本金线鱼Nemipterus japonicus	NJ	0.2	13.644	3.5
底层生物Benthic organism				
多齿蛇鲻Saurida tumbil	ST	1.1	16.963	4.0
褐篮子鱼Siganus fuscessens	SF	0.5	—	2.2
毛烟管鱼Fistularia villosa	FV	0.7	—	3.0
细条天竺鱼Apogonichthys lineatus	AL	4.8	—	2.3
*鹰爪虾Trachypenaeus ancheralis	TA	2.1	10.211	2.5
发光鲷Acropoma japonicum	AJ	6.1	10.543	2.6
二长棘犁齿鲷Paerargyrops edita	PE	0.8	10.992	2.3
黄斑鲾Leiognathus bindus	LB	4.8	16.917	4.0
粗纹鲾Leiognathus lineolatus	LL	3.9	15.613	3.6
△*银腰犀鳕Bregmaceros nectabanus	BN	0.8	—	2.4
*鲽Pleuronichthys sp.	PS	1.9	14.495	3.3
*中国枪乌贼Uroteuthis chinensis	LC	6.7	14.896	3.4

注：*表示部分饵料生物种类由于时空限制等原因未取到该种，以其科属及食性相近的种类替代，木叶鲽用没有辨认分类具体种的鲽代替，以饵料分布较广泛的中国枪乌贼作为枪乌贼属的代表种，△表示参考相关测定值。

（四）北部湾多齿蛇鲻的食性分析

多齿蛇鲻为暖水性近底层鱼类，不仅以摄食小公鱼属鱼类、裴氏小沙丁鱼、棱鳀属鱼类、竹荚鱼和蓝圆鲹等小型中上层鱼类为主，同时也捕食少鳞犀鳕、粗纹鲾和黄斑鲾等小型底层鱼类。本研究表明，北部湾多齿蛇鲻全年摄食，摄食强度波动比较明显，季度空胃率变化范围为37.60%～63.28%，周年平均空胃率为44.33%；而季度平均饱满指数变化范围为2.85%～5.67%，周年平均饱满指数为3.70%。北部湾多齿蛇鲻主要以鱼类为摄食对象，重量百分比达到95%以上。随着体长的增长，北部湾多齿蛇鲻的饵料种类比较集中，个体数变化较少，平均单个饵料质量明显增加，这与北部湾多齿蛇鲻的摄食习性及随体长发育的变化有一定的关系。因为伴随着生物的生长发育，摄食器官、消化器官的增强和游泳能力的提高，捕食个体较大的饵料生物的能力也会随之增强，这个结果与南沙群岛西南陆架区多齿蛇鲻的资源变动研究一致（张月平等，1999）。

在中国南海不同海域的多齿蛇鲻摄食习性对比发现（颜云榕等，2010；张月平，2005；张月平等，1999），本研究的北部湾多齿蛇鲻的食物种类较少，除了小公鱼属、蓝圆鲹、发光鲷、黄斑鳂等出现频率较高、相对集中外，其他种类波动较大，其中杜氏棱鳀、黑边天竺鱼、冠蝶、条尾鲱鲤等32个饵料仅在单季度出现，说明多齿蛇鲻的摄食存在一定的随机性，其中还有部分的虾蟹类、头足类以及鱼类的消化后的残余，不能准确地鉴定到种，影响了对多齿蛇鲻的食性分析，有待在往后的工作中改进。

五、北部湾重要头足类——中国枪乌贼的食性与营养级

（一）北部湾中国枪乌贼的摄食习性

中国枪乌贼为肉食性动物，其口器发达，除牙齿外还有一个角质的鹰嘴腭。分析发现北部湾中国枪乌贼胃含物主要呈块状，基本没有完整个体，主要食物为甲壳类，也捕食鱼类、虾类、贝类和水母等；另外，北部湾中国枪乌贼具有明显的同类相食习性。摄食强度如表5-17、图5-17所示，各季度摄食强度0～4级，四季中均以0级摄食强度为主，达到76.2%，说明中国枪乌贼摄食强度不高，空胃率高。各季的摄食强度差异不明显，不随季节变化产生大的变化。

基于胃含物分析法与生物学测定相结合，利用饱满指数（Repletion Index：RI）和空胃率（Vacuity coefficient: VC）来反映摄食强度，其中，秋季的空胃率最高，如图5-18所示。

表5-17 北部湾中国枪乌贼各季度摄食强度

季节	0级		1级		2级		3级		4级	
	尾数	百分比（%）	尾数	百分比（%）	尾数	百分比（%）	尾数	百分比（%）	尾数	百分比（%）
夏	373	63.4	158	26.9	41	7.0	13	2.2	3	0.5
秋	609	85.4	45	6.3	43	6.0	14	2.0	2	0.3
冬	358	77.0	50	10.8	31	6.7	25	5.4	1	0.2
春	161	79.3	16	7.9	13	6.4	11	5.4	2	1.0
全年	1501	76.2	269	13.7	128	6.5	63	3.2	8	0.4

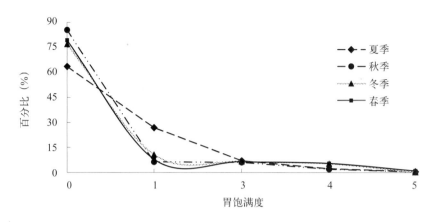

图5-17 中国枪乌贼各季摄食强度变化

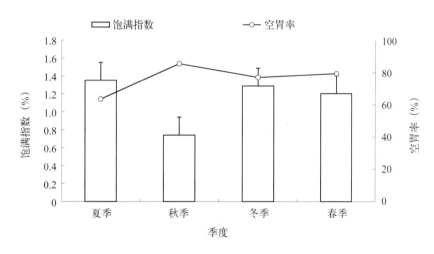

图5-18 中国枪乌贼各季饱满指数和空胃率

（二）中国枪乌贼氮稳定同位素与营养级和胴长组的变化关系

调查分析发现，中国枪乌贼在各季的不同站点氮稳定同位素值相差较大，夏、秋、冬、春季的相差范围分别为0.001‰～3.692‰、0.004‰～5.063‰、0.002‰～3.022‰、0.034‰～5.225‰。而其平均值分别为13.351‰、13.318‰、14.347‰、15.437‰，秋季为最低，春季达到最高。全年的$\delta^{15}N$值范围分布较广，为11.311‰～17.449‰，差值达到6.138‰。

在利用同位素值计算中国枪乌贼营养级时，选取的富集度$\delta^{15}N_c$值为3.4‰。按胴长分组计算出其平均同位素值与平均营养级，各胴长氮稳定同位素平均值范围为13.761～15.196，营养级变动范围为3.1～3.5；胴长小于200 mm的群体中，随着胴长增长，中国枪乌贼的营养级呈逐渐减小趋势，胴长大于200 mm之后，营养级回升，基本保持稳定在3.5，如表5-18所示。

表5-18　北部湾中国枪乌贼各胴长组平均$\delta^{15}N$值与营养级

胴长组（mm）	$\delta^{15}N$（‰）	营养级
1~80	14.948	3.5
81~100	14.722	3.4
101~120	14.543	3.3
121~140	14.470	3.3
141~160	13.761	3.1
161~180	13.957	3.2
181~200	13.779	3.1
201~220	15.196	3.5
221~240	15.184	3.5

（三）北部湾中国枪乌贼营养级的季节性变化

中国枪乌贼属于典型的暖水性种类，喜好高温。本研究的中国枪乌贼摄食组成存在季节性的差异。已有研究表明，生态系统食物网底层不同营养物质来源的稳定同位素特征（包括内源与外源、沿岸带与敞水区、海洋与淡水、自然与人为等不同来源）都会影响食物网不同营养级生物的稳定同位素组成（France, 1995），同时，物质在生态系统不同生物组分的循环过程会改变同位素组成，从生物个体到群落的稳定同位素特征均存在季节（Rubenstein et al., 2004）与空间的变化（Post, 2002）。基于胃含物的分析，运用稳定氮同位素方法计算中国枪乌贼的营养级，统计出各季节的营养级平均值分别为夏季2.7，秋季为3.0，冬季为3.3，春季为3.6（表5-19），得出其与营养级均值有明显规律的季节性变化的结论是一致的。已有研究表明，中国枪乌贼的营养级为2.62（黄美珍，2004），与北部湾的结果存在明显的差异，而不同站点的地理环境差异、饵料种类的变化与中国枪乌贼营养级的变化密切相关。

此外，氮稳定同位素富集效率在不同物种和不同生态系统中存在变化，生物稳定性同位素富集同时受到食性、代谢机能、环境、饵料的质量以及样品采集和处理等一系列因素的影响（Hesslein et al., 1993），不同季度采集样品的水温、盐度、饵料生物的差异也与营养级的季节性变化密切相关。

表5-19　北部湾中国枪乌贼夏季$\delta^{15}N$值与营养级

季度	$\delta^{15}N$(‰)	营养级
春	15.437 ± 0.402	3.6 ± 0.1
夏	13.351 ± 0.650	2.7 ± 0.2
秋	13.318 ± 0.411	3.0 ± 0.1
冬	14.347 ± 0.257	3.3 ± 0.1

六、北部湾重要甲壳类——猛虾蛄的摄食习性

（一）北部湾猛虾蛄食物组成

通过传统胃含物分析方法，对245个北部湾猛虾蛄（*Harpiosquilla harpax*）胃样品进行分析，查明北部湾猛虾蛄摄食的饵料生物中，主要以鱼类和头足类为主，并摄食少量甲壳类和其他有用生物（表5-20）。饵料生物中可鉴定到种的有4大类7种，其中，鱼类1种，为宽条天竺鱼（*Apogon striatus*）；甲壳类2种，为中国毛虾（*Acetes chinensis*）、红斑斗蟹（*Liagore rubromaculata*）；腹足类1种，为红树拟蟹守螺（*Cerithidea rhizophorarum*）；摄食的头足类中又以枪乌贼属（*Uroteuthis*）为主，为杜氏枪乌贼（*Uroteuthis duvaucelii*）、中国枪乌贼（*U. chinensis*）、剑尖枪乌贼（*U. edulis*）共3种。分析猛虾蛄不同季节的食物组成，发现猛虾蛄在夏、秋季摄食的生物种类较丰富，而冬季则以鱼类和虾类为主要饵料。在春季和夏季胃含物样品中发现虾蛄类残留物，推断猛虾蛄同样存在同类相食习性。

表5-20　北部湾猛虾蛄的食物组成

饵料种类	春季		夏季		秋季		冬季	
	质量百分比W(%)	出现频率F	质量百分比W(%)	出现频率F	质量百分比W(%)	出现频率F	质量百分比W(%)	出现频率F
鱼类Pisces	—	—	—	—	—	—	—	—
宽条天竺鱼*Apogon striatus*	—	—	0.99	2	—	—	—	—
不可辨别鱼类 Undentified pisces	17.11	25	28.37	47	27.29	33	43.01	75
甲壳类Crustacea	—	—	—	—	—	—	—	—
中国毛虾*Acetes chinensis*	—	—	—	—	0.25	1	—	—
红斑斗蟹*Liagore rubromaculata*	—	—	—	—	1.13	1	—	—

饵料种类	春季		夏季		秋季		冬季	
	质量百分比 W（%）	出现频率 F	质量百分比 W（%）	出现频率 F	质量百分比 W（%）	出现频率 F	质量百分比 W（%）	出现频率 F
不可辨别虾类 Undentified shrimps	—	—	—	—	1.57	5	32.26	50
不可辨别蟹类 Undentified crabs	—	—	1.04	2	6.87	3	—	—
不可辨别虾蛄类 Undentified mantis shrimps	57.41	19	0.83	1	—	—	—	—
海胆纲 Echinoidea	4.56	6	7.54	2	—	—	—	—
双壳纲 Bivalvia	—	—	—	—	2.85	3	—	—
腹足类 Gastropoda	—	—	—	—	+	1	—	—
红树拟蟹守螺 Cerithidea rhizophorarum	—	—	0.03	1	—	—	—	—
头足类 Cephalopoda	—	—	—	—	—	—	—	—
杜氏枪乌贼 Uroteuthis duvaucelii	—	—	20.91	16	11.54	6	—	—
中国枪乌贼 Uroteuthis chinensis	—	—	5.92	4	14.33	9	—	—
剑尖枪乌贼 Uroteuthis edulis	—	—	—	—	1.91	1	—	—
枪乌贼属 Uroteuthis	5.32	13	31.10	32	29.45	46	—	—
乌贼属 Sepia	—	—	—	—	2.80	3	24.73	50
已消化 Concocted	15.59	38	3.27	6				

注：表中"—"表示所占比例<0.01%。

（二）北部湾猛虾蛄胃饱满指数与空胃率的季节变化

猛虾蛄的胃饱满指数与空胃率随季节的变化如图5-19所示。其中春季的平均饱满指数较低，为0.38，而秋季达到最大值0.85，并且饱满指数随从春季到秋季逐渐上升，到冬季则下降。而春季空胃率最高，达80.43%，秋季的空胃率最低，为37.50%，其变化趋势则与平均饱满指数相反，即从春季到秋季，空胃率逐渐降低，到冬季则上升。

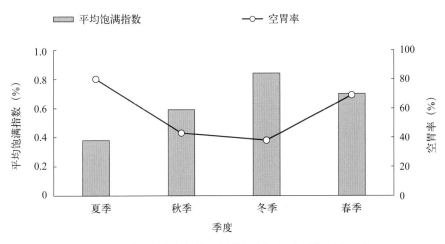

图5-19 北部湾猛虾蛄的胃饱满指数与空胃率随季节的变化

（三）北部湾猛虾蛄摄食习性分析

由于猛虾蛄是通过口器粉碎食物的，所以到达胃的食物都已经被粉碎成小碎片，难以辨别种类，只能通过鳞片、耳石、角质吸盘、甲壳、贝壳等碎片来辨别。本研究中，北部湾的猛虾蛄主要以摄食鱼类、头足类为主，而头足类中又以枪乌贼属（*Uroteuthis*）为主，其中可辨明的种类有杜氏枪乌贼（*Uroteuthis duvaucelii*）、中国枪乌贼（*Uroteuthis chinensis*）和剑尖枪乌贼（*Uroteuthis edulis*）。分析猛虾蛄的食物季节变化，发现猛虾蛄在夏、秋季摄食的生物种类较多样，而冬季则多样性最少，出现此现象的原因可能是由于冬季猛虾蛄的饵料生物进行越冬洄游，导致多样性减少所致。猛虾蛄夏、秋季摄食的饵料主要以头足类为主，鱼类次之。夏季头足类占质量百分比为57.84%，鱼类为29.36%；秋季头足类占60.04%，鱼类占27.29%。在调查时发现，夏、秋季的捕获的头足类较多，表明在这两个季节中，北部湾的头足类资源丰富，为猛虾蛄提供了丰富的饵料基础；春、冬季的空胃率较高，可能是由于春、冬季饵料生物种类和密度较低，从而导致摄食强度低和空胃率较高，这与王春琳等（1996）和盛福利等（2009）的研究口虾蛄的食性比较相似；另外，猛虾蛄跟大部分鱼类一样，种群内部存在同类相食的习性，可能是由于饵料的缺乏引起种内自残，这种习性既可以获得需要的食物，又可以减轻种内竞争。

七、稳定同位素与胃含物分析在海洋生物食性研究中的应用

（一）碳氮稳定同位素在海洋生物摄食生态中的应用

Miyake等（1967）首次发现$\delta^{15}N$在食物链中逐层富集，DeNiro等（1978）证明动物体

内$\delta^{13}C$值与其食物$\delta^{13}C$值十分接近，并预测稳定同位素方法在动物食性研究方面的应用前景。目前，碳、氮稳定同位素技术在海洋生物摄食生态的研究方面已日趋成熟，广泛应用于鱼类食物来源判断、营养级计算、连续营养级谱的建立和营养生态位评估。

本文应用碳、氮稳定同位素结合传统胃含物分析方法研究北部湾长肋日月贝、宝刀鱼、日本带鱼和多齿蛇鲻等重要资源种类的食物组成、摄食强度、食性转换、营养级、连续营养谱和营养生态位等内容，有效解决由于缺乏饵料种类营养级从而导致无法计算捕食者营养级的难题，对北部湾重要渔业资源种初步建立了各体长组及周年连续营养级和主要种类连续营养级谱，并对选取长肋日月贝作为计算北部湾渔业生物营养级的基线生物做了探讨；但也出现两种方法在生长阶段食性转换不同的判断标准、周年月平均营养级与各体长组平均营养级相差较大、营养级并未随叉长呈线性增加趋势等问题，如何利用稳定同位素对仔稚鱼进行食性研究等方面，还有待在今后的研究工作中进一步探索。

（二）稳定同位素与胃含物分析在营养级研究中的应用对比

胃含物分析法是现代生物学中鱼类食性研究的标准方法。在鱼类食性的研究和分析中，胃含物分析法要求实验员的生物分类知识丰富，饵料生物采样全面，样品新鲜度大，有一定的时间间隔等，其优点是可以直观地反映鱼类当时的摄食情况，研究设备比较简单，但是食物的消化程度会对结果产生影响，特别是难以辨认容易消化的软体动物和动物残肢（Post，2002），只能通过实验员的经验和鱼类的消化吸收校正这种误差。

稳定同位素法是根据消费者稳定同位素比值与其食物相应的同位素比值相近的原则来判断此生物的食物来源进而确定食物贡献，所取的样品是生物体的一部分或全部，能反映生物长期生命活动的结果，应用精确度高的质谱仪全自动在线操作系统进行测定，很大程度上避免了人为因素的影响，所需的样品较少，实验周期相对较短（蔡德陵等，2003）。

在本次研究中，多齿蛇鲻的胃含物样品中约有30%未能确定到类而无法进行仔细鉴定，所以只统计了其胃含物的质量百分比。根据对4个季度的不同地理位置的质量百分比进行对比，得到多齿蛇鲻在不同的季节和地理上都是以鱼类为主要摄食的结果。根据多齿蛇鲻的稳定同位素测定计算营养级，多齿蛇鲻的营养级集中在2.6到3.5之间，根据胃含物分析法计算营养级为3.2，表明多齿蛇鲻属于中级肉食性动物。颜云榕等（2010）在北部湾多齿蛇鲻摄食习性及随生长发育的变化中通过胃含物分析法得到多齿蛇鲻的营养级为4.2，张月平（2005）在南海北部湾主要鱼类食物网中通过胃含物分析法得到多齿蛇鲻的营养级为3.8，判定多齿蛇鲻属于高级的肉食性动物。但是，同时采用两种方法进行测定时，两者的结果基本一致。

因此，在以后的鱼类营养级测定中，应当注意胃含物分析法和稳定同位素法的结合应用。稳定同位素法在研究鱼类的营养级和食物营养结构的时候能够弥补传统胃含物分析法的不足，能有效地分析生态系统的营养流动和生物之间的营养关系，但是，不能像传统胃含物分析法一样可以反映消费者短时间内的摄食情况；而鱼类普遍存在偶食性现象，不排除在采用胃含物分析法的时候会导致计算的营养级有偏差。

（三）碳、氮稳定同位素在鱼类摄食生态研究中的关键问题

稳定同位素法是根据消费者稳定同位素比值与其食物相应同位素比值相近的原则来判断此生物的食物来源，进而确定食物贡献；而通过测定生态系统中不同生物的同位素比值还能比较准确地测定食物网结构和生物营养级（李忠义等，2005）。可以预见，该方法将在鱼类食性和营养级研究中发挥重要作用，但应注意以下关键问题：

首先，稳定同位素法应与胃含物分析方法结合应用。虽然稳定同位素法提供了一种对传统胃含物分析法而言强大而又互补的研究手段，且已被证明对研究水生生态系统中的食物网结构和能量流动极具价值（Sherwood et al., 2005），但是由于海洋食物网结构复杂、海洋生物多样性、同一栖息水层生物$\delta^{13}C$值和同一营养级生物$\delta^{15}N$值接近，完全依靠稳定同位素值会产生"只见树木，不见森林"的片面认识，必须与胃含物分析法相结合，才能更加真实还原如何构建海洋食物网、准确研究鱼类食性和营养级。

其次，应选定在研究海域常年存在、食性较简单的动物为基线生物（baseline），并准确判定其营养级。适当的基线生物必须满足以下条件（Post, 2002）：①整合在时间轴上接近所要研究的次级消费者的同位素变化；②与次级消费者同时长期存在；③反映对次级消费者同位素值有影响的空间差异。营养富集度$\delta^{15}N_0$反映在多层营养通道中的同位素营养分馏（trophic fractionation），通常取经验值平均值3.4‰（Post, 2002），而基线生物的营养级则依所选定的种类而定。

最后，稳定同位素法在鱼类食性转换及营养级随长度变化研究中存在不确定性，需进一步开展研究。相比带鱼$\delta^{15}N$及营养级与其肛长的弱相关性，同属北部湾海域的南海带鱼与短带鱼则呈明显线性正相关，而传统胃含物分析中带鱼随生长发育的食性转换（颜云榕等，2010）在稳定同位素研究中却没有发现，究竟是由于种类差异或取样差别，还是由于以一次海上取样反映周年食性及营养级变化的误差所导致，尚需要在今后的研究中加以分析。

参考文献

陈作志, 邱永松, 2005. 北部湾二长棘鲷的生态分布[J]. 海洋水产研究, 26(3):16-21.

高东阳, 李纯厚, 刘广锋, 等, 2001. 北部湾海域浮游植物的种类组成与数量分布[J]. 湛江海洋大学学报, (3):13-18.

郭华阳, 王雨, 陈明强,等, 2012. 盐度、饵料密度对长肋日月贝滤水率的影响[J]. 广东农业科学, 39(15):144-146+152.

蔡德陵, 李红燕, 唐启升, 等, 2005. 黄东海生态系统食物网连续营养谱的建立：来自碳、氮稳定同位素方法的结果[J]. 中国科学：C辑, 35(2): 121-130.

蔡德陵, 张淑芳, 张经, 2003. 天然存在的碳、氮稳定同位素在生态系统研究中的应用[J]. 质谱学报, 24(3): 434-440.

付玉, 颜云榕, 卢伙胜, 等, 2012. 北部湾长肋日月贝的生物学性状与资源时空分布[J]. 水产学报, 36(11):1694-1705.

高春霞, 戴小杰, 田思泉, 等, 2020. 基于稳定同位素技术的浙江南部近海主要渔业生物营养级[J].中国水产科学, 27(4): 438-453.

纪炜炜, 陈雪忠, 姜亚洲, 等, 2011. 东海中北部游泳动物稳定碳、氮同位素研究[J]. 海洋渔业, 33(3): 241-250.

康斌, 李军, 招春旭, 等, 2018. 闽江口生态环境与渔业资源[M]. 北京：中国农业出版社.

李忠义, 金显仕, 庄志猛, 等, 2005. 稳定同位素技术在水域生态系统研究中的应用[J]. 生态学报, 25(11): 3052-3060.

盛福利, 曾晓起, 薛莹, 2009. 青岛近海口虾蛄的繁殖及摄食习性研究[J]. 中国海洋大学学报(自然科学版), (S1): 326-332.

徐军, 周琼, 温周瑞, 等, 2013. 群落水平食物网能流季节演替特征[J]. 生态学报, 33(15):4658-4664.

王春琳, 徐善良, 梅文骧, 等, 1996. 口虾蛄的生物学基本特征[J]. 浙江水产学院学报, 15(1): 60-62.

王雪辉, 邱永松, 杜飞雁, 等, 2010. 北部湾鱼类群落格局及其与环境因子的关系[J]. 水产学报, 34(10):1579-1586.

颜云榕, 陈骏岚, 侯刚, 等, 2010. 北部湾带鱼的摄食习性[J]. 应用生态学报, 21(3): 749-755.

颜云榕, 王田田, 侯刚, 等, 2010. 北部湾多齿蛇鲻摄食习性及随生长发育的变化[J]. 水产学报, 4(7): 55-64.

颜云榕, 2014. 应用碳、氮稳定同位素研究北部湾鱼类食物网营养结构及其时空变化[R]. 博士后报告, 厦门: 厦门大学.

叶玉戟, 梁广耀, 1990. 日本日月贝生态的初步观察[J]. 动物学杂志, 25(3):5-7.

张月平, 2005. 南海北部湾主要鱼类食物网[J]. 中国水产科学, 12(5): 621-631.

张月平, 章淑珍, 1999. 南沙群岛西南陆架海域主要底层经济鱼类的食性[J]. 中国水产科学, 6(2): 57-60.

ALLEN WR, 1914. The food and feeding habits of freshwater mussels[J]. Biological Bulletin,

27(3):127-146.

BLABER SJM, MILTON DA, RAWLINSON NJF, et al., 1990. Diets of lagoon fishes of the Solomon Islands: Predators of tuna baitfish and trophic effects of baitfishing on the subsistence fishery[J]. Fisheries Research, 8(3):263-286.

BLEGVAD H, 1914. Food and conditions of nourishment among the communities of invertebrate animals found on the sea bottom in Danish waters[J]. Reports of the Danish Biological Station, 22: 41-78.

BURKHARDT S, RIEBESELL U, ZONDERVAN I, 1999. Effects of growth rate, CO_2 concentration, and cell size on the stable carbon isotope fractionation in marine phytoplankton[J]. Geochimica et Cosmochimica Acta, 63(22): 3729-3741.

CABANA G, RASMUSSEN JB, 1996. Comparison of aquatic food chains using nitrogen isotopes[J]. Proceedings of the National Academy of Sciences of the United States of America, 93(20): 10844-10847.

DAVENPORT SR, BAX NJ, 2002. A trophic study of a marine ecosystem off southern Australia using stable isotopes of carbon and nitrogen[J]. Canadian Journal of Fisheries and Aquatic Sciences, 59(3): 514-530.

DEL NORTE AGC, 1988. Aspects of the growth, recruitment, mortality and reproduction of the scallop *Amusium pleuronectes* (Linné) in the Lingayen Gulf, Philippines[J]. Ophelia, 29(2): 153-168.

DENIRO MJ, EPSTEIN S, 1978. Influence of diet on the distribution of carbon isotopes in animals[J]. Geochimica et Cosmochimica Acta, 42(5): 495-506.

DOLENEC T, LOJEN S, LAMBASA Z. et al., 2007 Nitrogen stable isotope composition as a tracer of fish farming in invertebrates *Aplysina aerophoba*, *Balanus perforatus* and *Anemonia sulcata* in central Adriatic[J]. Aquaculture, 262(2-4): 237-249.

DOLENEC T, LOJEN S, LAMBASA Z. et al., 2006. Effects of fish farm loading on sea grass *Posidonia oceanica* at Vrgada Island (Central Adriatic): a nitrogen stable isotope study[J]. Isotopes in Environmental & Health Studies, 42(1): 77-85.

FRANCE RL, 1995. Differentiation between littoral and pelagic food webs in lakes using stable carbon isotopes[J]. Limnology and Oceanography, 40(7): 1310-1313.

FIELD IA, 1911. The food value of sea mussels[J]. Bulletin of the United States Fish Commission, 29:85-128.

FUKUMORI K, OI M, DOI H, et al., 2008. Bivalve tissue as a carbon and nitrogen isotope baseline indicator in coastal ecosystems[J]. Estuarine, Coastal and Shelf Science, 79(1): 45-50.

GALTSOFF PS, 1964. The American oyster, *Crassostrea virginica* Gmelin[J]. Fishery Bulletin, 64: 480.

GERVAIS F, RIEBESELL U, 2001. Effect of phosphorus limitation on elemental composition and stable carbon isotope fractionation in a marine diatom growing under different CO_2 concentrations[J]. Limnology and Oceanography, 46(3): 497-504.

HANSSON S, HOBBIE JE, ELMGREN R, et al., 1997. The stable nitrogen isotope ratio as a marker of food-web interactions and fish migration[J]. Ecology, 78(7): 2249-2257.

HESSLEIN RH, HALLARD KA, RAMLAL P, 1993. Replacement of sulfur, carbon, and nitrogen in tissue of growing broad whitefish (*Coregonus nasus*) in response to a change in diet traced by $\delta^{34}S$, $\delta^{13}C$ and $\delta^{15}N$[J]. Canadian Journal of Fisheries and Aquatic Sciences, 60(6): 1267-1272.

HE XB, ZHU DW, ZHAO CX, et al., 2019. Feeding habit of Asian moon scallop (*Amusium pleuronectes*) and as an isotopic baseline indicator in the Beibu Gulf, South China Sea[J]. Journal of Shellfish Research, 38(2), 245-252.

HSIEH HL, KAO WY, CHEN CP, et al., 2000. Detrital flows through the feeding pathway of the oyster (*Crassostrea gigas*) in a tropical shallow lagoon: $\delta^{13}C$ signals[J]. Marine Biology, 136: 677-684.

KLING GW, FRY B, O'BRIEN WJ, 1992. Stable isotopes and planktonic trophic structure in Arctic Lakes[J]. Ecology, 73: 561-566.

LAYMAN CA, ARRINGTON DA. MONTANA CG, et al., 2007. Can stable isotope ratios provide for community-wide measures of trophic structure?[J]. Ecology, 88(1): 42-48.

LAWS EA, POPP BN, BIDIGARE RR, et al., 1995. Dependence of phytoplankton carbon isotopic composition on growth rate and [CO_2]aq: Theoretical considerations and experimental results[J]. Geochimica et Cosmochimica Acta, 59(6): 1131-1138.

LORRAIN A, PAULET Y, CHAUVAUD L, 2002. Differential $\delta^{13}C$ and $\delta^{15}N$ signatures among scallop tissues: implications for ecology and physiology[J]. Journal of Experimental Marine Biology and Ecology, 275(1):47-61.

LIU Y, CHENG J, CHEN Y, 2009. A spatial analysis of trophic composition: a case study of hairtail (*Trichiurus japonicus*) in the East China Sea[J]. Hydrobiologia, 632(1):79-90.

MACKEY A, 2015. Dynamics of baseline stable isotopes within a temperate coastal ecosystem: relationships and projections using physical and biogeochemical factors[D]. Doctoral thesis, Perth: Edith Cowan University.

MARIOTTI A, 1983. Atmospheric nitrogen is a reliable standard for natural ^{15}N abundance measurements[J]. Nature, 303(5919): 685-687.

MARTIN GW, 1925. Food of the oyster[J]. Botanical Gazette, 75:143-169.

MCKINNEY RA, LAKE JL, ALLEN M, et al., 1999. Spatial variability in Mussels used to assess base level nitrogen isotope ratio in freshwater ecosystems[J]. Hydrobiologia, 412: 17-24.

MCKINNEY RA, NELSON WG, CHARPENTIER MA, et al., 2001. Ribbed mussel nitrogen isotope signatures reflect nitrogen sources in coastal salt marshes[J]. Ecological Applications, 11(1): 203-214.

MINAGAWA M, WADA E, 1984. Stepwise enrichment of ^{15}N along food chains: further evidence and the relation between $\delta^{15}N$ and animal age[J]. Geochimica et Cosmochimica Acta, 48(5): 1135-1140.

MIYAKE Y, WADE E, 1967. The abundance ratio of $^{15}N/^{14}N$ in marine environments[J]. Records of Oceanographic Works in Japan, 9: 32-59.

NAKATSUKA T, HANDA N, WADA E, et al., 1992. The dynamic changes of stable isotopic ratios of carbon and nitrogen in suspended and sedimented particulate organic matter during a phytoplankton bloom[J]. Journal of Marine Research, 50(2): 267-296.

OLASO I, RAUSCHERT M, BROYER CD, 2000. Trophic ecology of the family Arledidraconidae (Piseces: Osteichthyes) and its impact on the eastern Weddell Sea benthic system[J]. Marine Ecological Professional Services, 194(1-3): 141-158.

PAULY D, CHRISTENSEN V, DALSGAARD J, et al., 1998. Fishing down marine food webs[J]. Science, 279(5352): 860-863.

PETERSON BJ, FRY B, 1987. Stable Isotopes in Ecosystem Studies[J]. Annual Review of Ecology &. Systematics, 18(1): 291-320.

PETERSEN CGJ, 1908. First report on the oysters and oyster fisheries in the Lim Fjord[J]. Reports of the Danish Biological Station, 15:1-42.

PETERSEN CGJ, JENSEN PB, 1911. Valuation of the sea. I. Animal life of the sea-bottom, its food and quantity[J]. Reports of the Danish Biological Station, 20:1-78.

POST DM, 2002. Using stable isotopes to estimate trophic position: models, methods, and assumptions[J]. Ecology, 83(3): 701-718.

ROSA M, WARD JE, SHUMWAY SE, 2018. Selective Capture and Ingestion of Particles by Suspension-Feeding Bivalve Molluscs: A Review[J]. Journal of Shellfish Research, 37(4): 727-746.

RUBENSTEIN DR, HOBSON KA, 2004. From birds to butterflies: animal movement patterns and stable isotopes[J]. Trends in Ecology and Evolution, 19(5): 256-263.

SCHELL DM, 2000. Declining carrying capacity in the Bering Sea: Isotopic evidence from Whale Baleen[J]. Limnology and Oceanography, 45(2): 459-462.

SHERWOOD GD, ROSE AG, 2005. Stable isotope analysis of some representative fish and invertebrates of the Newfoundland and Labrador continental shelf food web[J]. Estuarine, Coastal and Shelf Science, 63(4): 537-549.

SHUMWAY SE, CUCCI TL, NEWELL RC, et al., 1985. Flow cytometry: a new method for characterization of differential ingestion, digestion and egestion by suspension feeders[J]. Marine Ecology Progress Series, 24:201-204.

TORTELL PD, RAU GH, MOREL FMM, 2000. Inorganic carbon acquisition in coastal Pacific phytoplankton communities[J]. Limnology and Oceanography, 45: 1485-1500.

VANDER ZANDEN J, CHANDRA S, ALLEN BC, et al., 2003. Historical food web structure and restoration of native aquatic communities in the Lake Tahoe (California-Nevada) Basin[J].

Ecosystems, 6: 274-288.

VANDER ZANDEN J, FETZER W, 2007. Global patterns of aquatic food chain length[J]. Oikos, 116(8): 1378-1388.

VANDER ZANDEN J, RASMUSSEN J, 2001. Variation in $\delta^{15}N$ and $\delta^{13}C$ trophic fractionation: implications for aquatic food web studies[J]. Limnology and Oceanography, 46(8): 2061-2066.

WARD JE, SHUMWAY SE, 2004. Separating the grain from the chaff: particle selection in suspension- and deposit-feeding bivalves[J]. Journal of Experimental Marine Biology and Ecology 300(1-2):83-130.

XU J, ZHANG M, XIE P, 2011. Sympatric variability of isotopic baselines influences modeling of fish trophic patterns[J]. Limnology, 12: 107-115.

YAN Y R, WANG TT, HOU G, et al., 2010. Feeding habits and monthly and ontogenetic diet shifts of the greater lizardfish, *Saurida tumbil* in Beibu Gulf of South China Sea[J]. Journal of Fisheries of China, 21(3):749-755.